Atsuo Nakayama

A brief history
of entertainment business

中山淳雄 —— 著
雷鎮興 —— 譯

IP經濟時代，
日本娛樂產業進化論

序章

「遊戲是為了兒童而存在的事物」是一場騙局

　　從動畫、電玩遊戲再到玩具，這些稱為「娛樂」、「內容」與「遊戲」的領域，許多人都認為是「兒童步入成人階段之前，為了社會性發展的一種遊戲」。這些還沒有成熟的孩子，就像練習狩獵、搏鬥的幼獅一樣，可以透過遊戲學習如何組成團隊，了解勝敗輸贏，最後蛻變為懂事的大人而融入社會，將「勞動」化為自身能力。遊戲，是兒童登上成人階段的工具，同時也是國家與大人們的利器，用來培育孩子，協助他們成為社會一員的重要方法。

　　然而，這一切根本是場騙局。娛樂／內容／遊戲，最早並不是為了兒童而出現的。過去，都是因為「成人」為了滿足自我，才把娛樂提升到狂熱的境界。事實上，人們後來將「兒童」視為消費族群，日本是從大正時期（1912～1926年）開始；即便是先進的歐洲與北美地區，也是進入20世紀之後才開始的。原本大人為了自娛而發展出的遊戲，逐漸變成訓練兒童

思考，當作他們進入社會的預先演練。或者，也因為遊戲從成人轉向兒童，商人想利用遊戲擴大消費及市場，後來才改為鎖定兒童族群。

人們會給予兒童教育訓練，進一步提高整體社會生產力，都是近代才產生的觀念。在這之前，大眾普遍認為兒童是一份勞動力，只不過是個「還沒成熟的大人[1]」。所以，在那個人們把兒童視為勞動資源的時代，兒童自然不是接受教育及遊戲的對象。

提到世界上最古老的遊戲，可回溯至西元前3000年左右的桌上遊戲「塞尼特」（Senet）。這項由古埃及人進行雙人同樂的棋盤遊戲，除了被描繪在壁畫上，也作為陪葬品收藏在陵墓之中。而同樣以棋盤型式的「雙陸棋」（Backgammon），則是出現在西元前2000年的桌上遊戲，它於1960年代再次受到大眾喜愛，甚至還因此成立了國際雙陸棋協會。這種型式的桌遊，大約是在西元7世紀的奈良時代開始流傳到日本，後來遊戲名稱變成「雙六」（双六），同樣受到大眾歡迎。在《日本書紀》中，就明載著由持統天皇頒布「告誡人民禁玩雙六」的禁令。

---

[1] 菲立普・埃里耶斯（Philippe Aries）（著），杉山光信、杉山惠美子（譯）《兒童的世紀：舊制度下的兒童和家庭生活》（Centuries of Childhood: A Social History of Family Life），日本 Misuzu 書房出版，1980年

通常遊戲最強大的魅力，在於很容易就轉變成「賭博」，而統治階級向來將賭博列為管制的對象。西元8世紀，日本頒布了大寶律令，凡是捕獲賭徒的官吏，可將罰金的「50％」占為己有，獲取豐厚的報酬獎金。政府對於賭博，經常在民間張貼規勸標語，上面寫著「捕捉、密告、自首」等字眼，這不僅代表禁令難以發揮效果，反倒成為民眾經常賭博的一項證明。

融為一體的刺激，趨動了日本的經濟循環

「勞動是明光、遊戲是暗影。」這句話不曉得是誰說的。從民族國家（國民國家）的時代起，「國民」是受到管理的對象。接著，國民從事勞動的行為，開始被稱為「利社會行為」。在這樣的觀念下，政府從家庭教育狀況，再到為了增加生產人口而鼓勵生育，國民成為了國家統計的對象。日本在這400年裡，娛樂游走在利社會行為（合法娛樂）與反社會行為（非法娛樂）的邊緣。國家為了稅收，竟然在賭博這種帶給人強烈刺激的非法行為上，實施「分開治理」政策。

除了勞動以外，娛樂也是促進日本經濟成長的一大因素。追根究柢，進入20世紀，由劇場、電影、電視與出版等創作帶來的生產、供應量，呈現爆炸性的成長，除了「因為有利可圖」，別無其他解釋。多虧大眾購買門票進場觀賞，全新的歌舞伎（日本古典戲劇）才得以持續創作。由於全國各地建立了

完善的書籍和雜誌流通系統，夏目漱石或川端康成這些「作家老師」的書籍，才能夠成為一門銷售事業。讓消費者享受內容，這種「純粹」念頭的背後，其實是一種欲望，希望能影響更多人，並透過它讓資本持續循環、擴大。在如此資本投入的刺激下，全部都融為了一體，形成一股巨大力量，不斷地運轉著娛樂產業。

1990年起，日本陷入競爭劣勢，從國內生產毛額GDP成長的意義來看，在OECD經濟合作暨發展組織的各個會員國裡，只有日本呈現輸家局面，因此自嘲為「失落的30年」。

但是，至少在娛樂產業裡，日本呈現出的樣貌是截然不同的。出版、電視，這類過去傳統媒體內容，儘管已衰退長達20年以上，不過電玩遊戲與動畫，卻是稱霸世界的內容商品。加上漫畫電子書、網路直播、2.5次元舞臺、主題咖啡店、動畫活動與虛擬直播主，這些多元化的次類型項目，也都急速地發展成長。

更重要的是，把娛樂產業創造出的經濟規模，對比人們過去將它當作「兒童登上成人階段的工具」，以及運用在教育學習的那段時光，有種恍如隔世的感覺。日本民間的消費總額，一整年達300兆日圓。其中，除了吃穿住等「生活必需品」以外，所謂「無用之物」的消費，竟高達50兆日圓，占整體的15%。即使年薪300萬日圓的人，也會拿出約45萬日圓，用來與朋友聚餐飲酒、看電影、參加演唱會，或是轉扭蛋機。這

可是一筆為數不小的數目呢。

喜愛那群催生出動畫、電玩遊戲與漫畫的「幕後推手」

　　本書是為了大人而出版的書籍。我會從歷史的角度，逐一解析娛樂產業的經濟規模、存在於社會上的意義，以及對個人而言的意義。

　　我撰寫本書，不只是為了喜愛動畫、電玩遊戲與漫畫的人。如同小說家稻垣足穗說的「愛花並不需要懂植物學」一樣，就算知道內容或誕生過程，也不代表與喜愛該作品有任何直接關係。就像我們熟悉鐘錶內部構造，它提供的功能，也不一定會提升我們體驗上的滿足感。

　　但是，如果我們試著理解過去歷史的生產體系及轉變，就能釐清各項娛樂深具魅力的根本原因。更重要的是，本書應該可以成為一本教科書，催生更多娛樂生產者。我從進入系統脈絡的方式，彙整日本所有娛樂的產業結構及成立經過。這是因為進入21世紀後，娛樂的專業領域越來越受世人矚目，為了讓這項領域發展得更高更遠，我帶著這份信念提筆撰寫，期盼本書能啟發更多人。

　　本書的存在，是出自於對那些創作動畫、電玩遊戲與漫畫「幕後推手」的愛。他們如何在這個領域尋獲「意義」？為何賭上自己的人生，投入這個完全無法預測作品是否能暢銷的

產業？

如同無法走紅的地下偶像，一旦大紅大紫，即使感到厭煩，其備受矚目及關注的程度，依然會化為無法澆熄的熱情，持續不斷地燃燒。只不過，偶像在走紅之前，無論如何施展可愛魅力，卯足全力宣傳，幾乎沒有人會正眼直視。

儘管這些偶像極度渴望成功，卻仍然束手無策。這都是因為在百人之中，僅有一人，不對！是在千人之中，才有一人獨占鰲頭。在如此不公平的極低機率，能夠意外獲得成功，實在是個既不可思議，又難以理解的世界。而這就是所謂的娛樂產業。

在潛藏著不合理與不可思議的娛樂產業世界中，如果導入理論，根據設計藍圖重現過程，我們是否就能建立這一門學問呢？

我自稱「娛樂社會學者」，具有10年以上從事動畫、劇場舞臺、運動賽事的經營管理工作經歷。為了將這些實務經驗化為理論，我在早稻田大學、新加坡南洋理工大學、慶應義塾大學一邊任教，同時把這些經驗與過程，彙整在著作裡，上述內容就是本書誕生的大致經過。在娛樂產業這個難以理解、卻又充滿魅力的不可思議世界裡，我也是深深著迷的其中一人。

第 ⓪ 章 ── 序章

從娛樂產業的角度進行分析

　　本書將闡明娛樂的專業領域如何創造經濟循環，並成為人與人在社會關係上的潤滑劑，同時促進每一個人更樂觀積極面對生活，為「優質循環的社會」致力做出貢獻。

　　我參考了一本書籍：哈羅德・沃格爾（Harold L. Vogel）的著作《娛樂產業經濟學》（Entertainment industry economics）。這本書是解析美國娛樂產業結構的重要名著，針對10個以上備受矚目、極為重要的產業項目，網羅大眾媒體、娛樂產業，其中包括電影、電視、音樂、電玩遊戲、音樂劇，最後還提到了運動賽事及賭博，種類非常多元廣泛。此外，也針對會計、財務、開發及市場行銷等產業功能，進行詳盡解說。這本娛樂產業書籍內容深入淺出，探討的層面非常廣泛，我不知道還能從其他哪一本書裡找到相同的內容。

　　作者哈羅德・沃格爾以美林證券（Merrill Lynch）分析師的角度撰寫書籍，他一邊在哥倫比亞大學任教，一邊持續更新這本書的資料數據。在1986年發行初版，以每3～5年的頻率，持續增加內容。在出版第35年，也就是2020年時，已更新至

Entertainment Industry Economics（Amazon）（英文）

第10版。過去，史蒂夫・賈伯斯（Steve Jobs）邀請曾在世界級大型企業任職的勞倫斯・李維（Lawrence Levy）擔任皮克斯動畫工作室（Pixar Animation Studios）的財務長，兩人在進入娛樂產業時，第一本閱讀的就是這本書[2]。

於是，我開始思考，為什麼日本沒有出版相同類型的書籍呢？

過去有一段期間，我曾經殷切期盼，日本應該要有一本屬於自己的《娛樂產業經濟學》。2017年，我在早稻田大學與南洋理工大學擔任兼任講師，開設一門「娛樂產業的商業策略」課程，每堂90分鐘，共計15堂課，總時數約23小時。當時，課程以英語講授娛樂產業的相關知識學問。我必須透過英語介紹所有娛樂產業的內容，總覺得一個頭兩個大。不過，我最終還是完成了這本獨一無二「使用英語撰寫娛樂大全產業論」的論文書籍。

然而，這本書是以北美市場為中心，所以沒有提到日本的吉卜力和東映動畫，任天堂與索尼的相關內容也很少，更不用說會出現《機動戰士鋼彈》（機動戰士ガンダム）或《七龍珠》（ドラゴンボール）等作品。我從2017年起以「娛樂社會學者」

---

[2] 羅倫斯・李維著（著），井口耕二（譯）《搶救皮克斯！一切從賈伯斯的一通電話開始……》（To Pixar and Beyond: My Unlikely Journey With Steve Jobs to Make Entertainment History），日本文響社出版，2019年

第 ⓪ 章 ── 序章

自居，除了兼任學者一職，同時也擔任武士道（Bushiroad）電玩遊戲公司的海外社長一職，負責公司事業拓展的工作。當時，我正著手推廣集換式卡牌對戰遊戲《卡片戰鬥先導者》（Cardfight Vanguard Divinez）、音樂節奏手機遊戲《BanG Dream！少女樂團派對》，以及新日本職業摔角這些娛樂內容。

何謂娛樂社會學者？就我個人定義而言，包括研究、釐清人類群體、價值觀與文化形成結構的一切工作，都包含在社會學裡。例如，從一部動畫或電玩遊戲的製作經過，再到作品上市之後，粉絲形成的所有過程，這些都是社會學的最佳分析題材。我曾任職於日本瑞可利控股公司旗下的人才派遣公司Recruit Staffing、網路遊戲科技公司DeNA、電玩遊戲公司萬代南夢宮娛樂（Bandai Namco）與武士道這些公司，以公司的立場而言，創造最大利潤是最重要的任務，不過我仍然發揮學者精神，努力完成另一個身份的工作，分析娛樂產業的各種現象，持續分享資訊，讓任何人都能輕易消化這些內容。

我具有經營管理者與學者兩種身分，從事10年以上的娛樂產業工作，同時靠著興趣，大量閱讀娛樂類的歷史及研究分析相關書籍（粗估約一千冊左右）。另外，進入21世紀後，日本政府祭出「酷日本」政策（Cool Japan，目標是透過全世界對日本產生「共鳴」，提升日本品牌力量，不斷強化日本的軟實力，吸引更多喜愛日本的外國人士），我也見證其中發展的過程。日本政府相當積極推廣內容產業，希望能取得並拓展國外

市場。就像蘇聯解體後，俄羅斯藉由雙人女子音樂組合團體t.A.T.u.進軍世界；以及韓國受到亞洲金融風暴嚴重衝擊，導致貨幣重貶後，仍然致力推廣韓劇到世界各國。許多國家都想盡辦法輸出文化內容到其他國家，透過「軟實力商品的文化滲透力量，恢復受挫的自尊心」。

每個國家都有不同於其他國家的社會及文化。當我們看到其他國家的人喜歡我們的文化時，就更能確定自己國家的存在受到認同。日本當然也不例外。日本曾經是世界上第2大經濟體，卻在這「失落的30年」裡，不斷被其他國家超越各項經濟指標。對日本來說，娛樂產業在國內發展的經濟規模雖然有限，不過我認為一定可以在國外開拓更大的市場，成為日本找回自己存在證明的一大利器。

2014年，我第一次出國工作，在加拿大的萬代南夢宮娛樂公司，擔任開發據點副社長一職。當年，我最訝異的一件事，就是敝公司在1980年推出電玩遊戲《小精靈》（PAC-MAN）造成的驚人影響力。在溫哥華有50間多間遊戲開發公司，我幾乎全部都拜訪過了。每一間公司的經營者，都不約而同表示自己深受《小精靈》遊戲的影響。當時30～50多歲的經營者，只要一回憶30年前沉迷《小精靈》的情景，就像在談論昨天剛發生的事情一樣，而且非常期待萬代南夢宮娛樂能夠「再一次」發光發熱。

沒有錯，1990年代，日本遊戲軟體雖然占全球市場7～8

成，但在2000年過後，卻變得毫不起眼，反而是當地的美商藝電（Electronic Arts）、動視暴雪（Activision Blizzard）這些後起之秀異軍突起，發展得越來越好。日本的遊戲軟體市場，落到了只剩2～3成的生存空間。如果說日本的遊戲軟體開創了全球遊戲產業一點也不為過，但是後來為什麼會落魄到這樣的處境呢？

日本娛樂產業曾經是「無人理睬的次文化領域」

有人見過日本的學術界對娛樂產業進行任何研究分析嗎？回溯日本大學最早的電玩遊戲學系，是在2003年由大阪電氣通信大學成立的。而歷史更久遠的漫畫，據說跟電玩遊戲一樣，最早發展成產業的國家都是日本。到了2006年，京都精華大學終於成立了漫畫學系。但是，直到2022年的今日，依然沒有任何一間國立大學成立電玩遊戲或漫畫學系。

另一方面，2002年，美國常春藤聯盟（Ivy League）的盟校——南加州大學（USC）成立了互動媒體與遊戲設計系。當時，許多大學認為電玩遊戲會是「下一個電影產業」，所以從2000年起，陸續成立正式學系。在2010年左右，全美共有超過250所大學都開設了電玩遊戲的課程。

1990年代的美國，只把電玩遊戲的教育課程當作「職業訓練」，而不是「高等教育」。不過，到了1999年，由卡內基梅

隆大學計算機科學學院和美術學院合資率先成立娛樂科技中心（ETC），創辦人蘭迪・鮑許（Randy Pausch）教授殷切期盼振興電玩遊戲產業，他把在迪士尼和美商藝電的工作經驗寫成論文，成為共同研究的基礎[3]。這並非由行政機關由上而下的指示或決策，而是民間一般研究者從下而上的研究與熱情，再加上許多大學發揮開放精神，在大家共同努力下才達到的成果。

相較之下，當時日本的娛樂產業是「無人理睬的次文化領域」。那些「正經八百的大人」，對這個產業根本懶得理會。

當時，「任天堂紅白機」（Family Computer）大受歡迎，在北美電玩遊戲市場獲得成功，創造50～60億美金的經濟規模，成為驚人的高收益公司，或許因此引起少數研究企業的學者和股市的關注。但是，從當時日本重視經濟的角度去看，多數人卻認為，專注在「主要產業的攻防戰」才是最重要的事，就像日本豐田汽車或本田汽車對抗1兆2,000億美元美國汽車產業的通用汽車（GM）；日本索尼或松下電器產業（Panasonic Holdings）對抗1,000億美元家電產業的奇異家電公司（GE）一樣。

連如此成功的電玩遊戲公司都遭遇這種冷漠對待了，更何況

---

[3] https://www.cgarts.or.jp/report/rep_sin/rep0223.html

是動畫或漫畫類型，根本就不在產業分析的名單上。於是，日本就此錯失了大好機會，沒有確實建立完整的娛樂產業結構，也沒有培育娛樂產業的人才，當然也就無法形成良性循環的產業生態系統，一切任由愛好電玩遊戲、漫畫與動畫的創作者自行發揮，或交給脫離公司體制的自由工作者負責包辦。

過去，日本也曾經有機會像美國一樣，透過產官學三方運作體制，打造出屬於日本的「好萊塢」。例如，在電玩遊戲產業裡，東京、京都與大阪，這些地區的製作公司明明在全球市場具有優勢地位，且能運用這些優勢創造巔峰，無奈卻眼睜睜錯失良機。

美國矽谷建立的典範，就是一個產業、一個地區、一個群體，透過大家通力合作，就能共享豐碩的成果。如果只靠企業單打獨鬥，幾乎無法達成這樣的目標。美國矽谷設有培育一流人才的大學，也有創投企業（投資人）扶植剛起步的新創公司，以及擁有歡迎新創公司的文化，並且能因應消費者的多變喜好，設計出多元豐富的商品陣容，還擁有容許失敗後能重新站起來的雄厚資金，如此才能創造收益。所謂培植產業，就是一個「經濟圈」，需要彼此同心協力，不可能靠著企業各自嘗試錯誤學習，就突然一飛沖天。

我身為娛樂社會學者想做的事，就是將日本特有的娛樂產業強項，以有層次的結構進行剖析。包括電玩遊戲、動畫、音樂、電影、劇場與運動賽事等，我將挑出上述各個項目的歷史與目前的樣貌，一些成功範例，迎向成功的未來，同時

也帶著「找回日本獨特存在」的心態，期盼今後日本娛樂產業能持續締造輝煌。

創作者→IP→媒體→用戶

首先，我想以圖解的方式，清楚呈現娛樂產業的整體情況（如圖表0-1所示）。

內容，不只是「透過媒介傳播的資訊（紙本或電子載體上的文字、音樂、影像、遊戲軟體）」，就本質而言，都是來自於個人創作者或是共同創作的團隊所創造出來。在創作完成之後，最終將呈現在消費者面前，讓大家享受娛樂內容，並且獲得滿足感。無論大製作的電影也好，或提供全球下載的電玩遊戲也罷，任何作品的誕生都是源自於創作者。接著，在媒體的另一端有接收作品的消費者。儘管內容是透過作品這種間接方式才能取得，但娛樂產業仍然是屬於一種需要溝通的產業。

娛樂最強大的地方，在於創作者的偉業太過顯著，因而產生出所謂IP（Intellectual Property：智慧財產權）的「權利」。

任何人看到「Hello Kitty」（凱蒂貓），一眼就分辨得出Kitty。這是因為這個角色經過了50年，從Kitty玩偶到Kitty卡片、動畫、手機應用程式app，以及許多跨界聯名合作活動，消費者透過各種媒體看遍了Kitty這個角色的緣故。於是，只要是Kitty的圖像，大眾就會受到人們在世界上對它的

認知影響,以及在社會上發出的訊息影響,所以Kitty這個商品的價值會有所提升。

上述結果不只侷限在創作角色上,就連運動員「大谷翔平」、流行音樂歌手「Ado」等人,IP也可附加在他們身上。托品牌IP化之福,就算本人或原始創作者不在,該品牌的世界也能再次重現,藉由商品保留「靈魂」。因此,「Hello Kitty」每年可以創造出1,000億日圓以上的商品銷售額,甚至在過去50年的歷史,有將近10兆日圓的相關授權商品售出。這都是因為這個商品及消費者對它的體驗滿足感,已經化為品牌,所以消費者每一次都會不厭其煩地購買Kitty的相關新商品。

圖表0-1 娛樂產業結構

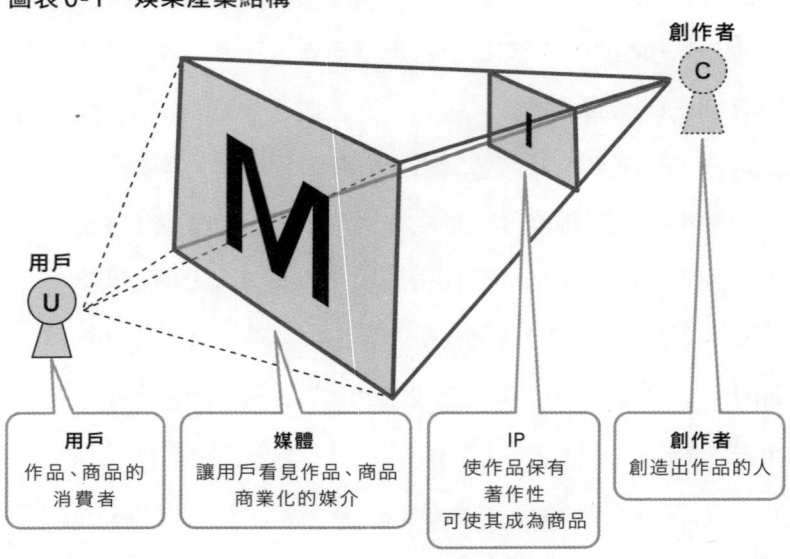

用戶	媒體	IP	創作者
作品、商品的消費者	讓用戶看見作品、商品商業化的媒介	使作品保有著作性可使其成為商品	創造出作品的人

出處│作者彙整製作

創作者會順應時代而選擇媒體

創作者會順應時代而選擇媒體。舉例來說，電影院曾經是娛樂的代表，在過去極為興盛。這與日本大正時期的手法如出一轍，當時銷售達百萬本的暢銷書籍、雜誌，皆在全國各地書店流通，以方便消費者購買。

雖然這種模式只能仰賴「媒體」作為媒介，不過靠著內容的力量，媒體本身也會成為一個品牌。例如在1970年代，品質優異的手帕或文具，只要擺放陳列在小小雜貨裡，這間店就是一個滿分的「媒體」了。然而時至今日，陳列Kitty商品的三麗鷗門市商店，卻是許多人心心念念的場域。忠實的粉絲會特地前往東京，徹夜守在三麗鷗門市商店前排隊，直到買到渴望的商品，才會滿足地回家。

電視機對人類來說，是最早出現「一億人在同一個時間收看相同內容的媒體」。其中，各大電視台一直都在為了節目內容與收視人口，互相較勁爭奪。1980年代，富士電視台（フジテレビ）無論在任何時段的節目都非常有趣，因此收視率總是遙遙領先。不過，到了1990年代，收視冠軍的寶座，卻拱手讓給了日本電視台（日本テレビ）。

2000年代，匿名討論版2channel或Niconico（ニコニコ）動畫等網路媒體崛起，部分內容只能在該平臺觀看。到了2010年代，YouTube平台上面出現各式各樣的影片，並且毫

第 ⓪ 章 ── 序章

無間斷地推陳出新，彷彿變成了夢幻般的媒體。直到2020年代，抖音（TikTok）主打5～10秒的短影音內容，稍微不留神，長達一個小時的時間也會在不知不覺中飛快流逝。影音串流平臺Netflix（網飛）公司，一年投注將近2兆日圓的資金，大量生產全世界最花錢的內容，這麼做也是Netflix這個媒體為了能夠持有版權。

創作者順應「身處的時代」以及「當下的場域」，可以運用各式各樣的媒體，並且在這些媒體之間自由轉換。這些人的身分，包括文學作家、電影編劇、漫畫家、廣播劇作家、詞曲創

圖表0-2　娛樂產業參與者及其構成因素

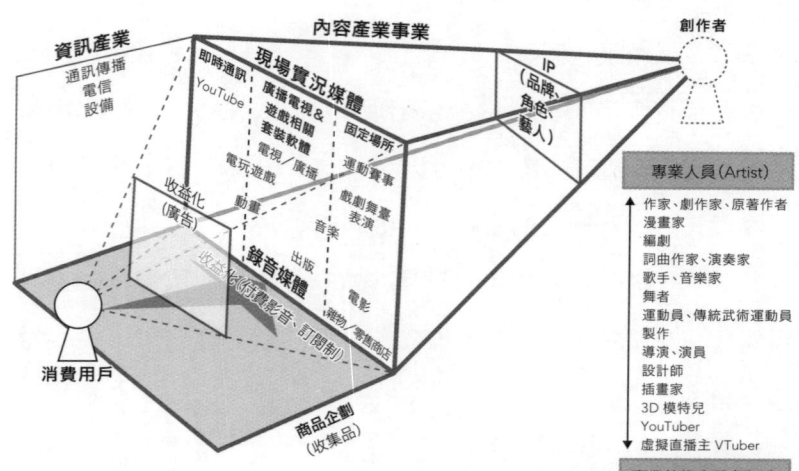

20世紀媒體最初的內容情況→21世紀消費用戶依內容來選擇媒體

出處｜作者彙整製作

作人,就連日本傳統武術家,以及網路社群媒體pixiv上的插畫家或虛擬直播主,他們全部都等同於「創作者」。消費者在自己身處的時代,可自由選擇最想取得的媒體;而創作者則將自己認為有意思的娛樂內容,呈獻給消費者。

從無到有開創商機的教科書

本書研究的對象包括:內容市場(12兆日圓)、運動賽事市場(10兆日圓)、演唱會與劇場舞臺等實況活動市場(6,000億日圓)。我把一年合計超過20兆日圓的消費市場,細分為9大領域:「興行(現場娛樂表演)」、「電影」、「音樂」、「出版」、「漫畫」、「電視」、「動畫」、「電玩遊戲」、「運動賽事」,我將從歷史的角度進行分析解說。究竟每一個產業是在什麼環境下、由誰的雙手所誕生出來的?他們運用了什麼方法建立商業模式?本書將逐一解析這些歷史大事記。

我雖然將本書稱為娛樂產業教科書,但並非只談論娛樂方面的封閉內容。原因在於這9大領域在市場上,所有項目的誕生,都是從無到有的。從產生讓人喜悅的單純念頭開始,再到發現其無限潛能而出手援助的投資者,接著提供內容的創作者進入企業裡,直到轉變為現今消費者定期付費的模式;此過程經歷了無數的艱辛挑戰。而這些過程,亦可成為從無到有創造商業模式的一本教科書。

第 ⓪ 章 —— 序章

圖表 0-3　娛樂產業相關產業的全貌

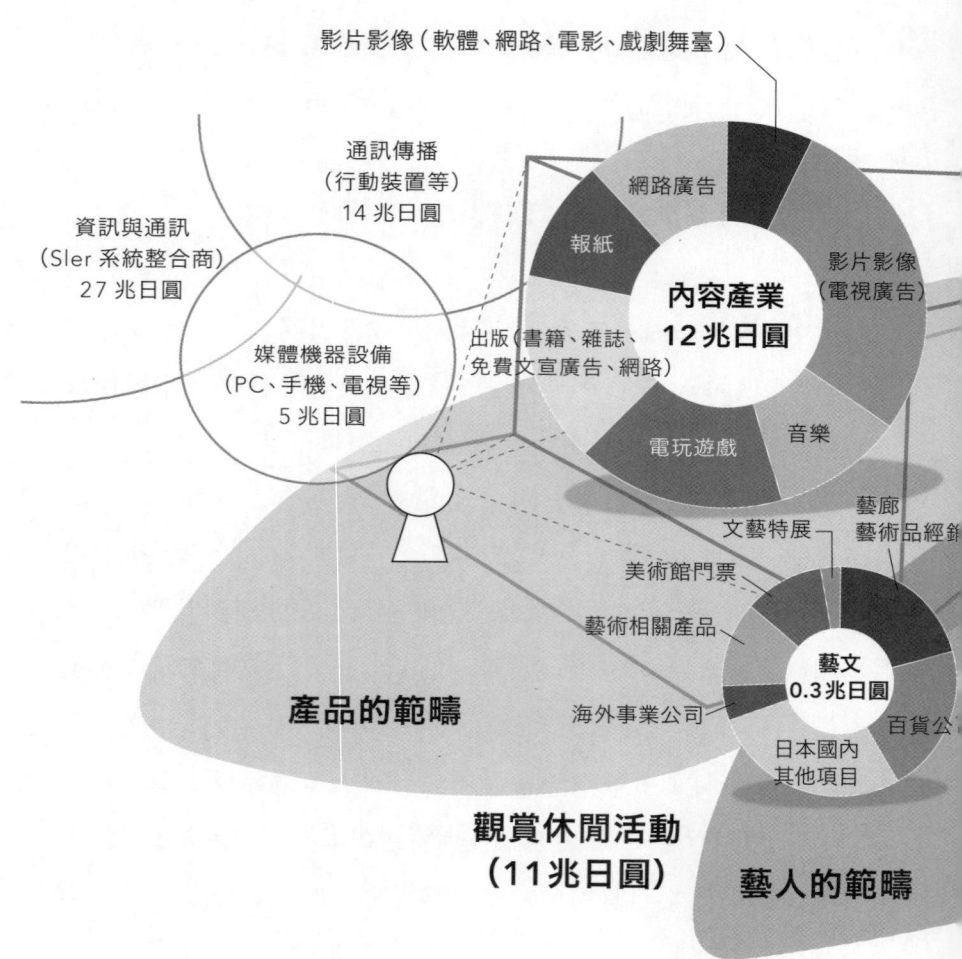

出處 ｜ 參考各數據資料彙整製作。以新冠疫情前的一般概略數

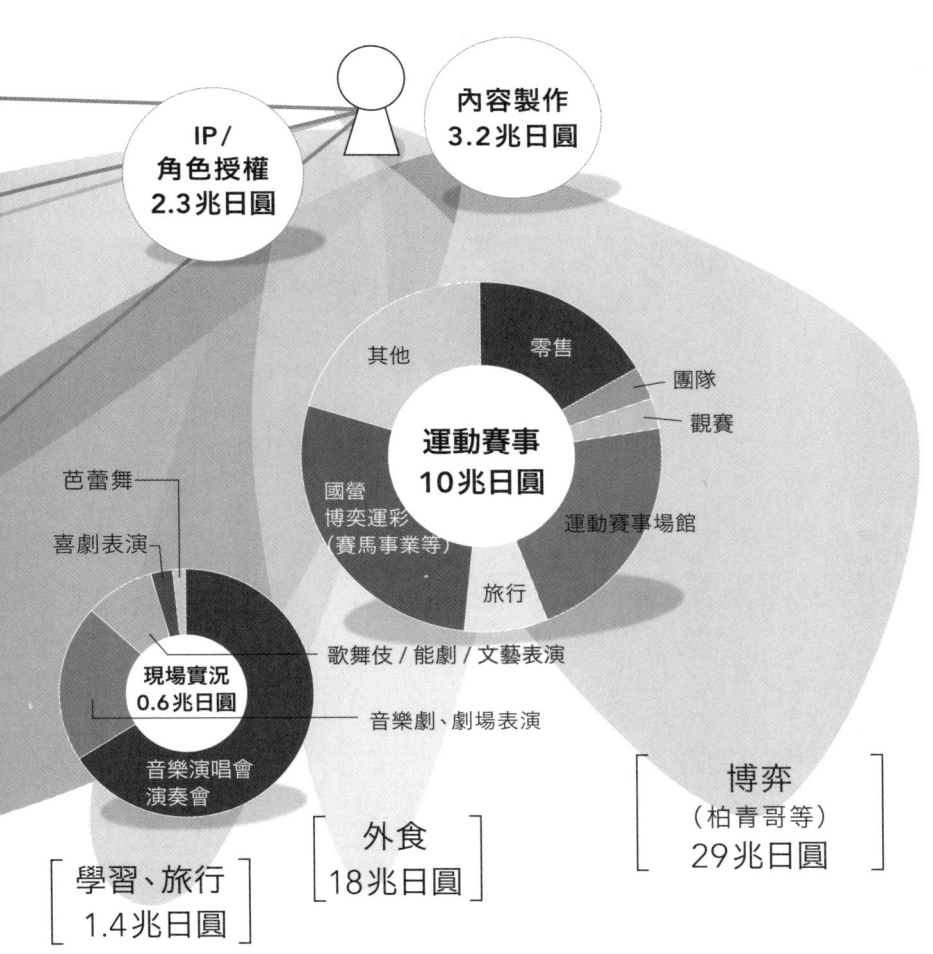

第 ⓪ 章 —— 序章

圖表 0-4　日本娛樂產業年表　2-1

	1940 年代以前	1950 年代	1960 年代	1970 年代
興行（現場娛樂表演）	劇場演出、電影院全盛時期 →		音樂、戲劇舞臺反主流文化 →	
	・吉本興業(1912) ・寶塚歌劇團(1914) ・東寶(1932) ・劇團四季(1953)	・帝劇 Musical(1950) ・新宿 KOMA 劇場(1956) ・日生劇場(1963)		・寶塚演出凡爾賽玫瑰((1974)
		・木村政彥 vs 格雷西(1951) ・力道山、木村 vs Sharpe 兄弟(1954)		・披頭四武道館演唱會(1966) ・新宿反戰民謠游擊隊(1969) ・Live House 展演空間林立
電視		VS 電影 →		
		歌唱、連續劇、體育節目 →	特效劇、喜劇、時代劇 →	
		・紅白歌合戰(1951) ・音樂節目 The Hit Parade(1959) ・明星誕生！(1971)	・超人力霸王(1966) ・假面騎士(1971)	
			・阿花小姐(1966) ・周五連續劇(1972)	・座頭市(1974) ・水戶黃門(1976)
		・街頭電視(1953)	・8 點！全員集合(1969) ・笑一笑又何妨！(1982)	
音樂	明星時代 →			
		音響廠商、唱片公司	成立藝能經紀公司	吉他、搖滾風潮
	・日本哥倫比亞唱片(1910) ・日本勝利唱片(1927) ・國王唱片(1931) ・帝國蓄音器商會(1934)	・東芝音樂工業(1960) ・CBS SONY(1968) ・渡邊製作(1955) ・堀製作(1960) ・傑尼斯事務所(1962)	・披頭四訪日(1966) ・吉田拓郎(1970) ・南方之星(1977) ・黃色魔術交響樂團(1978)	
	・東京進行曲(1929) ・東京 Boogie Woogie(1947)	・昂首向前走(1961)	・花中三人組(1973) ・松田聖子(1979)	
運動賽事		職賽誕生與電視播出 →	電視節目多元豐富 →	
		摔角、職棒、拳擊大受歡迎 →	職棒、相撲的高峰全盛時期 →	
	・讀賣巨人軍(1934) ・阪神(1935)	・力道山 vs 毀滅者(1963) ・世界拳擊輕量級選手原田(1965)	・足球員比利引退賽(1977) ・東京國際女子馬拉松(1979)	
	・愛迪達(1924) ・亞瑟士(1949) ・耐吉(1964)	・職棒實況轉播(1953) ・巨人 vs 阪神天皇觀賽(1959)	・東京奧運(1964) ・墨西哥奧運(1968) ・慕尼黑奧運(1972) ・札幌冬季奧運(1974)	

	1980 年代	1990 年代	2000 年代	2010 年代	2020 年代
	結合電視 →			音樂現場實況、2.5次元 →	
	格鬥技風潮 →		電影院重整改裝 →		動畫直播 →
	・超級歌舞伎(1986)	・劇團四季劇場(1998)		・澀谷落語(2014) ・神田伯山TV(2020)	
・迪士尼樂園(1983) ・UWF 環球摔角聯盟(1984) ・UWF 國際職業摔角(1991) ・UFC 終極格鬥冠軍賽第二屆(1994)		・K-1 踢拳錦標賽(1993) ・PRIDE 綜合格鬥技(1997) ・豬木引退賽(1998) ・櫻庭 vs Royce (2000)	・網球王子(2003) ・刀劍亂舞(2015)	・YouTube 粉絲贊助功能(2017) ・VTuber 彩虹社掛牌上市(2022)	
	家家戶戶有電視、大眾文化發展成熟 →			VS 網路影片收視 →	
	連續劇、新聞、益智問答 →		國外節目、動畫、綜藝節目、實境節目 →		綜合格鬥技 →
・Zoom in 早晨(1979) ・NEWS STATION(1985)		・電波少年(1992) ・ASAYAN(1995)	・K-1(1996) ・阿Q冒險中(2007)	・Netflix 日本開播(2015) ・TVer(2015)	
・周二懸疑推理劇場(1981) ・富士周一9點連續劇(1987)		・東京電視台深夜動畫(1995) ・noitaminA(2005)		・72 小時真心話電視(2017) ・魷魚遊戲(2021)	
・原來如此！The World(1981) ・發現世界不可思議！(1986)		・Project X〜挑戰者們〜(2000) ・寒武紀宮殿(2006)		・那須川 vs 武尊戰(2022)	
	偶像時代 →			團體戰時代 →	
		樹立 J-POP 地位 →	結合動畫、電玩遊戲 →		K-POP →
・TMN(1983) ・X JAPAN(1989) ・三宅裕司的潮團天國(1989)		・卡拉OK(1990s) ・小室家族風潮(1994)	・JAM Project(2000) ・Perfume(2005) ・初音未來(2007)	・卡莉怪妞(2011) ・YOASOBI(2019) ・Ado(2020)	
・小貓俱樂部(1985) ・光源氏(1987)		・安室奈美惠(1992) ・濱崎步(1993) ・宇多田光(1998)	・SMAP(1991) ・嵐(1999) ・早安少女組(1997) ・AKB(2005)	・東方神起(2003) ・TWICE(2015) ・BTS(2017)	
				職賽產業化 →	
	日本甲組職業足球聯賽、世足賽熱潮 →		職棒重整 →		網路直播 →
	・溫布頓網球錦標賽 松岡(1995)、伊達(1996)		・東北樂天金鷲(2004) ・福岡軟銀鷹(2005) ・橫濱 DeNA(2012)	・日本職業足球聯賽 與 DAZN 簽約(2017) ・職業拳擊井上出賽 亞馬遜Prime影音轉播(2022)	
・千代之富士貢相撲賽優勝(1981) ・足球洲際盃(1981)		・若貴時代(1989)	・日本職業籃球B聯賽(2015)		
・洛杉磯奧運(1984) ・首爾奧運(1988)		・日本職業足球聯賽(1993)	・法國世足賽(1998) ・日韓共同舉辦世足賽(2002)	・東京奧運、收賄事件(2021) ・卡達世足賽、ABEMA 轉播(2022)	

第 ⓪ 章 ── 序章

圖表 0-4　日本娛樂產業年表　2-2

	1940 年代以前	1950 年代	1960 年代	1970 年代
漫畫	報紙、紙話劇 ・黃金蝙蝠(1930) ・野良犬小黑(1931) ・海螺小姐(1946) ・小馬日記(1946)	漫畫出租 ・原子小金剛(1952) ・寶馬王子(1953)	週刊漫畫雜誌全盛時期 運動魂、少女漫畫 ・巨人之星(1966) ・小拳王(1967) ・波族傳奇(1972) ・凡爾賽玫瑰(1972) ・風與木之詩(1976)	愛情喜劇 ・福星小子(1978) ・TOUCH 鄰家美眉
動畫		・桃太郎海之神兵(1945) ・白雪公主(1950) ・白蛇傳(1958)	專為兒童推出的動畫 ・原子小金剛(1963) ・鬼太郎(1965) ・海螺小姐(1969) ・哆啦A夢(1973)	・宇宙戰艦大和號(1974) ・機動戰士鋼彈(1979) ・超時空要塞(1982)
電玩遊戲				・Pong(1972) ・太空侵略者(1978) ・小精靈(1980) ・大金剛(1983) ・瑪利歐兄弟(1983)
電影	戰時電影管制 ・東寶(1932) ・東映(1942)	電影黃金時期 ・羅生門(1950) ・東京物語(1953) ・七武士(1954) ・哥吉拉(1954) ・大鏢客(1961) ・座頭市物語(1962) ・網走番外地(1965) ・黑部的太陽(1968)	黑道、科幻題材受到歡迎 ・緋牡丹博徒(1968) ・男人真命苦(1969) ・無仁義之戰(1973)	・日本沉沒(1973) ・宇宙戰艦大和號(1977) ・星際大戰(1978) ・E.T.(1982)

（注）西洋電影在日本公開上映年

1980年代	1990年代	2000年代	2010年代	2020年代

往跨媒體製作發展（media mix 漫畫內容以多元媒體呈現） ▶ **電子漫畫書**

Webtoon（網路條漫、行動裝置直條式漫畫）

王道漫畫 ▶

- 足球小將翼(1981)
- 七龍珠(1984)
- 衝鋒四驅郎！(1987)
- 灌籃高手(1990)
- 金田一少年之事件簿(1992)
- 美少女戰士(1991)

- 遊戲王(1996)
- 麻辣教師GTO(1997)
- ONE PIECE航海王(1997)
- 火影忍者Naruto(1999)
- BLEACH死神(2001)

- 進擊的巨人(2009)
- 鬼滅之刃(2016)
- 梨泰院Class(2016)
- 我獨自升級(2018)
- SPY×FAMILY間諜家家酒(2019)

玩具MD動畫 ▶ **動畫製作委員會＆原創動畫時代** ▶ **網路收看＆全球化時代**

- 新世紀福音戰士(1995)
- 爆走兄弟Let's&Go!!(1996)
- 名偵探柯南(1996)

- K-ON!輕音部(2009)
- 刀劍神域(2012)
- 進擊的巨人(2013)
- Love Live!(2013)

- 福星小子(1981)
- 足球小將翼(1983)
- 七龍珠(1986)
- 美少女戰士(1992)

- 鋼鋼之鍊金術師(2003)
- 涼宮春日的憂鬱(2006)
- Fate/Stay night(2006)
- 化物語(2009)

- 鬼滅之刃(2019)
- 咒術迴戰(2020)
- SPY×FAMILY間諜家家酒(2022)

大型電玩機臺 | **PC Game** | **手遊**

家用電玩遊戲機 ▶ **家用線上下載遊戲**

- 超級瑪利歐兄弟(1985)
- 勇者鬥惡龍(1986)
- 快打旋風II(1991)
- 餓狼傳說(1991)
- 音速小子(1991)
- Sega Rally越野賽車(1995)

- VR快打(1993)
- 純愛手札(1994)
- 寶可夢(1996)
- FINAL FANTASY VII(1997)
- 狂熱節拍(1997)

- 魔物獵人(2004)
- 怪盜Royale(2009)
- 探險托里蘭托(2011)
- 龍族拼圖(2012)
- 怪物彈珠(2013)

西洋強檔大片受到歡迎 | **日本電影再次受到青睞**

角川、獨立製作 | **吉卜力、電視台參與電影製作** | **動畫電影版跨媒體連動發展**

- 魔女宅急便(1989)
- 紅豬(1992)

- 魔法公主(1997)
- 神隱少女(2001)
- 霍爾的移動城堡(2004)

- 你的名字(2016)
- 名偵探柯南：零的日常(2018)
- 鬼滅之刃(2020)
- 咒術迴戰0(2021)
- 航海王劇場版：紅髮歌姬(2022)

- 犬神家一族(1976)
- 女稅務員(1987)
- 敦煌(1988)
- 我們來跳舞(1996)
- 七夜怪談(1998)

- 鐵達尼號(1997)
- 哈利波特：神秘的魔法石(2001)

- 子貓物語(1986)
- 大搜查線(1998)
- 在世界的中心呼喊愛情(2004)
- HERO(2007)

Contents

序章 ⓪

「遊戲是為了兒童而存在的事物」是一場騙局 ……002

融為一體的刺激，趨動了日本的經濟循環 ……004

喜愛那群催生出動畫、電玩遊戲與漫畫的「幕後推手」……006

從娛樂產業的角度進行分析 ……008

日本娛樂產業曾經是「無人理睬的次文化領域」……012

創作者→IP→媒體→用戶 ……015

創作者會順應時代而選擇媒體 ……017

從無到有開創商機的教科書 ……019

興行 ①

1-1　販售「僅只一次的瞬間」而充滿期待感的商品 ……032

1-2　在明治、昭和時期行腳世界的興行師們 ……038

1-3　東寶、松竹、吉本打造出日本興行的商業模式 ……044

1-4　巴黎＞倫敦＞紐約＞東京 ……051

1-5　大眾傳播媒體在網路世界凋零中的「一枝獨秀」……056

1-6　不斷轉換載體的演出內容 ……063

電影 ②

- 2-1 日本曾經是領先好萊塢的電影大國⋯⋯070
- 2-2 東映與東寶的生存之戰⋯⋯076
- 2-3 「桃色電影」與日活浪漫情色電影成為了培育優秀導演的利器⋯⋯083
- 2-4 索尼間接創造了好萊塢電影帝國⋯⋯089

音樂 ③

- 3-1 娛樂產業的金絲雀⋯⋯096
- 3-2 「對立」正是音樂創作的種子⋯⋯102
- 3-3 索尼是「日本速度第一的企業」，全力朝向音樂集團發展⋯⋯107
- 3-4 藝能經紀公司發揮影響力，並將偶像事業當作音樂產業的基礎⋯⋯112
- 3-5 艾貝克思與小室哲哉的時代⋯⋯118
- 3-6 音樂產業透過串流音樂，再次展開「乘法事業」⋯⋯124

出版 ④

- 4-1 戰後最大的創新產業⋯⋯132
- 4-2 大正時期樹立世界上最佳出版流通系統⋯⋯138
- 4-3 漫畫在出版市場超過3成占比⋯⋯143
- 4-4 跨媒體製作與角色人物事業⋯⋯149

漫畫 ⑤

- 5-1　日本獨自發展的過程……156
- 5-2　手塚治虫打造的產業基礎……163
- 5-3　BL漫畫與同人誌販售會是源自女性版常盤莊的「大泉沙龍」……168
- 5-4　《快樂快樂月刊》藉由休閒嗜好與電玩遊戲的跨界合作，開拓全新計畫……174
- 5-5　電子漫畫的急遽成長與強敵出現……180
- 5-6　日本漫畫創下國外市場史上新高……185

電視 ⑥

- 6-1　日本電視產業強盛的原因……192
- 6-2　「電視之神」正力松太郎……198
- 6-3　電視臺的大整合與全國聯播網路化……203
- 6-4　電視是大眾無法等閒視之的內容王者……211

動畫 ⑦

- 7-1　世界動畫聖地的日本對抗好萊塢……218
- 7-2　動畫產業是在瘋狂狀態中誕生的……226
- 7-3　新世紀福音戰士改變時代……231
- 7-4　吉卜力工作室把動畫視為「藝術作品」……240
- 7-5　動畫集團Aniplex以《鬼滅之刃》兼顧創作者理念與商業市場……247
- 7-6　迪士尼＆皮克斯創造21世紀的動畫事業……253

電玩遊戲 ⑧

8-1　獨一無二的遊戲市場開拓者──任天堂……260

8-2　從電玩遊戲展開的跨媒體製作……268

8-3　家用電玩遊戲主機的世界爭霸戰……275

8-4　一切都發展成網路線上遊戲……282

8-5　受到妄想與期望的驅動，開始經營電玩遊戲公司……289

運動賽事 ⑨

9-1　運動界從堅持業餘選手參賽轉變成職業化……298

9-2　奧林匹克的光與影……306

9-3　轉播權利金為何會飆漲得如此誇張？……311

9-4　運動相關事業的擴大成長……318

9-5　從職業棒球經營中看見日本運動事業的未來……326

9-6　日本在是世界上首屈一指的格鬥市場＆國外企業發展出龐大規模的格鬥市場……333

終章 ⑩

創作者不斷求變，維持永續發展……342

絕對不會毀滅的韌性……344

隨著日本戰後嬰兒潮世代形成的娛樂消費型態……345

對國外的影響，以及培育兒孫世代……347

日本缺乏行銷「國外市場」的能力……349

娛樂發揮社會功能，陪伴人們通往社會的入口／出口……353

透過實驗性質的前衛產業，看見新時代降臨的預兆……355

譯註

日語「興行」，意指透過收費，舉辦娛樂活動以聚集觀眾，使大家樂在其中，並作為一項事業發展，整個過程稱為「興行」。另外，泛指各類戲劇、劇場之「開演、公開演出、表演」，以及運動賽事、歌舞、音樂會、演唱會等娛樂活動與展覽之「舉辦」，或電影之「上映」，也都稱為「興行」。

第①章

力道山 vs 毀滅者（1963年12月2日）
照片提供｜《東京體育報》／Aflo

興行

1-1 販售「僅只一次的瞬間」而充滿期待感的商品

由演出者與觀眾的互動,共同創造出「獨一無二的時刻」

興行,比起電玩遊戲、電影或出版,有著非常大的差異。後者是把內容或影像動畫,「烙印在想呈現的媒體上」,就某種意義而言,是屬於平面的,而且之後不管多少次,消費者都能重複消費,毫無任何限制,幾十萬人、幾百萬人,都可以鑑賞同一個作品。但是,興行——無論在能劇、歌舞伎,或是劇場、漫才與音樂劇,甚至是運動賽事舉辦時,都必須運用「人與空間」,化為一個立體的媒體才能成立。整個過程無法複製,宛如春天的櫻花,是「轉瞬即逝」之物。正因為如此美好,我們觀賞的當下,才會深受感動而著迷不已。

興行,風險甚鉅。在人與空間的正式演出現場,通常會在1～2小時內結束,有許多工作人員參與,如果是音樂演唱會,就必須在事前就承擔風險,投入包括製作、演出在內的數億日圓資金。

這些現場實況活動的收費方式,必須仰賴最原始的「門票」。

基本上，消費者購買門票進場觀賞的內容（包含展覽活動或主題樂園），就是興行——舉辦以觀賞為目的之活動。即使好幾萬人掏腰包購買門票，也得取決於事前是否想看，完全是一門行銷期待感的生意。同時，僅憑當下的那個空間，就決定了消費者的滿意程度。

另外，就內容製作方式的意義而言，興行有一大特徵。意即內容生產與消費在同一瞬間成立，擁有獨一無二超越其他娛樂項目之特徵——也就是受到消費方式的影響，所生產的內容會隨之轉變。根據觀眾高低起伏的興致，製造內容的演出者也會順應當下觀眾的反應，在當下的那個瞬間，呈現出迥然不同的內容。而這正是所謂由演出者與觀眾的互動，共同創造出「獨一無二的時刻」。演出者在當下的空間產出內容，同時創造出觀眾進行消費的「那個瞬間」，而這就是所謂的興行。

持續六百年最古老的娛樂「能劇」，與漫畫與動畫的相同之處

興行，其歷史意義深遠。源流可回溯至奈良時代（710～794年），最初由中國傳入的「伎樂」，發展出舞樂、散樂、田樂、猿樂這些分支。其中，在平安時代（794～1185年）、室町時代（1336～1573年），又分別發展出戴著面具表演的歌舞劇「能劇」，以及採對話形式進行的詼諧話劇「狂言」。而

第①章 —— 興行

擁有與劇場同樣功能的「座」，是作為專業藝能團體的演出舞臺，它也是從這個時代發展出來的。在這之後，歌舞伎盛行的江戶時代（1603～1868年），出現常設演出的「小屋」，就是在「座」完成之後才誕生的。

現存的戲劇項目之中，最古老的是「能劇」。這項娛樂文化源起於1374年，從17歲的足利義滿與12歲的世阿彌相遇開始發展，流傳至今已超過6百年。武士階級的足利家，以資助者的身分，發展能劇用來改革當時的貴族文化。這意味著義滿將軍試圖掌握「文化霸權」，所以掌控藝能娛樂這件事，也代表了他的野心。

世阿彌當年是個超級巨星。除了身為演員的美貌無庸置疑，而且以作詞、作曲家的身分，創作許多經典作品流傳後世，從表演到論述理論皆無懈可擊[4]。他受到義滿將軍的寵愛，幾乎到了引發公憤的程度。由於那個時代有「理所當然」的眾道文化（男性喜好男色），因此一般認為，兩人曾經有過這樣的關係。

世阿彌的作品《風姿花傳》，流傳至今的經典語句也相當多，例如「離見之見」（離見の見；摒除己見，站在他人及客觀

能樂的歷史（能樂協會官網）（日文）

---
[4] 增田正造《世阿彌的世界》（世阿弥の世界），集英社出版，2015年

的角度，觀察自己或事物全貌）、「莫忘初衷」（初心忘れるべからず」）、「祕則為花」（秘すれば花なり；隱藏起來便是美；含蓄不露骨地表現，才更顯魅力）。目前能劇有超過200部劇目，其中尚有多數創作，出自世阿彌筆的筆下。

一名表演者獨自負責作詞、作曲、劇本及編導等工作，全都掌握得宜，看起來就像現代的「漫畫家」一樣。每個環節都緊密相扣，搭配得恰到好處。這種專業職人般的作品及意義詮釋，其中蘊含令人拍案叫絕的哲學，更是一般創作團隊難以實現的地方。

在那個時代，人們對於著作權觀念相當薄弱，所以相同的能劇劇目，很容易就被其他流派拿去仿效。我覺得這種風氣也會在現在日本（與美國不相同）動畫與漫畫的產業裡看得到，與能劇的情況相同。

宗教與遊樂在同一個場域，促進興行繁榮興旺

興行的文化能不能留傳後世，跟為政者是否成為支持者，有著密切的關係。歌舞伎和落語能流傳至今，其背後的重要因素，在於政府官方的認同支持，以及像松竹、吉本興業這些公司，把這些戲劇當作娛樂事業來經營，或者像市川家族這些歌舞伎世家代代相傳，保存日本傳統表演技藝，有系統及組織在背後支撐運作，才能奇蹟似地保存下來。

第①章 ── 興行

　　同樣是傳統戲劇的能劇，之所以發展得不如歌舞伎順遂，是因為目前約有1000多人的能樂師（表演能劇的演員），全部都是以「個人名義」來發展能劇事業，背後並沒有組織提供贊助。一般認為，這或許跟過去能樂師不會為了諂媚為政者而創作作品、也不會讓作品帶著宗教色彩有關，再加上能樂師極度克制欲望，所以人與金錢根本無法涉入其中。

　　另一方面，歌舞伎在江戶時代屬於次文化領域。歌舞伎從所謂「傾奇」行動（傾く；KA-BU-KU）的反主流文化開始，在日本全國各地，由偶爾從事妓女工作、名為遊女的一群女性，以阿國歌舞伎之名，讓它流行並持續發展。（一般認為從平安時代開始興起的歌舞遊女「白拍子」，也是源自同一系統）但是，由於內容過度煽情，因此遭到禁演。後來，又有一群美少年以若眾歌舞伎之名義開始表演，不過也是因為相同理由被禁演。即使如此，之後男性還是繼續扮演女性角色，轉變為所謂的野郎歌舞伎。

　　1980年代左右，日本出現了超級歌舞伎，把西遊記與中國古典小說改編成劇目並公開演出。後來，甚至還出現了「航海王歌舞伎」、「初音未來歌舞伎」等貼近時代的劇目。提到歌舞伎隨著時代變遷的生存適應能力，我不禁豎起大拇指稱讚。

　　就本質上而言，興行是從混亂之中產生的。我想大家把興行跟宗教、玩樂、藝能表演視為一體而繁榮興盛，就能明白其中的道理吧。過去，淺草寺的後面有戲劇街，又緊鄰風化區吉

原,可說是神佛、藝能表演、賣春,三位一體的文化中心[5]。

世界各地具有宗教性質的場域,以某種層面來看,都帶有治外法權的色彩。一般認為,在這些地方,都會伴隨著藝能娛樂表演,而這就是興行,也是現場表演的本質。接下來,我們從1-2開始介紹日本舉辦娛樂活動的歷史。

---

[5] 小澤昭一《我在河原乞食・考察》(私は河原乞食・考),岩波書店出版,2005年

第①章 ── 興行

1-2
在明治、昭和時期行腳世界的興行師們

日本首次取得護照的馬戲團，亦獲得美國總統接見

您可曾聽過日本第一個辦理護照成功的人物嗎？當然，一切都是在江戶時代末期，日本產生了國家概念，實施解除鎖國政策之後，才有日本人取得政府機關許可、核發護照，乃至於跨越國境的行為。1853年，美國東印度艦隊司令官培里（Perry）率領軍艦抵達日本浦賀。1867年，江戶幕府最後一位將軍德川慶喜還政於明治天皇，結束了江戶幕府時代。於是，從1868年起，日本就從以「日本國」的明治時代，開啟了全新紀元。

距今150多年前的1866年，日本在即將改朝換代之前，在東北地區貧困村落出身的18人，以高野廣八為首而組成的一個藝能團體，完成了一趟出國表演的工作。這是日本民間首次有民眾正式取得護照。如果轉換成現代的語言，這個藝能團體就是所謂的馬戲團。當時，在一名美國領事館員雷得利（Ridley）的引導協助下，一行人成功前往美國。他們搭船共

花了28天,是一趟長途旅行。雷得利最初付給18人1,000日圓作為預付酬勞,以目前的幣值換算後,大約為400萬日圓。抵達美國之後,再付給他們另外一半金額,於是18人就以薪酬總額換算現值800萬日圓的金額,展開了美國巡迴表演之旅。

日本馬戲團一行人的表演,包括走鋼索、空中盪鞦韆以及水藝等項目。當時美國流行的馬戲團,多半會把畸胎的動物或人物當作「展示物」。然而,來自日本的馬戲團卻非常不一樣,所有演出的技藝項目皆大受好評。「他們公開表演的雜技與東洋魔術,內容完全沒有糊弄觀眾。毫無誇張的表演技巧實在精湛出色……,可說是貨真價實的日本娛樂,每一位觀眾都打從心裡感到滿意。」日本馬戲團獲得了讚不絕口的好評[6]。

原本人口僅7000人的舊金山(San Francisco),受到淘金熱的影響,在1~2年之間,搖身變成一座人口3萬5千人的大城市。在這段期間,日本馬戲團在舊金山總共舉辦了60場以上的表演。當時的歌劇院座位有400席,演出場場爆滿、坐無虛席,最終劃下了完美句點。每張門票售價1美元,以目前幣值約4,000日圓換算之後,光是在那段期間,他們就賺了數千萬日圓。半年後,一行人前往紐約舉行表演,沒想到竟然榮

6　安岡章太郎《大世紀末的馬戲團》(大世紀末サーカス),朝日新聞社出版,1984年

第①章 ── 興行

獲美國當時第17任總統安德魯・詹森（Andrew Johnson）的接見。

在這過後，他們又花了12天前往巴黎、倫敦、西班牙與荷蘭，在世界各地巡迴表演。等到回到日本，已經是1869年過後的事了。一行人這才驚訝發現，日本的江戶幕府已宣告結束，改成了明治時代。

當時，《大世紀末的馬戲團》（大世紀末サーカス）記載這段旅程，描述了許多小插曲。在他們巡演的850天左右，一共付出目前幣值約5～6億日圓的費用。旅行途中不幸遭遇火災，造成相當於6,000萬日圓的損失，還被妓女偷走了相當於200萬日圓的財物。最後，在為期將近兩年半的巡演快要結束之際，美國主辦人甚至還捲款潛逃。從這一點可得知，無論過去或現在，從事任何表演行業的工作者，總有數不清的甘苦談。

從當時的記錄得知一項意外事實。那就是日本在鎖國解封之後，有各種千奇百怪的日本人用盡各種手段，只想把自己「推銷到國外去」。大約就在1867年左右，日本也進入了「我想怎麼做都沒關係吧」的時代。當時的日本人充滿了冒險精神及好奇心，即使身處封閉的江戶時代末期，我們也不難從一些小地方，窺見日本人的本質。

「最強的柔道家」木村政彥，在舉行世界巡迴賽中打倒英雄格雷西

　　興行在演出作為「展示物」時，往往會助長某一些偏見。例如在1878年，法國巴黎舉行的世界博覽會，就設置了「黑人村」，並在柵欄中展示法國殖民地的原住民。這項事實，可說是人類的黑暗歷史。回頭來看日本，在江戶、明治、大正時期，也曾發生類似情況──讓先天缺陷的身障者在展示小屋中表演技藝。只不過，當時並不是建立在偏見或歧視之上，而是表演者跟一般人一樣，技藝都是經過千錘百鍊之後，才會進行演出，所以沒有造成任何問題，甚至還激發靈感，讓人想出許多拓展表演市場的點子。

　　就像明治維新當時日本馬戲團進軍世界各地巡演那樣，在第二次世界大戰結束之後，「柔道」技巧也在日本國內外舉行職業摔角賽時派上用場，造就出興行史上的傳說。當時，流傳著一句順口溜：「在木村出現之前無木村，在木村之後亦無木村。」這號人物，便是享有柔道史上最強選手美譽的木村政彥。他在拓殖大學時期，就已連續3年奪下全日本柔道錦標賽冠軍（儘管當時區分為職業賽與業餘賽，但他仍以學生身分參加職業賽），15年來不曾被對手打敗，創下了空前絕後的紀錄。1930～1940年代是柔道參賽人口達數百萬人的全盛時期，木村政彥就在這段期間，達到了柔道家生涯的巔峰。

第①章 ── 興行

　1950年，全日本職業柔道盃在東京芝公園的日活體育心中舉辦。日本職業摔角、格鬥技的職業賽，全部都是從這裡作為起點。1951年，木村政彥分別在夏威夷，以及格鬥技興盛、日籍移民人口高達25萬人的巴西，舉辦了職業摔角大賽。這些海外職業賽事，也促成了木村政彥與力道山的邂逅。力道山在日本電視臺的贊助下，開始經營職業摔角團體。後來，更促成巨人馬場率領全日本職業摔角，以及安東尼奧豬木率領新日本職業摔角，一直延續到目前的整個日本職業摔角產業。這些歷史，全部都緊密連結在一起。

　1993年，巴西職業摔角選手瑞克森・格雷西（Rickson Gracie）創下四百戰皆無敗的紀錄，他來到日本時，揭開了過去曾經發生的「馬拉卡納的恥辱」歷史事件。1951年，格雷西的父親艾里奧・格雷西（Helio Gracie）輸掉了比賽，而對手正是木村政彥。那一年，在包括巴西總統在內的現場3萬名觀眾見證下，木村政彥在第2輪的比賽中，擊敗了巴西運動界的英雄艾里奧。因此，瑞克森一家為了一雪前恥，橫跨世代，一心只想擊倒日本的格鬥家，在40多年後，遠從巴西跨海而來，引發一連串的騷動，使得當時的日本職業摔角界熱鬧非凡。原來就是1951年木村政彥在世界各地舉辦職業賽，才會掀起後來1990年代的這場大騷動。

　從那時起，日本的綜合格鬥技，就不斷交織出猶如漫畫般的夢幻故事。從新日本職業摔角到環球摔角聯盟（UWF）等的

「全力對決」，延伸出K-1格鬥賽，以及PRIDE格鬥賽。1990年代後半開始長達10多年，日本刮起一陣前所未有的綜合格鬥技流行風潮。而這段過程，就被譽為這半世紀以來「最強大的職業摔角」，成為日本摔角史上的重要一頁。

在興行的世界裡，總是有說不完的故事。同樣身為格鬥家的兒子，為了洗刷40多年前父親的恥辱，跨越國境只求一戰。當年一個個被擊倒的，都是一群站上職業摔角頂峰的格鬥家。人們熱衷在「摔角的世界裡，究竟還有哪些厲害的傢伙存在啊！？」，甚至沉浸在「最厲害的男人」幻想裡[7]。漫畫《刃牙》（バキ）的作者板垣惠介，也是深受影響的其中一人，他同樣對木村政彥與格雷西家族的故事樂此不疲。我想這些故事，依然會繼續編織下去吧。

7　增田俊也《木村政彥為何不宰了力道山呢》（木村政彥はなぜ力道山を殺さなかったのか），新潮社出版，2011年

第①章 —— 興行

1-3
東寶、松竹、吉本打造出日本興行的商業模式

協調所有權人及消除黑道勢力，賦予「娛樂場所」品牌價值

所謂興行，並非「聚集觀眾，收取金錢，展示內容」，而是從事「創造並提升消費者對展示內容的期待感，接著才聚集粉絲，讓他們覺得花這筆錢非常值得」的工作。雖然這屬於創造性的工作，但要聚集一群粉絲，經常會受到「娛樂場所大小」的限制。過去，經營者在舉辦活動時，一定都需要場所空間，於是劇場、電影院或土地，就可能會伴隨著土地權利的問題，造成各種糾紛爭奪。

1990年，創辦松竹電影公司的松竹兄弟，接下了常盤座（劇場、電影院）的經營事業。倆兄弟認為，必須正視從江戶時期遺留下來的惡習。當時，劇場的入口處，經常聚集一群凶神惡煞，威脅恐嚇顧客，行徑囂張。松竹兄弟為了避免事端擴大，不得不向這些人的「老大」低頭拜託。但是，必須給予他們好處作為回報，比如提供免費的座位區，或是一定比例的門票

收入。

　　松竹兄弟在收購大阪的劇場時，簡直是不顧一切地豁出性命。他們經常遭到對方亂刀揮砍，只能趁亂逃跑。在那個無法無天的年代，松竹兄弟很想改革這種陋習，決定奮戰到底，他們甚至得到警方的特別准許，可以隨身帶著防衛用的手槍[8]。

　　在距今不久的2015年左右，DeNA網路公司也為了取得橫濱棒球場的經營權，耗費4年的時間，跟600名以上的土地所有權人逐一協商，可見「收購土地，取得聚集消費者的權利」，至今依然持續進行著[9]。

　　只要是土地持有者，就能從事興行事業，舉辦娛樂活動，這也是持續百年以上的傳統規矩。仔細思考，為什麼小型鐵路公司社長小林一三，會在1912年成立寶塚少女歌劇團？讀賣新聞社又為什麼會在業餘運動比賽占盡上風、而大眾厭惡「職業運動只想賺錢」的1934年，打造巨人隊這支職業棒球隊呢？這都是因為「土地可以聚集人群，帶來豐厚的財富」。

　　比方說，一群消費者聚集在同一塊土地上的劇場──娛樂場所（形同媒體），經常參加主辦者舉辦的娛樂活動（享受內容），就會變得越來越喜愛這個娛樂場所。只要這個娛樂場所

---

[8] 中村右介《松竹與東寶：成功讓興行產業化的那些男人》（松竹と東宝　興行をビジネスにした男たち），光文社出版，2018年
[9] 池田純《最強的運動產業 Number Sports Business College 講義錄》（最強のスポーツビジネス Number Sports Business College 講義録），文藝春秋出版，2018年

第 ① 章 —— 興行

能聚集越來越多消費者，就能創造更多價值。最後，娛樂場所本身也會成為一個品牌，使土地價格上漲而提升價值。因此，如果主辦者舉辦的娛樂活動（作品）大受歡迎，就等於土地持有人的豐收期了。

對於從事興行（舉辦娛樂活動）事業的經營者而言，首先要完成的任務，就是「整合土地所有權人，進行溝通協商」。接下來，必須承擔建造娛樂場所的風險。再來則是尋找有實力製作娛樂活動的興行師（製作人）與表演者，打造一個極具魅力的興行娛樂場所。興行師必須整合表演團隊，在日本全國各地巡迴演出，同時把門票收入分一半給娛樂場所經營者，如此才能滿足彼此的生計。這麼一來，表演者將「呈現給觀眾有趣的內容」。如果表演者充滿魅力，就能吸引更多消費者為之瘋狂。有一群被稱為谷町（贊助者）或金主的有錢人，會提供資金援助經營者發展事娛樂業。而松竹電影公司的松次郎、竹次郎這對兄弟，就接受了大浦新太郎（石油批發、陶器貿易商）的資金援助[10]。讀賣巨人軍棒球隊與木下馬戲團，則是由素有「日本職業棒球之父」之稱的正力松太郎提供協助。寶塚、帝國劇場、日本劇場 Western Carnival，背後也有金援者小林一三。這些金主多半是戲劇迷或內容愛好者，才會如此出手

10　高橋銀次郎《快男兒！支撐日本娛樂黎明期的男人》（快男児！日本エンタメの黎明期を支える男），日經BP出版，2020年

大方。

最後，松竹兄弟終於趕走了利用門票分一杯羹的黑道。於是，表演者、劇場經營者，以及負責製作舉行娛樂活動的興行師，三方就能順利運作娛樂事業。不過，由於興行師需要負責製作工作，經常給人一種強勢而劍拔弩張的感覺。所以，大多數的興行師在世時，總是惡評不斷，很少人會給予好評。但是等到興行師過世，卻會因為生前的成就得到讚賞。因此對興行師來說，「蓋棺論定」這句話，就是最高的稱讚吧。[11]

圖表1-1　興行產業的價值鏈

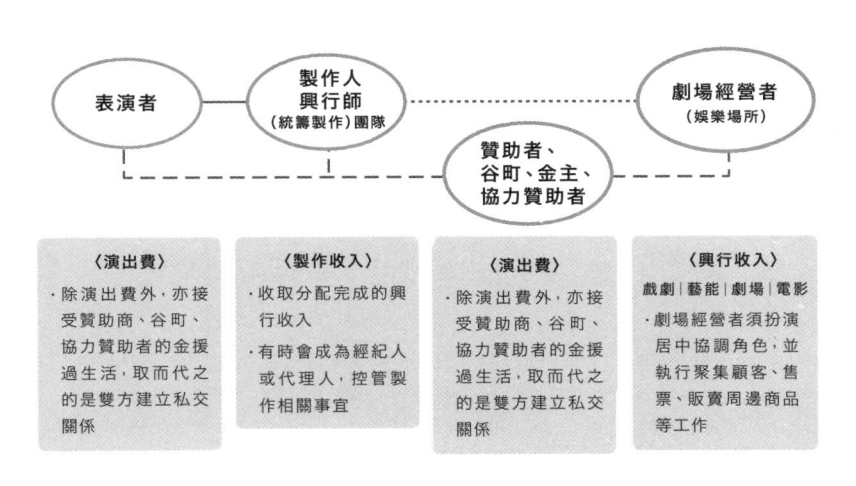

```
     表演者 ──── 製作人
                 興行師 ─────────── 劇場經營者
                 （統籌製作）團隊      （娛樂場所）
                         │
                    贊助者、
                    谷町、金主、
                    協力贊助者
```

〈演出費〉	〈製作收入〉	〈演出費〉	〈興行收入〉
・除演出費外，亦接受贊助商、谷町、協力贊助者的金援過生活，取而代之的是雙方建立私交關係	・收取分配完成的興行收入 ・有時會成為經紀人或代理人，控管製作相關事宜	・除演出費外，亦接受贊助商、谷町、協力贊助者的金援過生活，取而代之的是雙方建立私交關係	戲劇｜藝能｜劇場｜電影 ・劇場經營者須扮演居中協調角色，並執行聚集顧客、售票、販賣周邊商品等工作

出處｜作者

---

[11] 笹山敬輔《興行師列傳：愛與背叛的近代藝能史》（興行師列伝　愛と裏切りの近代芸能史），新潮社出版，2020年

寶塚、吉本都從「弱者」立場開始發展

　　松竹、東寶、吉本，這3間公司牽動著日本的興行歷史，因此素有3大興行資本之稱。松竹於1895年成立，經營者是大阪的松次郎與竹次郎。這對兄弟買下了京都五座劇場，甚至入手了夢寐以求的東京歌舞伎座。這是一間從歌舞伎、藝能表演到電影，多方發展的公司。

　　東寶的經營者小林一三，為了增加鐵路乘客，創辦寶塚少女歌劇團，這就是東寶最初的發展原點。小林一三在34歲時，辭去三井銀行的職務，進入箕面有馬電氣軌道的公司。這間公司有一條連結大阪梅田與寶塚的鐵道路線。他上任後，發現這條從大阪市區駛往郊區的路線，搭乘的人少之又少，感到相當棘手。當初，這條鐵道路線原本計畫建設到有馬溫泉，但因為經費不足而作罷。

　　為了增加乘客，小林一三只好自行發展觀光特色。因此，他連忙蓋了一座名為「樂園」的娛樂場所，然而因為陽光無法

小林一三與寶塚歌劇
官方網站「什麼是寶塚歌舞劇？持續百年歷史的絢麗舞台秘密」

寶塚歌劇歷史
（官方網站「寶塚歌劇的百年歷程」）

照進設施裡的游泳池，導致水溫過低所以依然不受青睞。急中生智的小林一三乾脆把池水抽光，將泳池改造成座位區，並仿效1909年三越百貨成立的「三越少年音樂隊」，揚起了少女歌劇團的旗幟。

寶塚少女歌劇團爆紅之後，鐵路公司事先購買的土地，就分區蓋成房屋並高價出售，提高收益。這是日本史上首次「都市開發」，後來關東地區的東武與西武鐵道公司，也都仿效這種做法。

1932年，小林打造寶塚成功之後，為戲劇演出與電影播映，開設東京寶塚劇場，以東寶為名的娛樂公司開始持續發展娛樂事業。

接下來，談到吉本興業的發展，就要從吉本勢這號人物開始說起。她因為丈夫沉迷落語（類似單口相聲）及漫才（雙人戲劇搞笑劇），導致從事批發買賣的家業破產。然而，吉本勢為了協助丈夫，後來籌款買下演出場地（寄席）。1912年，吉本勢買下大阪天滿宮後方的「第二文藝館」，門票只收5錢（當時觀賞落語表演約15錢）。因此，觀眾用便宜的價格就能進場觀賞。不過，表演項目並非當時最受歡迎的落語，而是技巧相形見絀，但內容同樣搞笑有趣的對話劇「漫才」。

當時，漫才只是從同樣說個不停卻很少有新作品的落語劇目中，選出引子的相關時事作為題材，與曲藝、曲獨樂、奇術，並列為「色物（落語以外「水準較低」的表演，皆以此稱呼）」。

漫才的表演主軸，以設計搞笑內容為重心，與落語不同。

　吉本取得鄰近關東及關西地區的表演劇場，同時也和讀賣巨人隊、日本職業摔角協會的成立，有著密不可分的關係。目前，吉本仍然扮演著娛樂表演製作的興行師角色，持續提升電視這個「場域」的價值。

吉本興業的歷史（官方網站）（日文）

巴黎＞倫敦＞紐約＞東京
娛樂「正宗發源地」的變遷

藉著自卑感培養下一個娛樂產業

談到戲劇的「正宗發源地」，大概就是指紐約百老匯（Broadway）了吧。如同棒球或職業摔角以美國為目標一樣，日本的四季劇團或寶塚歌劇團，也以百老匯為目標，持續提升製作品質以及更細膩的演出。不過，如果再進一步追溯「正宗發源地」更早之前的源流，美國也曾有過一段歷史，那就是跟百老匯的正宗發源地「歐洲」一較高下。

歐洲原本就有所謂的「歌劇」（Opera）。歌劇的主軸在於「歌」，並根據表演的形式、風格，透過唱歌來傳達故事。表演者猶如演奏樂器般地運用聲音，讓觀眾陶醉在美聲的迴盪之中。而美國的音樂劇（Musical）裡的演出者也會唱歌，但其實是以現實主義作為戲劇主軸，演出時會出現大量的現實場景、對話，歌詞只是臺詞的一部分。因此，百老匯音樂劇就是美國把調味料添加在歐洲文化裡。換句話說，也就是把

真實情境融入娛樂表演之中。[12]

美國從所謂英國文化「最上層」（相對於英國、法國或德國，從文化上的競爭層面去看，美國曾經是具有自卑感的「鄉巴佬」）獨立之後，抗拒板球、足球、英式橄欖球等源自於英國的運動項目，於是刻意設計出屬於自己的棒球、美式足球，並在戲劇方面也是如此。1893年，也就是130年以前，由於美國抗拒歌劇（Opera），因此使用「音樂劇（Musicals）」這個字再次重新定義。進入1900年，曼哈頓島開始發展，百老匯也決心脫胎換骨，擺脫過去「美國推出的大眾戲劇全都比英國品質還差」的窘境。這個時期，剛好是美國人年均所得GDP超越英國的時間點。

百老匯在紐約都市再次開發後，創造出5,000億日圓的市場

紐約的戲劇現況，是由原本40間劇院、座位數量在500席以上的「百老匯市場」，再加上後來增加200間以上的劇院、座位數量未滿500席的小劇院「外百老匯（Off-Broadway）市場」所組成。光是百老匯市場，年度觀賞人數就有2000萬人次，經濟

---

[12] 藤田敏雄《您喜歡音樂劇嗎？日本人與音樂劇》（日本人とミュージカル），NHK出版，2005年

規模達到2,000億日圓以上。而外百老匯的年度觀賞人數則超過4000萬人次，達到3,000億日圓以上的經濟規模。兩者相加後，是日本全國電影總票房收入的兩倍之多。而日本全國音樂劇市場的規模為700億日圓，戲劇市場則為500億日圓。從日本與百老匯的差距去思考，不禁讓人好奇，在曼哈頓這座小島上，究竟「塞進」了多少個文化啊！

事實上，百老匯的市場規模成長到如此地步，也是在進入2000年代之後的事了。這20年裡，市場規模已成長4倍，進場觀眾增加2倍，不過門票也漲了2倍。一張門票就要價1萬5千日圓，如果拿來跟電影或運動比賽的一般門票比較，是非常昂貴的價格。

百老匯經過1990年代的都市再次開發，加上努力宣傳，吸引國外觀光客後，終於實現了高附加價值。紐約在1980～1990年代，都市整體發展曾經陷入頹靡不振。1993年的失業率超過10%，行政機關的服務乏善可陳，到處充滿了大量移民，以及創下二戰過後殺人案件最多的紀錄。當時以「破窗理論」（broken-window theory）遏阻重大犯罪事件聞名的紐約市長朱利安尼（Rudy Giuliani），決定復興這座荒蕪的城市，除了改善治安、醫療與教育方面的服務以外，在文化層面上，則再次整頓、開發時代廣場，並持續吸引大企業進駐投資。[13]

---

[13] 朱利安尼（著），榆井浩一（譯）《決策時刻》（Leadership），講談社出版，2003年

第①章 ── 興行

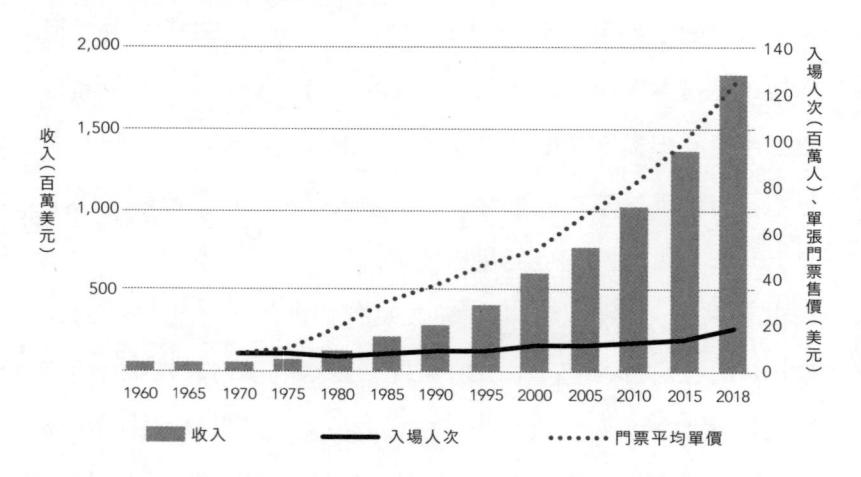

圖表 1-2　美國百老匯市場

出處｜作者根據 The Broadway League、Harold L. Vogel《Entertainment Industry Economics》（娛樂產業經濟學）製作

　　在這樣的轉變之中，百老匯受到電影產業衝擊而持續衰退。不過，也因為迪士尼的投資，出現了巨大轉機[14]。迪士尼與新阿姆斯特丹劇場簽下長期合約，從改造劇場開始，掀起了一場革命。從過去製作一部音樂劇只有數百萬美元的時代，轉變成砸下重金投資，以 1,200 萬美元打造《美女與野獸》（1993 年）或 2,000 萬美元的《獅子王》（1997 年）這類音樂劇，徹底顛覆當時大眾的認知，呈現出撼動人心的作品。日本也透過了四季劇團，把這一類的名作輸入國內，改編成日本音樂劇界的知名作品。

14　井上馬一《百老匯音樂劇》（ブロードウェイ・ミュージカル），文藝春秋出版，1999 年

如果說拯救電影產業的是喬治・盧卡斯（George Walton Lucas Jr.）和史蒂芬・史匹柏（Steven Allan Spielberg），那麼形容迪士尼拯救了百老匯則一點也不為過。就算是美國西岸「敵對」的好萊塢勢力，百老匯也同樣建立彼此良好的工作關係，進而活絡市場，達到再次興盛的目標。

文化帶來的經濟效益

據說，現在前往紐約觀光的旅客，每三人之中，就會有一個人去觀賞音樂劇。整個紐約州裡，百老匯加上外百老匯，大約有2000間劇院，總共僱用了9萬名員工，每年投資在音樂劇作品的製作經費高達1,000億日圓以上，同時也讓觀光客掏出超過5,000億日圓來欣賞作品。這項音樂劇文化所創造出的經濟效益超過1兆日圓，堪稱世界上最大規模的戲劇市場。

文化的滲透力量不容小覷。英國在大英帝國時期遍布全世界的足球，依舊主宰著全球運動市場達半數以上。反觀從美國發源的運動項目，無論是美式足球或棒球，並沒有像前者一樣滲透到世界各地。

一個國家的文化，只要在世界上獲得無法取代的地位，就會成為該城市的品牌，同時也會是該國的品牌，進而建立出多數人共同參與的經濟圈。就美國而言，這樣的品牌正是電影、音樂劇；而日本則是動畫、電玩遊戲與漫畫。

1-5 大眾傳播媒體在網路世界凋零中的「一枝獨秀」

音樂界無法放棄現場演唱會，2.5次元音樂劇發展的起源

關於創造狂熱這一點，沒有什麼項目可以勝過現場舉行的娛樂活動——興行。而且能使集體瘋狂程度提升到極限的，一樣也沒有任何科技設備，可以勝過現場舉辦的實況娛樂活動。人類非常不可思議，會想要跟著其他人一起觀賞相同的內容，跟著大家一起感動。現場實況活動最大的魅力，就是「感染力」，人的興奮很容易擴散開來。許多人為了感受這種氣氛，別說是門票，就連交通與住宿費用也毫不手軟，一切只為了親臨現場感受這種狂熱氛圍。

當廣播成功發送出無線電頻率，接著電視內容也成功傳播到全國各地每一戶的電視機，再到人人隨時隨地都能上網時，每一次都有人主張「老舊的傳播媒體」必定會被淘汰。然而早已過了百年以上，這些媒體都還是一樣存在。

另外，在日本音樂市場裡，CD銷售占比雖然超過9成，但是音樂家、歌手卻無法放棄現場演唱會或演奏會。另一方面，

2.5次元音樂劇中的角色扮演源自於動畫，雖然一開始發展得不順利，不過經過20年的努力，終於在2021年創下史上最高營收紀錄，成長到239億日圓。

其中最大的謎團，就是從1990年代後半期起，人們逐漸習慣網路化的世界。然而這20年來，辛苦奮戰的大眾傳播媒體不禁感到疑惑：「為什麼只有現場娛樂表演活動，不斷持續成長呢？」

這20年來，特別是進入2010年以後，現場演唱會的規模成長了2.7倍，從1,500億日圓拓展到4,000億日圓。而且，大部分都是「流行音樂」，儘管CD銷售逐漸衰退，但演唱會搭配周邊商品銷售，這種新舊結合的商業模式，出現了大幅度的成長。舉個代表性的例子：放浪兄弟（EXILE）在2003年出資成立的LDH娛樂公司，營收從無到有巨幅成長到500億日圓的規模。這一切多虧了積極舉辦現場演唱會，才能如此成功。

另一方面，在這20年間，現場娛樂表演的市場規模，也從1,000多億日圓成長到2,000多億日圓。無論是音樂劇、舞臺劇、歌舞伎與喜劇表演，皆有所成長。

四季劇團的歷史（官方網站）（日文）

第①章 —— 興行

圖表 1-3 娛樂現場表演活動的市場規模

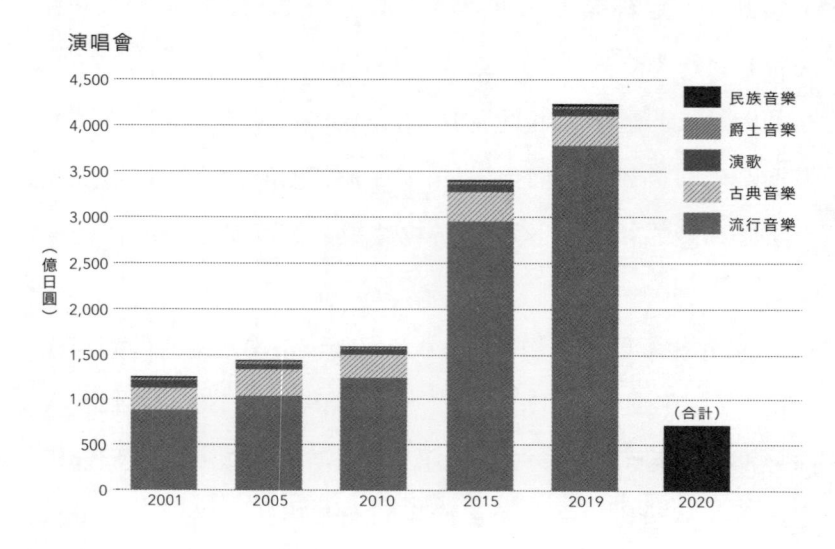

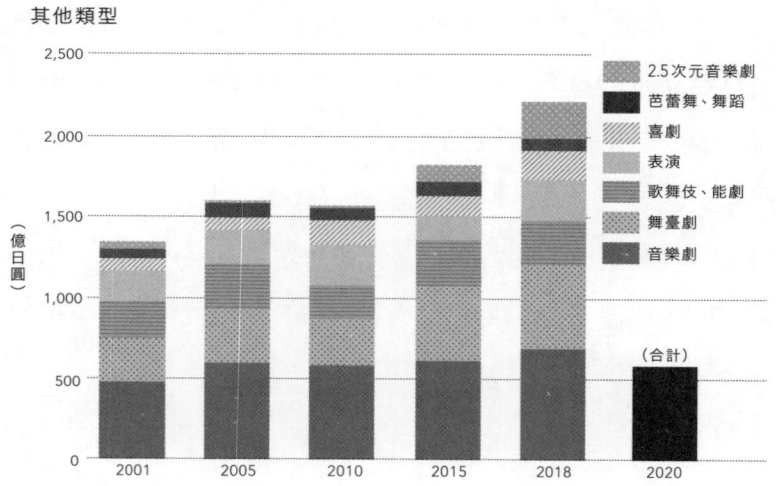

演唱會

圖例：民族音樂、爵士音樂、演歌、古典音樂、流行音樂

（億日圓）

年份	合計（約）
2001	1,250
2005	1,420
2010	1,570
2015	3,400
2019	4,230
2020（合計）	700

其他類型

圖例：2.5次元音樂劇、芭蕾舞、舞蹈、喜劇、表演、歌舞伎、能劇、舞臺劇、音樂劇

（億日圓）

年份	合計（約）
2001	1,350
2005	1,580
2010	1,550
2015	1,820
2018	2,220
2020（合計）	580

出處｜琵雅綜合研究所。「2.5次元音樂劇市場」與其他項目之重疊（「2.5次元ミュージカル市場」は他と重複あり）

四季劇團與傑尼斯雖然大獲全勝,但日本仍然是個多數小劇團的大國

　　音樂劇、舞臺劇能夠在市場上持續成長,主要是因為融合了「新與舊」的形式風格。我們把發展音樂劇與舞臺劇成功的企業及作品,按照營收做成排行榜,就會發現市場上驚人的獨占情況(如圖表1-4所示)。在音樂劇排行榜的前20名作品裡,有8成作品由四季劇團與寶塚歌劇團獨占。舞臺劇雖然分布得較為平均,但傑尼斯的作品在前20名中也占了3成,其次依序為東寶、明治座、Nelke Planning。

　　四季劇團在1970年代之前的營收都處於虧損狀態,必須依靠劇場經營者或金主的贊助,才能在奄奄一息的情況下勉強生存。不過到了1980年代,四季劇團終於找到了獲利模式,也就是把歐美大受歡迎的作品引進日本國內,陸續端出許多爆紅之作。例如《小美人魚》(The Little Mermaid)在一年裡總共有561次的演出場次,觀賞人次達67萬,獲利將近50億日圓。

　　堂本光一主演的《Endless SHOCK》,是傑尼斯在舞臺劇之中大受好評的代表作,劇中舞蹈除了特別邀請為麥可·傑克遜(Michael Jackson)編舞的編舞家特拉維斯·佩恩(Travis Payne)進行設計編排,同時也是負責籌備策劃的興行師傑尼斯喜多川寄予厚望的一部作品。「期盼能在日本重現百老匯的華

第①章 —— 興行

圖表 1-4　音樂劇、舞臺劇票房排行榜

音樂劇

	主辦單位	作品	總計入場人次（萬人）	年度演出場數	推估營收（億日圓）
1	四季劇團	小美人魚	67.0	561	47
2	四季劇團	獅子王	62.8	557	44
3	四季劇團	貓	44.6	339	31
4	四季劇團	阿拉丁	39.3	323	28
5	東寶	悲慘世界	28.3	155	20
6	四季劇團	歌劇魅影	27.4	201	19
7	寶塚	紅花俠	25.4	110	18
7	寶塚	"D"ramatic S！	25.4	110	18
7	寶塚	經典寶石	25.4	110	18
10	寶塚	Santé!!	23.3	100	16
11	寶塚	All for One	23.1	101	16
11	寶塚	Bonquet de TAKARAZUKA	23.1	99	16
13	四季劇團	鐘樓怪人	21.2	231	15
14	寶塚	大飯店	21.0	92	15
14	寶塚	王妃的宅邸－Château de la Reine－	21.0	91	15
16	Nelke Planning	刀劍亂舞	20.2	9	14
17	四季劇團	安徒生	18.3	115	13
18	崛製作、TBS	舞動人生	17.5	121	12
19	索尼	湯瑪士小火車	13.1	91	9
20	寶塚	SUPER VOYAGER！	13.0	51	9
		Top 20 作品統計	560	3,567	393
		合計演出	700	9,000	700

戲劇

	主辦單位	作品	總計入場人次（萬人）	年度演出場數	推估營收（億日圓）
1	傑尼斯	Endless SHOCK	24.9	138	25
2	梅澤富美男劇團	梅澤富美男、研直子特別公演	16.4	92	16
3	劇團☆新感線	骷髏城的七人・花	11.2	85	11
4	傑尼斯	少年們～Born TOMORROW～	10.7	94	11
5	中國國家京劇院	京劇	10.6	52	11
6	劇團☆新感線	骷髏城的七人・鳥	9.7	74	10
7	東寶	細雪	9.6	66	10
8	東寶／TBS／Nelke Planning	排球少年!!	8.7	36	9
9	東寶／TBS／Nelke Planning	排球少年!!	8.1	37	8
10	明治座	福田廣平特別公演	7.5	50	8
11	劇團☆新感線	骷髏城的七人・風	7.2	55	7
11	傑尼斯	JOHNNYS' ALL STARS ISLAND	7.2	38	7
13	傑尼斯	JOHNNYS' YOU＆ME IsLAND	7.0	37	7
14	傑尼斯	瀧澤歌舞伎2017	6.7	47	7
15	明治座	五木寬特別公演	6.6	43	7
16	傑尼斯	Marius	6.4	53	6
17	明治座	冰川清志特別公演	6.2	43	6
18	明治座	美雨淋不透吾衣袖	6.1	42	6
19	明治座	藤彩子特別公演	5.9	41	6
20	傑尼斯	俺節	5.5	34	6
		Top 20 作品統計	182	1,157	184
		合計演出	600	35,000	500

出處｜琵雅公司《現場實況活動・娛樂白皮書》（ライブ・エンタテイメント白書）

麗風采」，這確實是只有傑尼斯才能實現的作品，一整年上演次數為138場，觀賞人次約有25萬，推估營收達25億日圓。

但是，僅靠這些統計資料，仍然無法掌握日本舞臺劇、音樂劇市場的全貌。如果一個小劇團創作一部戲劇作品，達到一定數量的粉絲，即可損益兩平。所以，只要有自信，任何人都可以創團演出戲劇。正因為如此，有數萬個少人數的小型劇團，藉由「長尾效應」（The Long Tail）獲利生存。這些中小劇團散落在日本各個地區，提供表演娛樂大眾，形成了日本的特色。這些小型劇團推出的作品，如果能在數年之中累計數萬到數十萬名觀眾，就會成為長期受到觀眾喜愛的暢銷經典，進而帶動整個產業。

總之，日本人特別喜歡觀賞戲劇。根據統計，日本在1953年的戲劇小屋多達2400間，就好比現今經濟實惠的電信公司「Y！mobile」或三菱UFJ銀行在日本各地的店鋪數量一樣多。目前，在日本全國各地方政府管轄2000間以上的公民館，皆提供戲劇舞臺演出的服務。這一點相較於以專業劇團為主流的英國及美國，日本可說是非常罕見的國家，因為「任何人都可以演出戲劇，所以業餘演員也有公平抽籤的機會[15]」。日本對專業與業餘的演員，並沒有一條明確的界線，觀眾可以根據自

15　米屋尚子《戲劇可以變成工作嗎？戲劇在經濟上的另一面及其未來》（演劇は仕事になるのか？ 演劇の經濟的側面とその未來），alphabetabooks出版，2016年

身對戲劇的理解,透過批判性的鑑賞眼光,使舞臺劇或音樂劇的水準越來越高。日本在先進國家之中,這點可說是出類拔萃。

舞臺是眾人一起創造出來的,製作團隊構思的內容,在表演者的臨場發揮下,也有可能變成一部完全不同風貌的作品。有句話是這麼說的,「舞臺裡藏有魔物」。連續劇或電影完全是屬於導演的,然而舞臺卻不同。知名演員森光子曾經說過:「當舞臺幕簾一拉開,整個舞臺就變成演員的了。[16]」演員或表演者接收每一場不同觀眾熱情洋溢的能量,都會化為獨特的創造力,並在那一場發揮各種不同的再次創作。觀眾與表演者共同創造「獨一無二的時刻」,在電影或網路串流影片裡無法出現。觀眾渴望獲得「只有那一場、那一個瞬間才會出現的獨特氛圍」,所以會想盡辦法參加現場演唱會、舞臺劇或音樂劇。也因為如此,相同的表演者、相同的作品,即使演出10場、甚至20場,觀賞過無數次的熱情粉絲,每一次依然會親臨現場,共同創造那一瞬間「獨一無二的時刻」。

---

[16] 堂本光一《娛樂家的條件》(エンタテイナーの条件),日經BP出版,2016年

1-6 不斷轉換載體的演出內容

從劇場、電視到YouTube

1950年以前,在日本擁有「劇場」的人,就能支配娛樂產業。在那個時代,最強而有力的手段,便是舉辦各種活動,例如舉辦戲劇演出、演唱會、體育賽事等。

經過50年後,如果想要在娛樂界獲得成功,就得看與「電視」產業建立密切關係的程度,才是成功致勝的關鍵。運動產業就是一個很好的例子。在1970年代電視機普及化以前,無論是奧林匹克運動會(Olympic Games)或比利時足球甲級聯賽(Pro League),皆以企業社會責任(CSR)為主要宗旨進行發展。如果以賺錢為目的,幾乎就失去了體育競賽精神,所以人人都會刻意劃清界限。但是,隨著運動賽事轉為商業化,電視也開始播出運動競賽的轉播節目。在1980年代開始的這40年間,運動產業呈現飛躍般的成長。在北美地區與歐洲的足球聯賽,無論是營收或選手的薪酬,皆讓人見識到了10倍以上的驚人成長。(詳見第9章「運動賽事」)

動畫、電影、職業摔角,也都必須取決於是否能在電視上

第①章 ── 興行

播出，才能夠繼續發展生存。1966年，傳統藝能表演落語在電視發展初期播出節目《笑點》，受歡迎的程度遠遠超過狂言與歌舞伎，樹立了大眾娛樂的領導地位，並在1970年代進入黃金時期。直到1990年代以後，才由吉本興業在電視綜藝節目中推出漫才單元，取代了落語的地位。

2000年代開始，就已經有人預測電視的黃金年代即將結束。到了2010年代，隨著YouTube越來越普及，大眾明顯不再像過去一樣以電視為主要媒體。最後，新冠疫情成了電視的致命一擊。過去，人們雖然早已猜到這些轉變，只不過它的轉變速度，比想像中慢了一些而已。

2005年，YouTube成立。擁有1300萬訂閱數的Hikakin（開發光）（編按：2024年12月為1890萬訂閱），則是在2011年開始成為YouTuber。2013年，智慧型手機越來越普遍，利用手機上網觀看影片行為的成長，對電視產業造成了相當大的衝擊。2018年，YouTube推出Premium方案（訂閱式每月收費服務），增加了背景播放等功能。2020年，在新冠疫情的影響下，人們對手機依賴的時間變得更長了，遠遠超過電視。

雖然YouTuber或VTuber（虛擬實況直播主）沒有提供像電影或電視那樣多彩多姿的華麗影像，卻提供了觀眾能夠充分享受的「空間」。這些免費收視的頻道，彷彿回到了1960年代，人們對電視狂熱的情況一樣。在疫情一波又一波的擴

散下，人們無法看見終點何時到來，而這些網路影片，就撫慰了大家生活中的不安，創造出消磨時間的市場。

YouTube不只限於新時代的藝人，也為傳統藝能開啟了全新機會。例如，說書人神田伯山的頻道，在2020年2月才開播不久即突破10萬訂閱，兩年過後的現在已達到20萬訂閱，而每個月的播放數也達到了50萬次。如果想在電視上獲得相同的觀看次數，那將是多麼耗費心力的事啊。

YouTube的商機才剛起步

對於以搜尋廣告為主的Google而言，「YouTube的廣告市場」並沒有那麼大。僅占總營收的一成而已（圖表1-5）。

在日本YouTube每個月的100億次觀看次數中，每播放一次可抽0.3日圓。因此，所有YouTuber力爭的目標，正是總額達30億日圓的廣告收益，（此金額的一半由Hikakin所屬的UUYM公司獲得）。其中，藉由合作廣告獲得企業贊助，或者銷售活動商品，年度總額約為500億日圓，如果拿來跟無線電視台的廣告費1.7兆日圓比較，只占了不到3%，屬於非常小的市場。然而，YouTube平臺上卻同時有好幾百萬個頻道，數量驚人。

就現況而言，YouTuber必須把眼光放向長遠，比起觀看次數帶來的「營收」，首先應該重視當下的「知名度」。YouTube

是30歲以下年輕人駕輕就熟的媒體,他們消費力驚人,是獲利上無法忽視的龐大族群。而這也是2020年,許多原本就走紅的藝人,為什麼要同時開設YouTube頻道的重要原因。

圖表1-5　Google、YouTube的廣告市場(全球、日本)與YouTuber/VTuber的目標市場

(單位:百萬美元、億日圓)

	2015	2016	2017	2018	2019	2020
全球Google廣告	67,390	79,380	95,577	116,461	134,817	142,600
全球YouTube廣告	5,309	6,700	8,150	11,155	15,149	19,772
YouTube人口(億人)	12	14	15	18	20	23
日本網路廣告	11,594	13,100	15,094	17,589	21,048	22,290
日本動畫廣告	535	842	1,374	1,843	2,592	2,954
YouTuber/VTuber市場	33	100	219	313	400	475
YouTube廣告	21	56	139	192	239	280
合作廣告	10	40	63	95	123	150
活動商品	2	4	17	26	38	45

出處｜作者根據YouTube公開資料、參考CA Young Lab/Digital InFact調查資料彙整製作

圖表1-6是我參考YouTube提供用戶透過付費方式,贊助YouTuber的「超級留言」功能,從中整理出的YouTuber全球年度收入排行榜。其中,可以看出日本幾乎輾壓了韓語與英語圈受歡迎的YouTuber。在前15名裡,有12名是日本的VTuber,當中又有11名由日本公司COVER所營運的子公司

Hololive旗下的藝人獨占（順帶一提，前50名也是類似這種排名陣容）。整體來看，目前每年有數10億日圓的付費贊助市場。然而，日本的VTuber為何能開創出這樣的獨占市場呢？（HololiveEN是以英語進行虛擬實況直播的VTuber為主）。

興行充滿妙趣之處，就在於「炒熱現場氣氛」。無論現場音樂演唱會也好，電玩遊戲實況直播也罷，舉辦跨界合作或紀念日等「活動」，就如同節日慶典一樣炒熱氣氛。消費者身處在愉悅的瞬間，按下超級留言贊助選項，看起來就像舉辦活

圖表1-6　YouTube超級留言功能之全球年度收入排行榜

（萬日圓）

	藝人	所屬公司	2019	2020	2021
1	潤羽露西婭	Hololive	1,632	14,614	19,449
2	桐生可可	Hololive		16,771	17,168
3	雪花菈米	Hololive			11,441
4	兔田佩克拉	Hololive	1,700	11,194	10,477
5	天音彼方	Hololive		7,238	10,385
6	寶鐘瑪琳	Hololive	1,274	8,786	10,157
7	橫暨研究所	（韓國）	3,606	7,691	
8	森美聲	HololiveEN			9,894
9	桃鈴音音	Hololive			8,533
10	小鳥遊琪亞拉	HololiveEN			8,315
11	Bispo Bruno Leonardo	（西班牙音樂家）			8,094
12	角卷綿芽	Hololive		6,248	7,513
13	葛葉	彩虹社	2,942	6,043	7,163
14	FreshandFit	（英語Podcast）			7,152
15	噶嗚古拉	HololiveEN			7,034

出處｜作者參考PLAYBOAD網站資料製表。https://playboard.co/en/youtube-ranking/most-superchatted-all-channels-in-worldwide-yearly?period=1609459200 日期：2022年5月1日

動時臺下發出的喝采聲、花瓣從舞臺上方漫天飛舞的情景一樣。透過粉絲付諸行動的金錢贊助，活動氣氛將更加熱絡，並增添不少美麗光彩。藝人與觀眾彼此熱情互動，這種「炒熱現場氣氛」的美好之處，正是日本興行界一路磨鍊而來的經驗，同時也得仰賴VTuber，巧妙地運用這些經驗、方法，落實在動畫或電玩遊戲的脈絡之中。

　回溯電影、興行與出版的歷史，大約在1900年左右，可以找到現在產業的原型。也就是本書第四章「出版」所提到的，那個時期「大眾」誕生，以消費者的身分急遽倍增。100年過後，出現了娛樂產業以大眾為對象的變革時期。就像我們透過YouTube崛起觀察到的現象一樣，現在是「一名創作者，靠著數位科技的力量，就能使大量訂閱用戶為之瘋狂」的時代。

第②章

哥吉拉像（東京・日比谷、2018年3月22日）
照片提供｜Rodrigo Reyes Marin／Aflo

電影

第②章──電影

2-1
日本曾經是領先好萊塢的電影大國

忍耐度過1960年以後的寒冬期

新冠疫情前，日本電影市場未必能稱得上巨大，因為它的規模雖然達2,600億日圓，卻只有電視產業的1/10、電玩遊戲產業的1/6。不過，如果把20世紀後半期比喻為電視紀元，那麼20世紀的前半期，確實可稱作電影的紀元。

值得特別一提的是，在1970年代，電影被視為即將消失的產業，隨著電視產業的興起，許多電影公司紛紛關門大吉。但電影持續發揮功能，目前依然是發布各大作品的「第一手資訊發布站」。當年的悲觀論調，彷彿像一場謊言，現在電影仍與電視、網路同時並存著。

日本電影產業的觀影人次，從1960年的10億人次達到顛峰期。接著就開始急轉直下，1965年掉到3.7億人次。在1975年過後，就在持續減少的情況下，跌破了2億人次（如圖表2-1所示）。1995年，甚至到了「衰退」的谷底，僅達1.27億人次。不過之後就出現反彈趨勢，上升到1.7億人次，呈現回復

的局面。儘管如此,也只是回到了1975年的水準。在這10年裡,電影院的數量減少一半,只剩3000間。然而現在的電影票價,也從1975年的750日圓,上漲了2倍之多,因此整體票房成績,呈現出成長趨勢。

圖表2-1　日本電影票房市場統計

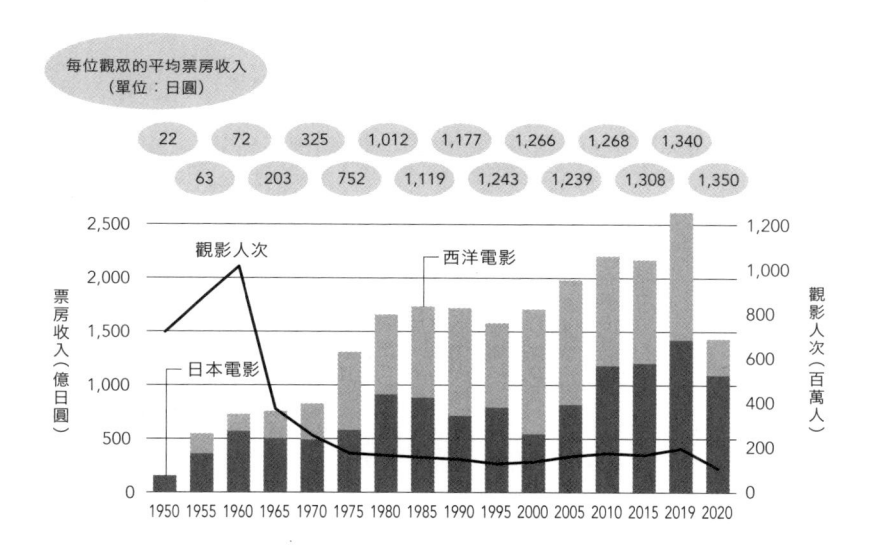

每位觀眾的平均票房收入（單位：日圓）

22	72	325	1,012	1,177	1,266	1,268	1,340	
63	203	752	1,119	1,243	1,239	1,308	1,350	

（圖表含觀影人次曲線、日本電影與西洋電影票房柱狀圖，橫軸為1950～2020年）

出處｜《媒體資訊白皮書》（情報メディア白書）及其他。1955～1995年,日本電影與西洋電影的發行收入,按票房收入比例取得

實際上,包括出版、音樂、電玩遊戲到電視等產業,皆享受過「1970～1980年代的產業急遽成長」階段,只有電影

是唯一的劣等生。那麼，電影在娛樂產業排在「吊車尾」的位置，又是如何撐過寒冬，進入21世紀後而復活的呢？

首先，我想將時針轉回一百年前，從世界的電影之都——法國巴黎開始談起。1910～1920年代，有一群法國的電影人才，逃過了第一次世界大戰的無情戰火後，遠渡重洋前往美國東岸，其後又遷至西岸的好萊塢。

當時，前來參與開創電影產業的人，不太能用「具有天分」這個字來形容他們。例如，派拉蒙影業（Paramount；1912年）的阿道夫・祖克爾（Adolph Zukor）是皮革商人。環球影業（Universal；1912年）的卡爾・拉姆勒（Carl Laemmle）從事服飾店工作。哥倫比亞影業（Columbia；1918年）的哈里・考恩（Harry Cohn）是街頭藝人。而華納影業（Warner；1923年）的傑克・華納（Jack Warner）則為說唱藝人。正所謂由一群「半路出家」的人成立電影公司，才形成了目前好萊塢的主流電影公司。

在電影產業剛起步的發展階段，日本則是「亞洲的電影之都」。1893年，愛迪生（Thomas Alva Edison）發明了活動電影放映機（Kinetoscope）。1895年，法國盧米埃爾（Lumière）兄弟首次完成世界上的電影拍攝。1896年3月，一名日本神戶實業家在日本首次播放電影，他曾經就讀法國里昂的學校，與盧米埃爾兄弟是同學關係。接著在1897年，日本國內也拍攝製作了第一部電影。日本開始發展電影的時間，

距離世界上最先進的巴黎並沒有太久，這點頗令人驚訝[17]。

接著來看其他國家首次完成電影拍攝的時間，中國是在1905年，韓國是1919年，臺灣則是1925年。事實上，連美國好萊塢都在1907年才開始拍攝電影，足見當時日本居於領先的地位。光是統計大阪電影的上映次數，1901年就有110次，1903年達685次，而1905年更是急遽增加到1228次[18]。

演員、劇場這些基本需求應運而生

為何日本沒有理會好萊塢，就決定接在法國後面，成為生產電影的國家呢？事實上，日本人在商品尚未進入產業化的「發明與製造」時代，能力就非常強大了。就算是玩具或藝術產業，日本在明治時期製造的商品，也在巴黎世界博覽會上大受好評，藉由浮世繪等具有代表性的獨特商品，作為貿易上的交易買賣品。我們不難想像，從明治到大正時期，當時世界首次進入全球化的時代，一群日本工匠製造者急欲迎頭趕上、超越歐美國家，早已習慣在日本國內完成海外商品的

---

[17] 中條省平《法國電影史的誘惑》（フランス映画史の誘惑），集英社出版，2003年
[18] 難波利三《靠搞笑取得天下的男人　吉本王國的重要人物》（笑いで天下を取った男　吉本王国のドン），筑摩書房出版，2017年

第②章 ── 電影

製造工作,他們帶著與生俱來的好奇心,所以必然也能在短時間內,快速地把電影變成商品。

況且,日本的風氣開放,能夠包容各種自由創作。當時,美國東岸的電影托拉斯(電影專利公司)試圖壟斷市場,作風囂張跋扈,為阻擋來自法國巴黎的電影,除了限制放映時間在10分鐘內結束,甚至還「強制內容審查」,根本毫無自由創作可言。那個時代,法國電影席捲全球,電影主要以巴黎為中心,美國電影尚未成熟紮根。後來,美國東岸有許多人厭惡這種綁手綁腳的做法,紛紛轉往西岸的未開拓之地──好萊塢──發展,這些人無視電影托拉斯的限制,陸續開啟了電影製作的事業。不過就真正的意義而言,1915年,在法院判決東岸的電影托拉斯違法之後[19],美國才算得上是正式展開電影產業。

就「產業」的必要條件來看,日本江戶時期早已開始培育人才,對於發展電影產業的幫助相當大,這是因為拍攝電影首先需要「演員」。在過去沒有演藝圈的時代,若要尋找在人前展現演技的演員,就只能想到江戶時期興盛且普及的花柳界工作者、歌舞伎或義太夫(說書人、三味線樂師及人偶師組成的表演藝術)等,一群舞臺演出經驗豐富的表演者。

---

[19] 吳修銘(著),齊藤榮一郎(譯)《誰控制了總開關?The Master Switch: The Rise and Fall of Information Empires》(マスタースイッチ),飛鳥新社出版,2012年

接著，這些擁有表演場所、劇場的人，就像運用三種樂器的演奏技巧一樣，把落語、說書、說唱的經驗，轉換到電影角色的故事裡，最後變成一部電影，搬到大銀幕上映。

牧野省三擁有「日本電影之父」的封號，從小就在父母親經營的表演場所，學習藝能相關技藝，後來也因此對電影產生了興趣。1930年代，正是因為日本擁有如此多的演員與戲劇小屋，造就出電影產業，才能成為世界上首屈一指的電影生產大國。

2-2 東映與東寶的生存之戰

五大電影公司在二戰後成長的原因

第二次世界大戰過後，日本有五大電影公司稱霸市場。按照公司創辦的時間，依序為：松竹（1895年）、日活（1912年）、東寶（1932年）、大映（1942年）、東映（1949年）。大家把這五間企業稱為戰後大型電影製作公司。大映在戰爭時，因為公司進行整合，所以跟新興Kinema、大都電影、日活製作部門合併，所以戰爭過後也繼續存在著。

阪急電鐵除了有寶塚歌劇團之外，也創辦了東寶電影。就像東急電鐵創辦東映電影一樣，在戰爭發生前，鐵道公司想盡辦法招攬並增加顧客，因為可以提高土地價值。這和當時許多百貨公司、劇團、競技運動團體，採取的做法是一樣的。松竹從經營劇場、電影院，再成立松竹電影。這證明了這間電影公司在流通業、零售業還不發達的時代，就已經具有大眾資訊傳播的實力了。

電影產業的功能，大致上可以分為3大項目：「製作（電影商

品）／發行（流通）／上映（營運電影院）」。出版分為：「出版／流通業者（圖書經銷公司）／書店（零售）」。電玩遊戲分為：「開發／發行通路／零售商」。廣播、電視分為：「製作／播放（同時兼流通、零售）」。電視產業集中全力在節目播放，電影產業則是在「發行」方面，但意外地不擅長製作。為什麼會形成這樣的情況呢？

圖表 2-2　電影產業的價值鏈

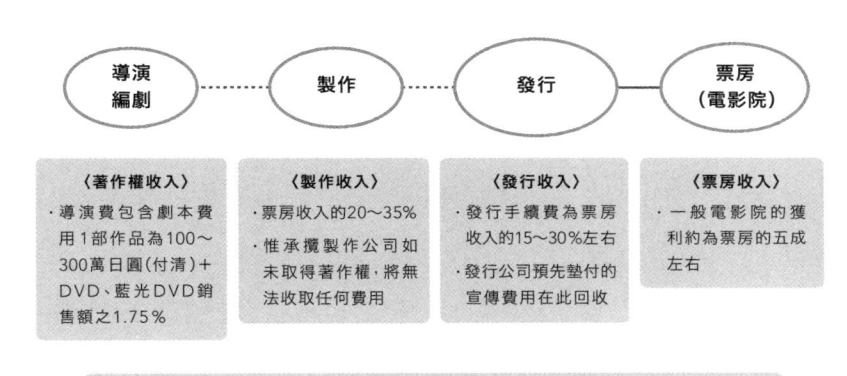

```
導演       製作       發行       票房
編劇                              （電影院）
```

〈著作權收入〉
・導演費包含劇本費用 1 部作品為 100～300 萬日圓（付清）＋DVD、藍光 DVD 銷售額之 1.75%

〈製作收入〉
・票房收入的 20～35%
・惟承攬製作公司如未取得著作權，將無法收取任何費用

〈發行收入〉
・發行手續費為票房收入的 15～30% 左右
・發行公司預先墊付的宣傳費用在此回收

〈票房收入〉
・一般電影院的獲利約為票房的五成左右

〈過去〉
・1930～60 年代的綑綁預訂制度實施前，電影公司除了負責製作、發行、上映，同時也要僱用全職導演、編劇

出處｜山下勝、山田仁一郎《製作人的職涯合作　電影產業中個人創造性的組織化策略》（プロデューサーのキャリア連帯　映画産業における創造的個人の組織化戦略），白桃書房出版，2010 年

您有聽過一項名為「綑綁預訂（block booking）」的做法嗎？（發行片商和電影院締結的契約，強制電影院必須一次包

第②章 ── 電影

下兩部以上的電影）這是過去電影公司主宰一切的時代，從製作到上映，由一家電影公司統籌管理的做法。就像「東寶的戲院，只能上映東寶的電影作品」，電影院必須遵守這項規則。所以，這是當電影還在製作的階段時，就已經保證能在電影院上映的一套制度。可說跟電視圈一樣，只要節目製作公司製作各家電視台的節目，就能保證在該電視台播出的制度一樣。不過，這項做法與出版界完全相反，因為出版商雖然出版作品，但內容必須有趣，書店零售商才會進貨，所以出版商的風險非常高。另外，在電視產業中，像傑尼斯事務所或雅慕斯娛樂（Amuse）這些大型藝能經紀公司，具有指派能力，能讓旗下擁有的新人，在關係深厚的電視台歌唱節目中亮相。這是因為「大型藝能公司具有操控媒體的能力，有辦法安插新人上節目，從成功率尚低的初始階段就開始投資、無後顧之憂」。這樣的大環境，是促成大型藝能經紀公司可從「萬中選一」的階段就開始投資，不斷挖掘、培育新人的因素。

第二次世界大戰前，劇場是處於「自由選擇」的立場，可以自行評估歌舞伎、落語與電影，再決定上演哪一齣作品。但是，劇場受到戰爭摧毀，總數燒掉了一半以上，這對電影產業來說是大好機會。當時，電影公司不斷接管舊劇場，並且成立新電影院，持續拓展成長。這是因為多數電影公司協助戰爭而合併，競爭力變得集中。再加上戰爭結束後，GHQ（駐日盟軍總司令部）推廣3S（運動Sports、性愛Sex、電影大銀幕

Screen），成為了一大助力。另外，戰爭結束後，松竹和東寶施行的綑綁預訂制度，也是成長的重要因素。在這個時期，就連把漫才當作主要表演的吉本興業竟然也說出了「戲劇已經過時了，今後是電影的天下」這種話，接著幾乎開除所有的旗下演藝人員，試著把營運的方向全部轉移到電影產業上。

一年10億觀影人次的黃金年代，轉眼之間就結束了

1950～1960年，電影產業是電影製作至上的年代。第二次世界大戰以前，松竹雖然位居龍頭地位，但到了1950年代，拜黑澤明的電影作品《哥吉拉》（ゴジラ）所賜，東寶在業界的勢力開始擴張。與此同時，東映雖然剛起步，規模較小，卻也逐漸展露頭角。當時，電影上映時，理所當然都是兩部輪映，所以東映總是大量拍片，靠著自家推出的兩部作品輪映，獨占電影院的全日播放時段。甚至還會拍攝三部曲，藉此吸引長期看電影的觀眾。更重要的是，東映實施大膽改革，會一口氣拍完三部電影，藉此降低拍攝及製作的成本。接著，東映連續推出了觀眾叫好的時代劇電影《吹笛童子》（笛吹童子）、《紅孔雀》與《里見八犬傳》（里見八犬伝），這些作品上映時，獨占了大都市中心的松竹電影院，以及鄉間地區的非東寶系統電影院。日本全國電影市場一年約上映200部作品，光是東映一間電影公司，一年就狂拍了約100部的

第 ② 章 —— 電影

時代劇電影，占了整體市場的一半[20]。

圖表 2-3　東寶、東映、松竹之營收與營業淨利趨勢圖

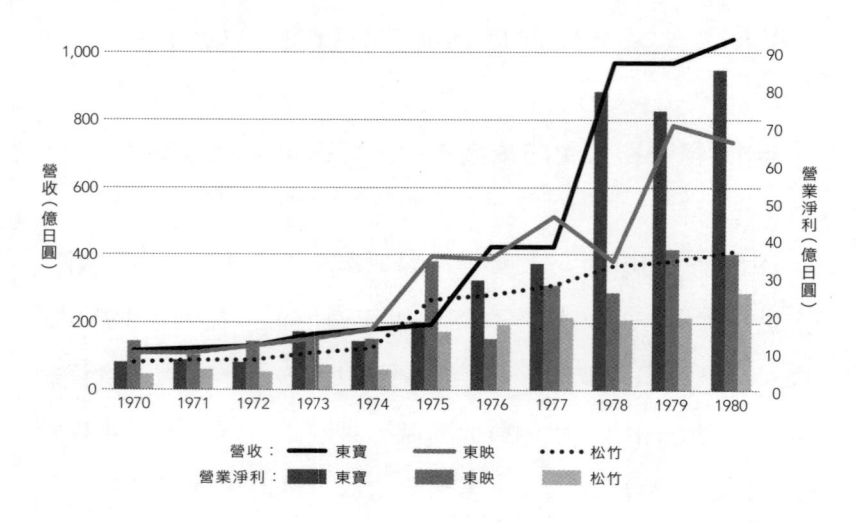

出處｜SPEEDA

到了1960年代，日本全國人口達到8000萬人，電影成為最強的內容產業，年度觀影次數達到了10億人次。當時，大眾傳播媒體的優先排名順序，第一名是「報紙」、「電影」，接著是「廣播」，而「電視」給人感覺前途一片迷茫，因此吊車

20　春日太一《無仁義日本沉沒》（仁義なき日本沈没），新潮社出版，2012年

尾。當時，電影演員不會想上電視，電影導演也不會想製作電視節目[21]。我認為電影產業大概不會再有這樣的時代，催生出如此大量的導演與製作人了吧。當時東寶固定配合的班底，有黑澤明導演與拍攝《超人力霸王》（ウルトラマン）聞名的圓谷製作（円谷プロダクション），旗下還擁有三船敏郎這位巨星。東映則有深作欣二導演，以及演員中村錦之助。日活擁有石原裕次郎演員、大映則是勝新太郎演員。每間電影公司都有各自的名導演與招牌演員，並在這樣的搭配組合下，完成大量的電影作品。

不過，進入1960年代，電視快速普及的程度，絲毫不遜於2010年代的智慧型手機和YouTube。因此，電影公司突然進入危機四伏的時代，只好「切割高風險的昂貴製作預算」以求生存。前述的三船敏郎、石原裕次郎、中村錦之助、勝新太郎這些名演員也各自獨立，相繼成立製作公司。電影公司則把重心集中在電影的發行與上映。1970年代後半時期，東映與松竹仍堅持電影必須自製，擁有自己的片廠，而東寶的成長卻已一馬當先，除了早一步切割電影製作，轉變成只發行與上映的

東寶的歷史（官方網站）（日文）

21　軍司貞則《渡邊製作帝國的興亡》（ナベプロ帝国の興亡），文藝春秋出版，1995年

營業銷售公司，甚至代理發行西洋電影開創新風潮，帶來了突破性的發展。

在五大電影公司之中，日活於1993年被遊戲公司南夢宮收購，後來在2005賣給了Index控股公司，到了2009年又成為日本電視台的子公司。而大映在破產後，在1974年由德間書店接手經營重建公司，到了2002年賣給了角川書店之後，由角川集團（KADOKAWAグループ）納入旗下子公司。

東映的歷史（官方網站）（日文）

2-3 「桃色電影」與日活浪漫情色電影成為了培育優秀導演的利器

「電影公司不製作電影」

　　1970年代，製作公司被電影公司切割後，為求生存，轉向與電視台合作。五大電影公司的同業聯盟組織規定（禁止因競爭而挖角、禁止演員在電視演出）形同虛設，於是出現了隸屬不同陣營的三船敏郎與石原裕次郎攜手合作拍電影；或像是《座頭市》、《水戶黃門》這些時代劇電影也改編成時代劇系列，加入電視連續劇行列的情況。雖然時代劇每週只拍攝一次，但仍然需要一套量產制度，就像出版界為週刊漫畫雜誌興起的大量出版革命一樣，製作單位也對時代劇的「拍攝手法」發起了革新做法。另外，電視跟電影的差別是，不同的節目內容或時段，會有不同屬性的觀眾。因此，製作單位在製作節目時，需要摸索「平臺特性」，在節目內容之中加入不同的元素，才能吸引不同族群的觀眾。

　　只不過，三船、石原、中村、勝等知名演員，只想拍出曠世巨作，這種信念早已深植內心。所以他們各自成立製作公司，

同時兼任「演員、製作人、公司負責人」三種身分。打造一部電影巨片可以帶來一飛沖天的票房，但是製作電視劇卻完全不同。電視台雖然把收視率當作指標，不過製作預算必須控制在一定範圍以內。因此，對他們來說，這種需要「節省更多成本，卻要製作賺錢節目」的電視產業結構，就像水火不容的程度一樣糟糕。於是，三船製作、勝製作、中村製作，這些製作公司無法承受這些風險，相繼在1980年代前半期倒閉（石原製作於2021年解散）。

這些重量級人物離開業界後，電影產業騰出了全新的空間，讓獨立製作得以萌生新芽。儘管「電影公司不製作電影」逐漸成為一種標準，但實際上仍在檯面下的市場中，繼續發揮「創作力」，也就是所謂的「桃色電影」。從圖表2-4各類作品數量的變化趨勢中，可看出大型電影公司在1960年代進入「寒冬期」，作品量從500部降至200部，減少了6成。到了1970年代，更是持續衰退。那段期間，導演、製作人的工作形同個人事業，必須靠低預算持續拍攝桃色電影，銷售給電影公司，用來填補衰退期間的空白檔期。當時，日活這間大型電影公司也揚起「浪漫情色」的旗幟，加入了桃色電影的行列。

桃色電影有別於成人色情影片，因為有正式劇本，也有故事情節內容。雖然女演員該露的地方少不了，但觀眾仍然會在意「演技」這件事。

桃色電影的優點，在於故事場景的設定是日常生活空間，電

圖表 2-4　日本電影的各類作品數量變化趨勢與電影院上映數量

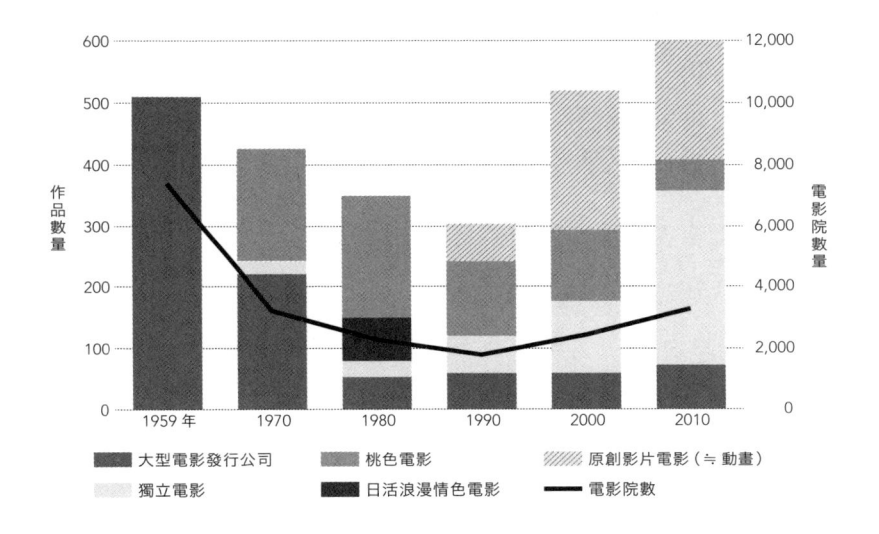

■ 大型電影發行公司	■ 桃色電影
▨ 原創影片電影（≒動畫）	□ 獨立電影
■ 日活浪漫情色電影	― 電影院數

出處｜前田耕作、細井浩一《日本電影製片體系的歷史變遷相關考察》（日本映画におけるプロデューサーシステムの歴史的変遷に関する一考察），立命館影像學（立命館映像学）

影只要兩男兩女就能成立，拍攝上相當節省成本。通常一部電影需耗時一年，花費3億5,000萬日圓，從拍攝、後製編輯，直到最後交片才算完成。但是桃色電影的所有拍攝過程，3天就能搞定，而且製作費只要300萬日圓。所以，同樣是發行電影（儘管電影院也有選擇權），同樣是1,000日圓的電影票價，桃色電影當然是一門賺錢的好生意。

桃色電影孕育出不少人才。例如：《送行者：禮儀師的樂章》（おくりびと）的瀧田洋二郎導演、《我們來跳舞》（Shall we

ダンス？）的周防正行導演、《七夜怪談》（リング）的中田秀夫導演、《在世界的中心呼喊愛情》（世界の中心で、愛を叫ぶ）的行定勳導演等，這些人都是目前50～60多歲的一流導演，多虧他們在20～30歲靠著桃色電影，累積電影的實戰經驗，才能達到今日的成就。

漫畫產業也出現不少類似情形，就像創作者提供成人作品、二次創作在漫畫同人誌販售會（Comic Market）或pixiv（全球規模最大的作品交流平臺）上，之後就有機會促成全新作品問世。另外，電玩遊戲產業也有類似模式，在1990年代後半期開始，當時的美少女成人遊戲，同樣也孕育出許多重量級的創作者。電影產業靠著桃色電影這種「雖然廉價，卻可以累積大量經驗」的市場當作緩衝空間，並且培育出優秀的電影人才，這都是因為當初大型電影公司退出電影製作的決定，發揮了「加速器」的角色功能。（很遺憾，由於錄影帶的普及，加上後來網際網路的出現，桃色電影在1990年代逐漸沒落）。

角川電影與獨立製作電影

1980～1990年代，日本電影在市場上低迷不振，但也因為如此，這個時期成為大量生產實驗性作品的時代。美國好萊塢的重心，完全偏向製作巨片。在這段期間，正如一般人認為的「1980～1990年代，大概只有日本和法國，能在自己國家靠

著藝術電影回收成本」一樣,就某種意義而言,日本電影產業彷彿在孤島之中,發展出自己的一套方法,獨自向前進化[22]。當時,戲劇界也發起了新劇運動,加上東京下北澤與中野地區的小劇場四處林立,並且鎖定小眾市場的觀眾,增加了許多放映非主流電影的場所,這些對發展獨立電影的幫助都非常大。由於獨立電影在製作上變得更小、更分散,因此得以回歸到業餘製作者的手中,這樣反而能呈現出其他國家看不到的多元題材,同時也能培育優秀的電影工作者。

另外,由於日本電影在市場上不夠強大,西洋電影得以乘隙而入,增加市場占比。在1960年代以前,日本電影有7～8成市場占比,然而到了1980～1990年代,卻跌到只剩4～5成以下。1980年代,席捲全世界的電影都是西洋電影。更精確來說,是好萊塢電影在全世界的市場占比大幅提升,各個國家的自製電影皆無一倖免,全都面臨了嚴峻的考驗。

在這段期間,日本國內也出現了全新的電影勢力。由角川春樹領軍的角川書店(2003年後整併為株式會社KADOKAWA)在日本風靡一世,當時拋出了一句宣傳口號:「閱讀過後再看電影?還是看過電影後再閱讀?」角川書店隨即在1974年併購了大映電影。後來,德間書店也催生出廣受大眾喜愛的吉卜

---

[22] 電影旬報電影綜合研究所(編著)《日本電影的國際事業》(日本映画の国際ビジネス),電影旬報社出版,2009年

力工作室。出版社進入了另一個時代,那就是一邊進行電影宣傳,同時將這些動畫內容出版成文庫版的書籍、漫畫單行本,在書店裡進行銷售。

角川電影(日本國立電影典藏中心「角川電影40年」)(日文)

2-4 索尼間接創造了好萊塢電影帝國

「好萊塢皇帝」的哲學與強大

多虧索尼（SONY），美國好萊塢才能再次興盛。因為索尼的一項發明，徹底改變了商業運作模式。

一開始，索尼和好萊塢是彼此「敵對」的關係。1975年，索尼發明錄放影機「Betamax」，這項商品在好萊塢引發了軒然大波。當時與索尼出現對立的主要人物，是有「好萊塢皇帝」稱號的環球影業董事長李維‧瓦瑟曼（Lewis Robert Wasserman）。

美國電影產業向來保守，一旦有人發明新的技術，很容易就陷入沒完沒了的法律訴訟。這也是一種常態，畢竟大家都想極力保護自己的辛苦結晶（電影作品的智慧財產權）。例如Napster（早期的音樂檔案交換分享平臺）、YouTube和Netflix，這些新興網路科技企業的訴訟問題，都是沿襲這種思維。

瓦瑟曼主張「指甲經營哲學」，這是促使環球影業對索尼提

出訴訟的最初原因。他認為:「如果有人企圖剪下並奪走自己的指甲,絕對要立刻回擊,給予對方最嚴厲的制裁。倘若置之不理,下次對方就會拿走手指頭,接著是手腕,最後全身都會慘遭蹂躪,失去一切。[23]」

這項由環球影業與迪士尼聯手對索尼提出侵害著作權的排除侵害訴訟案,連雷根總統也被捲入這場重大糾紛之中,經過8年後,索尼終於在1984年取得勝利。消費者所錄製的節目,只要是用於私人用途,皆屬於合法使用。只不過,真正從中獲利的不是索尼,而是開發VHS錄放影機的日本勝利公司(JVC)。更進一步地說,好萊塢才是最大的贏家。儘管好萊塢曾經反對消費者使用錄放影機,但錄影帶卻為市場帶來龐大利潤,使得好萊塢的主流電影公司成為真正的獲利者,後來甚至發展到驚人的規模。

好萊塢電影除了靠電影院獲利之外,還藉由購買、錄影帶出租,也就是透過二次利用的管道來賺錢。好萊塢主流電影公司的營收,在1985年為130億美元,過了20年之後,在2005年時上漲超過3倍多,達到了460億美元。電影票房收入雖然也增加了2倍,但超過200億美元的「VTR/DVD市場」卻更勝一籌。在這20年裡,好萊塢有4成獲利,皆來自

---

[23] 佐藤正明《太陽再度升起 影像媒體的世紀》(陽はまた昇る 映像メディアの世紀),文藝春秋出版,2002年

圖表 2-5　美國電影主要收入來源

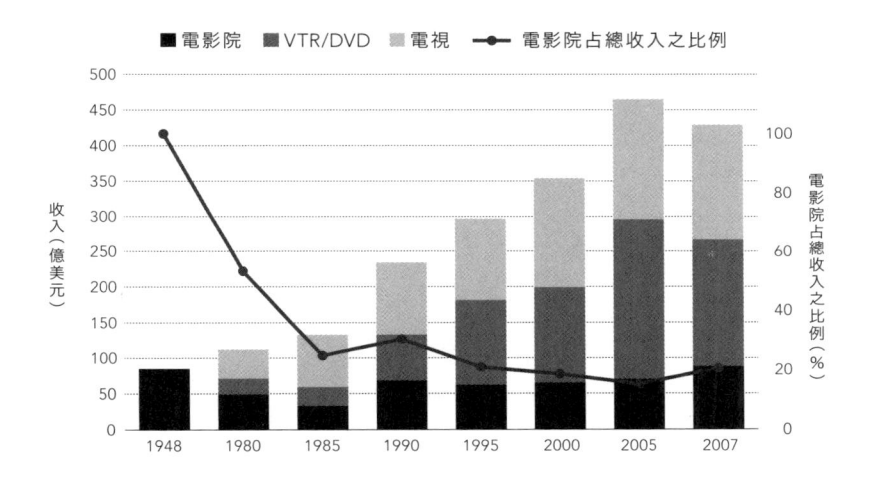

凡例：■ 電影院　■ VTR/DVD　■ 電視　──●── 電影院占總收入之比例

左軸：收入（億美元）
右軸：電影院占總收入之比例（％）

橫軸年份：1948、1980、1985、1990、1995、2000、2005、2007

出處｜Harold L. Vogel "Entertainment Industry Economics"

於家庭娛樂市場的影音商品，後來有些電影公司甚至轉型為大型媒體集團，藉著電視頻道播放權、製作電視節目等影音內容獲利。同時好萊塢開創了全新商業模式「發行窗口」（release window），也就是按照順序，讓電影先從電影院上映開始，半年後再以影音商品進行銷售、一年後在有線電視頻道播放、兩年後在無線電視台播放，把收益增加到最大化。

　好萊塢的大變革，同樣也在世界上興起大變革。在日本，華納、環球、福斯及迪士尼等，這些過去向來仰賴日本電影發行公司的美國電影公司，突然轉為利己主義，各自在日本設立公司，自行處理電影發行的工作。在這樣的情況下，原本是西洋

電影發行量最大的東寶電影公司,自然會驚慌失措。因此,東寶進入了另一個競爭白熱化的時代,不得不強化自製內容,提供更多作品上映以求生存。

另一方面,隨著1990年代日本政府修改《大店法》(大規模零售店鋪法),於是相繼出現了許多大型影城。本來在日本國內總是競爭不斷的「劇場」(電影院)世界中,突然轉變成四處林立的大型影城。每間影城除了設有4～5個以上的影廳,還提供周邊商品及飲食販賣等服務,藉由「綜合娛樂」來獲利。

在電影製作方面,除了角川書店和德間書店,富士電視台等各大電視台,也陸續加入電影製作的行列。在這個時代,日本

圖表2-6　美國／自製電影在世界各國電影市場中的占比

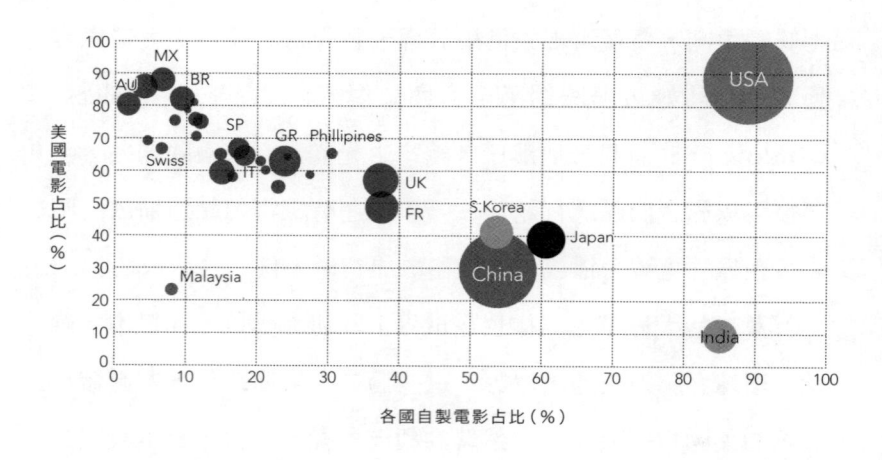

出處｜ UNESCO、Numbers

的電影產業原本走在凋零的路上，由於新挑戰者的加入，出現了復活的一線曙光。

只有極少數國家的自製電影占比超過一半

日本電影產業在1980年代之前的情況慘不忍睹。實際上，有許多國家都是如此。在電影產業跟電視產業的激烈競爭下，電影產業一直是弱勢的一方。不少國家的問題是，「大家想看好萊塢電影，可以選擇去好萊塢所屬的影城，但是自己的國家沒有自製電影，根本無法觀賞」。只不過，日本即使陷入困境，卻仍然擁有拍片環境，能夠持續推出自製電影。

我們參考世界150個國家的相關數據後，可以得知美國電影在大部分國家的電影票房市場占比達8～9成，而各國自製電影市場的消費僅占整體的1～2成。就像很多人看過漫威（Marvel）的作品或《星際大戰》（Star Wars），卻未必會看自己國家的電影。西班牙、義大利、德國，這些充滿熱情、積極振興電影產業的國家，自製電影也只占了整體市場的4成，即使這些國家未必習慣英語，也不影響美國電影的市占率。就算是電影始祖的法國，自製電影也不過達到整體市場的5成而已。在這之中，只有屈指可數的國家在「整體電影市場中，自製電影的票房占一半以上」，其中包括印度、日本、韓國與中國。這幾個國家維持放映自製電影或亞洲國家的電影，達到了

一定比例，成為「多元化」的電影消費國家。

　　想要同時兼顧消費與製作，保持個人獨創的風格及特性，需要高度技巧，是極為困難的工作。如果不是像中國那樣，靠法律管制電影產業，禁止外國公司在中國發行電影，設下重重阻礙，讓國內資金培育電影人才，並成立電影公司完成作品；觀眾根本不會掏腰包消費國內自製電影。反觀日本在沒有政府干預的自由市場裡，自製電影的市場票房依然超過一半以上。這顯示在不利發展的環境中，日本仍有許多極具創意的電影導演、製作團隊持續成長茁壯，以及消費者培養出對多元類型（豐富題材）電影的喜好品味。事實上，正因為如此，日本才能成為世界上極少數的「自製電影大國」。

第③章

披頭四於日本武道館舉行演唱會（1966年6月30日）
照片提供｜美聯社／Aflo

音樂

3-1

娛樂產業的金絲雀

數度瓦解的音樂產業

音樂產業在過去100年的歷史當中,曾經數度瓦解。而且,在音樂市場裡,一年裡竟然有高達9成的銷售機會消失殆盡。例如,在1927年,美國的唱片銷售量高達1億4000萬張,然而受到全球經濟大蕭條的衝擊,在1929～1932年這4年間,卻只賣出了600萬張唱片[24]。

這種等級的市場崩潰,就像各大產業在新冠疫情中,實際上所感受到的情況一樣吧。舉例來說,日本航空產業在2020年的載客營收,無論是ANA或JAL航空公司,相較於前一個年度,都銳減了9成以上。這種史無前例的經濟危機,震撼了航空產業。

一般而言,音樂產業每隔數10年,就會發生一次這種撼動

---

[24] 森正人《大眾音樂史 從爵士樂、搖滾樂到嘻哈樂》(大衆音楽史 ジャズ、ロックからヒップホップまで),中央公論新社,2008年

產業的重大轉變。因為音樂產業總是跑在最前線，率先嘗試各種新發明的技術。企業「讓消費者付費聽音樂取得等值報酬」的商業模式，其實比想像中還來得脆弱。因為任何人皆可創作音樂，而且大眾平時也習慣免費聆聽音樂。如果要改變這一點，想從中開發音樂市場，就必須高明地建構一套完善的「系統」。因此，人們運用科技，即可支撐這套「系統」，但也因為這樣，一旦出現全新科技，就會完全顛覆前一套「系統」，再次創造出全新的市場。

我個人悄悄地把音樂產業稱為「娛樂產業的金絲雀」。由於金絲雀相當敏感，具有預警作用，這意味著如果音樂產業發生撼動產業的大事，後續一定也會接著影響出版、影像及電玩遊戲等產業。

普契尼年薪高達數億日圓，但莫札特年薪只有 2,000 萬日圓，造成這種差距的原因是什麼？

在人們獲得「權利」這項法律保障之前，音樂就像空氣或大自然一樣存在我們身邊。

過去，古典音樂界公認備受歡迎的頭號音樂家莫札特，明明創作了那麼多的知名作品，卻經常被迫過著貧困的生活，這都是因為他「把曲子賣掉」的緣故。每次莫札特接受委託寫曲，完成後就把整首曲子讓渡給委託人。該曲子就成了委託人的所

第 ③ 章 ─── 音樂

有物,未來會如何被使用也無從得知。

不過,莫札特在作曲方面才華洋溢,並沒有把這件事放在心上。他靠著賣曲子賺錢、演奏會的微薄收入,以及幫貴族開課的學費,甚至靠其他人捐款度過難關。他35歲便英年早逝,一生總共創作600多首曲子。把當時的年薪換算成現在的幣值,大約為2,000萬日圓。由於莫札特生活奢侈,幾乎散盡所有財產,傳聞他過世後,還被隨意丟入亂葬崗[25]。

那麼,音樂家要變成有錢人,真的是一件困難的事嗎?19世紀後半期,有一名事業發展得非常成功的義大利聲樂作曲家賈科莫・普契尼(Giacomo Puccini),按照1886年《伯恩公約》(Berne Convention)制定的「著作權」規定,成立了「普契尼基金會」。儘管他一生只寫了十首歌劇作品,但其累積的龐大財富,直到現在依然非常可觀。

那個時代,音樂出版社是維護樂譜著作權的企業,有一套收取權利金的制度。例如,每一次普契尼的歌劇公開演出,即可取得一定的權利金。普契尼不必上臺揮動指揮棒、教導他人如何演奏自己的作品,只要任何人使用他的「智慧財產」,他就能以權利金的方式取得收入,賺取一年高達數億日圓規模的利潤。

---

[25] 正林真之《貧窮的莫札特與富裕的普契尼》,Sunrise Publishing出版,2018年

莫札特和普契尼，兩人收入差別的原因，根本不在樂曲的影響力。如果莫札特出生在後來的時代，在世時的名氣或受歡迎的程度，必定會大勝普契尼，大概會出現截然不同的結果吧。不過，一切都是因為後來建立了「樂譜」與「版稅」的商業模式，音樂才能靠市場不斷成長，確保創作者獲得收入。也多虧這項制度，才有越來越多的創作者，走上這條道路，立志成為音樂家。

各式各樣襲擊音樂產業的「災難」

沒有任何一種媒體，可以絕對保障「權利」。

十九世紀，鋼琴等演奏會逐漸普及，專業音樂雜誌隨手可得，因此一般大眾也開始享受音樂。人們對購買樂譜也變得習以為常，這套制度的誕生，就像普契尼取得權利金一樣，作曲家可透過出版社出版的樂譜，取得樂曲的同等價值，能夠持續累積財富。不過，這樣的成長僅限於鋼琴市場而已。

後來，愛迪生發明留聲機，唱片開始變得普及，搶走了鋼琴的市場。1877年，愛迪生開發第一臺留聲機時，連他自己都不知道完成之後的用途。不過，在人們運用記錄聲音這項功能後，發現可以用較低廉的成本，播放專業人士演奏的音樂。美國在1914年那一年有18間唱片公司，其中包括愛迪生（現為「GE；奇異」）、勝利、哥倫比亞這3間大型唱片公司。然而

第③章 —— 音樂

到了1918年,唱片公司突然快速增加到166間[26]。因此,在1920年代,唱片大量生產,變得越來越普及。這樣的結果,導致鋼琴在市場上出現滯銷。

鋼琴除了滯銷的問題以外,還得面臨隨即而來的最大災難——全球經濟大蕭條。由於廉價的收音機迅速普及,留聲機也在市場上失去了一席之地。根據圖表3-1資料顯示,鋼琴的市占率一口氣減少了9成。

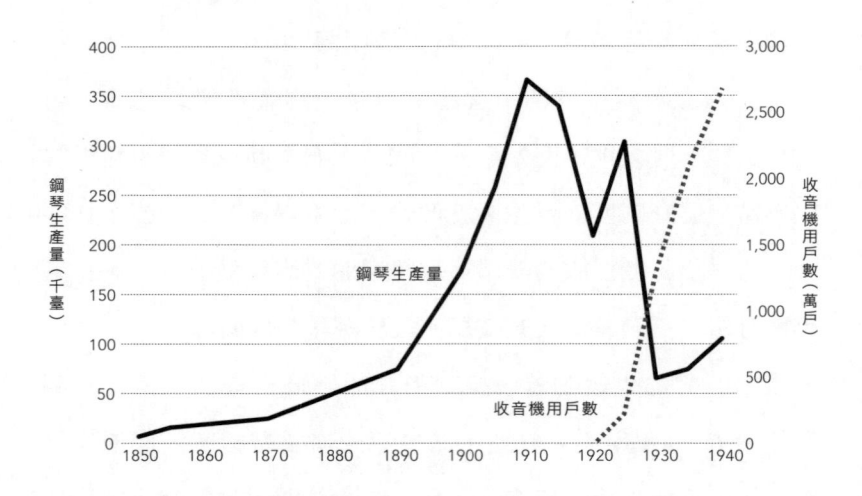

圖表3-1　鋼琴產量與收音機用戶數量

出處│西原稔《鋼琴的誕生　從樂器的另一端發現「近代」》(ピアノの誕生　楽器の向こうに「近代」が見える),講談社出版,1995年。圖表由作者彙整製作

26　榎本幹朗《音樂將帶來未來》(音楽が未来を連れてくる),DU BOOKS出版,2021年

唱片產業與留聲機產業也面臨同樣的情況。1930～1940年代，由於收音機快速普及，音樂愛好者也變得越來越多。

在音樂的世界裡，這種大轉變不斷地反覆上演，每次只要有人發明新的媒體，就會產生重大變革。從收音機到電視機，電視機到CD，再從CD到網路；每當人們「轉換媒體」的時刻，音樂市場必然會興起一場大革命。

3-2 「對立」正是音樂創作的種子

黑人音樂創造出美國音樂市場

　　音樂的歷史悠久。只不過，如果從音樂進入商業化的時機來看，一般認為是從收音機發明之後才開始的，所以應該隨著美國的歷史開始談起。目前在全球音樂市場中，有3大唱片公司獨占市場7成，除了華納音樂（Warner Music）的創始企業是華納唱片（Warner Records）之外，環球音樂（Universal Music）是源自於美國國家廣播公司（National Broadcasting Company），索尼音樂（Sony Music）則源自於哥倫比亞廣播公司（Columbia Broadcasting System），這兩家唱片公司皆以「廣播業」起家。

　　美國的音樂史與黑人奴隸制度密不可分。由於原始非洲人的文化裡沒有文字，因此他們透過口耳相傳以及歌舞與樂器演奏，將非洲文化一代接著一代傳承下去。而美國從非洲引進黑人作為奴隸，所以後來黑人音樂也逐漸融入美國社會。黑人靈歌（Black Spirituals）的起源，是從黑人進入基督教會受到上

帝感化，進而發展出獨特的頌讚音樂。包括在南北戰爭中誕生的福音音樂，以及在過度苛刻的農場工作中當成勞動歌曲的藍調，還有以開朗曲調抒發心情、具有撫慰亡者靈魂意義的爵士樂，這些類型都是黑人創作的音樂[27]。

當時進入了南北戰爭時代的轉變期，其中的意義值得深思。在這個時候，美國有人認為黑人存在世上，身分不應該是奴隸，所以出現了「必須解放黑人」的「概念」。黑人對自己承認是奴隸的那段期間，內心產生了糾葛，於是透過黑人靈歌抒發，迅速地擴散到美國各地。

文化是沒有彈藥的武器。美國人的自我認同，包括了那一段強烈抵抗的歷史，融合了彼此的思想與生活方式，體現在同一個文化裡，而這些生活方式、一舉一動，最後濃縮在一個群體之中，成為彼此共同擁有的思想。

艾維斯──史上誕生最成功的個人搖滾巨星

提到美國最初的流行音樂巨星，除了邁克・傑克森、披頭四以外，更早之前還有一個艾維斯・普里斯萊（Elvis Presley）。他

艾維斯・普里斯萊（維基百科）

---

[27] 軍里中哲彥《非洲音樂史入門》（はじめてのアフリカ音樂史），筑摩書房出版，2018年

第 ③ 章 ──── 音樂

的音樂源自於有「黑人音樂聖域」之稱的曼菲斯（Memphis）。當時，艾維斯深深著迷黑人福音歌曲，儘管白人討厭這種類型的音樂。他從小上教會，學會當時黑人社群創作的節奏藍調（Rhythm & Blues）音樂及其舞步，甚至模仿起黑人時尚。當年，白人社群視這種行為的年輕人是「異端份子」。

艾維斯在高中畢業後，從事卡車司機工作，然而他割捨不下歌手夢想，18歲時拿出身上僅剩的一點錢自費錄音。這名年輕人僅花了兩年時間，即成為美國舉國皆知的巨星，猶如男版的灰姑娘。當時，一間小型廣播電台竟然有多達5000通電話，全部都是指定點播艾維斯的歌曲。一年後，他在全美播出的電視節目上演唱，收視率高達82%。不過，因為節目製作單位認為他的肢體表演「太低俗」，所以播出的畫面相當不自然，只拍攝他的上半身而已。1956年，艾維斯21歲那年，唱片賣出了1250萬張，而美國第一名的無線電公司（Radio Company of America），總銷量有5成以上都來自於他。跟他相關的營業收入，高達2,200萬美元，以現在幣值換算，超過了250億日圓。

即使到了現在，艾維斯仍舊是「音樂史上最成功的搖滾藝人」，並由《金氏世界紀錄》（Guinness World Records）所認證。這項紀錄的背後，包括他融合黑人與白人文化的結果及其帶來的影響，同時也顯示音樂與藝人所擁有的價值。音樂並非單純的消費行為。從語言開始造成的爭論，雖然會產生對立，但是透過音樂及歌詞的流傳，卻能化為解決互相對

立的有效方法。

美國社會從南北戰爭發生後,經過了一百年。儘管「黑人奴隸」早已消失,但在當時,卻是真實發生的種族歧視歷史。在那之後,艾維斯的音樂成為了一大契機,讓美國社會正視黑人人權運動,以及這項運動致力解放黑人的真正意義。年輕人透過艾維斯的音樂,認識帶有歧視觀念的社會,同時開始對黑人的音樂、文學感到親切熟悉,除了表示感同身受,也強烈譴責上一代所犯下的歷史過錯,並要求他們反省,不再重蹈覆轍。

基督新教的嘗試,最後誕生出「搖滾」

艾維斯創造的「搖滾」,雖然被視為白人文化的代表,但其核心完全是由黑人音樂所延伸出來的。音樂的存在不可或缺,除了語言之外,當人們產生「對立、分裂」時,音樂可用來當作對抗的手段。假如沒有戰前與戰後兩代之間的對立,或者沒有黑人與白人之間的對立,搖滾音樂就不會誕生出來了吧。

追根究柢,人們創作音樂的這項行為,是建立在宗教對立的基本上。如果基督教沒有跟天主教和基督新教產生對立,音樂可能就不會如此普及了[28]。基督新教為了跟充滿教條式語言的

28　浦久俊彥《138億年的音樂史》(138億年の音楽史),講談社出版,2016年

第③章 —— 音樂

天主教有所區別,嘗試在教會裡加入音樂,用來訴諸信眾的情感。在基督新教的這項嘗試之後,近代西洋音樂開始發展,而小調、大調這類的音樂「學」,也由此應運而生。

沒有對立的地方,就不會有音樂的出現。就本質而言,音樂的出現,正代表著「搖滾」精神。

3-3 索尼是「日本速度第一的企業」，全力朝向音樂集團發展

足以媲美蘋果的新創企業

任天堂可說是電玩遊戲的始祖，如果以相同標準衡量，索尼就是帶給音樂產業深遠影響的企業了。1979年，索尼推出一款商品「隨身聽」（Walkman），這項可隨身攜帶的裝置，一上市立刻遍及世界上的各個角落。索尼在當時達成的這項偉業，正是一項成功的範例，足以媲美30年後蘋果推出的行動裝置iPhone。

當年，就連史蒂夫・賈伯斯都對索尼欽佩不已，而索尼這間公司，充其量也只不過是一間「新興企業」。接下來，我將介紹索尼是如何在日本靠著音樂起家，接著進入美國的音樂產業，最後成長到足以傲視群雄的這段過程。

只靠一群不熟音樂產業的業餘人士，竟然創造出索尼音樂

由於索尼開發隨身聽的祕辛人盡皆知，在此就省略不提。

我反倒認為索尼的厲害之處,在於它不只是一間開發隨身聽的企業,而是在全球音樂產業中,索尼以姍姍來遲而後來居上之姿,成為日本第一、美國前三大的企業這一點。1968年,索尼和美國哥倫比亞廣播公司成立合資公司,後來在1979年這一年,超越了成立30年以上的日本哥倫比亞與帝國蓄音(TEICHIKU)等大型唱片公司,成為日本第一大的音樂唱片公司。

起初,美國哥倫比亞廣播公司對日本音樂市場的成長非常看好,想要尋找合作夥伴,雖然徵詢了各家唱片公司的意願,卻只是一再得到「尚在研議」的回覆,所以對發展日本市場束手無策。然而就在這個時候,音樂門外漢的索尼當機立斷,主動表示「那要不要跟我們一起經營」的合作意願,而美國哥倫比亞廣播公司也欣然接受當時索尼盛田昭夫社長的這份心意。

恰巧就在1967年這一年,日本政府放寬對外國資本的嚴格管制,同意「外資進入日本市場」。唱片公司本來是受到管制的產業,但政府開放後,容許外資入股50%。在日本的資本自由化措施實行後,第一間誕生的美日合資企業就是CBS索尼。在此順帶一提,索尼有非常多「開創日本企業先例」的紀

索尼集團的歷史(官方網站)(日文)

錄,包括股票在美國發行上市、獨立會計系統(各部門獨立預算制度)、執行董事制度,索尼在日本都一直是先驅企業。

更令人訝異的是,CBS索尼這間新成立的公司,並沒有聘請音樂界的人才,而是錄取從其他公司轉換跑道(非轉任調派),由不到十人所組成的公司。一開始,多達7000人看到招募廣告前來求職,其中第一次面試合格的80人裡,包括最高年紀的70歲求職者在內,各個都是「完全沒有音樂產業工作經驗」的人。因為CBS索尼認為,如果「跟那些有歷史的競爭公司做一樣的事,就絕對贏不了」、「新的公司,需要新的觀點。即使業餘也無所謂,只要聚集一群充滿幹勁的人,一起開創全新事業就好」。索尼不僱用具有相關工作經驗的人,這一點和華特・迪士尼(Walt Disney)在打造迪士尼樂園時,做法上是完全相同的。

1968年,索尼在這一年的營收為317億日圓,營業淨利為25億日圓。當時,索尼全力量產彩色電視(Chromatron Television)的計畫失敗,公司瀕臨倒閉危機。同期競爭對手的年度營收,東芝為2,270億日圓,松下電器產業為1,567億日圓,日本勝利為412億日圓,這些企業皆大幅領先索尼。更何況在音樂市場上,東芝與勝利的發展「已交出成績單」。不過,索尼決心挑戰音樂市場的「冒險賭注」,展現出過人的膽量及強大意志,相信沒有人會產生任何質疑。

第③章 ── 音樂

圖表 3-2　日本音樂品牌的發跡史

音樂商標	目前隸屬之母公司	成立	過程
日本哥倫比亞	Faith	1910	日系公司。雖然1927年與美國哥倫比亞唱片公司合夥經營，但2010起正式納入Faith旗下
日本勝利	JVC KENWOOD	1927	美國勝利在日本設立之公司。後來股東變更為RCA、日產財閥、東芝，1954年起與松下電器合夥經營，但2007年起正式納入KENWOOD旗下
日本Polydor	環球音樂	1927	德國Polydor唱片在日本設立公司。後來股東變更為飛利浦，1998年起成為環球音樂之一員
國王唱片	講談社	1931	由講談社內部獨立之公司。其命名源於《國王》雜誌，因此取為國王唱片
帝國蓄音	BROTHER工業	1934	日系公司。與國王唱片同為老字號公司。1961年起與松下電器合夥經營，母公司為日本勝利唱片，2015年起納入BROTHER工業旗下
東芝音樂工業	環球音樂	1960	1955年起以東芝公司一個部門的名義銷售唱片，1960年成立分公司，1973年與EMI和JV的東芝合夥經營。2012年隨著EMI由美國環球音樂併購而公司消滅
波麗佳音	Fujisankei	1966	日本放送廣播電台成立之關係企業設
CBS索尼	索尼音樂	1968	在日本廢除外資限制時，與美國CBS成立的合資公司

圖表 3-3　1970年代音樂關聯企業營收

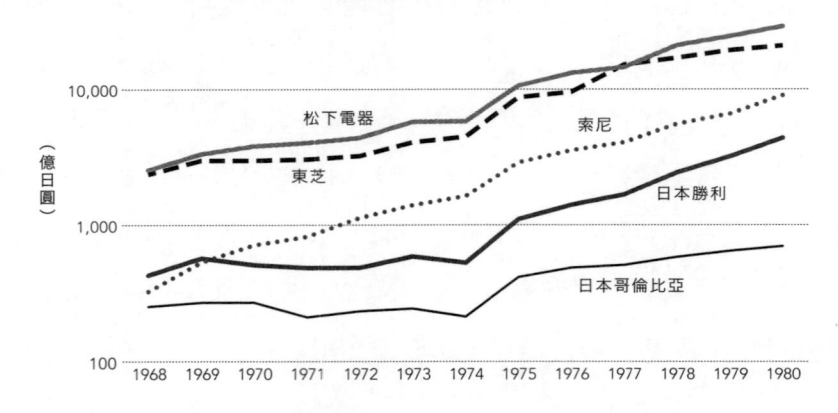

出處│各公司公開資料

僅「20分鐘」就併購CBS唱片

　　CBS索尼從搖滾音樂開始發展，搭上從艾維斯到披頭四的熱潮，並表示「美國的流行熱潮一定也會襲捲日本」，因此主力事業全賭在搖滾音樂上[29]。後來，在西洋音樂的推波助瀾下，CBS索尼在1979年躍升為日本第一大音樂唱片公司。最後，1988年，索尼買下了合資公司美國哥倫比亞唱片公司的股權。當時雙方高層都在機場，索尼社長跟美國哥倫比亞唱片公司的老闆米奇・舒爾霍夫（Mickey Schulhoff）討論買賣事宜。美方表示願以12.5億美元的價格賣出售，於是索尼社長大賀典雄當場致電給董事長（会長）盛田昭夫，整個決策過程僅花了「20分鐘」，實在令人訝異。回顧1960～1980年代，索尼可說是「日本速度第一的企業」。

---

[29] 東洋經濟 on line 2014年7月9日「娛樂界的天之聲『逆勢成功論』」
https://www.dreamincubator.co.jp/bpj/2014/07/09/sony01/4/

藝能經紀公司發揮影響力，並將偶像事業當作音樂產業的基礎

渡邊製作影響政治圈來保障日本特有的商業權利

提到日本音樂市場的重要時期，就必須深入探討「藝能經紀公司」。在日本，藝能經紀公司、音樂出版社、唱片公司，在經營型態上雖然不同，彼此卻沒有什麼隔閡。2010年代，與其說「音樂內容」促成了日本音樂CD市場成為「世界第一」，還不如說是靠「偶像產業成功地運用音樂」比較精確。更進一步說，這是由藝能經紀公司一手主導的偶像事業，一直在支撐著日本音樂界的商業運作。

在美國，音樂品牌（如：華納、環球、索尼等唱片公司）與藝人經紀公司（如：CAA、UTA、WME等）的職責功能不同。音樂品牌與藝人所屬的經紀公司，只按照合約關係往來，以商業交易的立場，進行合約上的演出與錄音製作管理事宜。

渡邊製作的歷史（渡邊音樂文化論壇官方網站）（日文）

藝人知名度提高後，可自行選擇經紀人／公司，就像交易一樣，委託其尋找每一個發展演藝事業的工作機會。

然而在日本，每個藝人都會隸屬一個組織，也就是藝能經紀公司。這些公司會全力栽培藝人直到大紅大紫，之後藝人再以報恩的形式，讓經紀公司賺回投資在藝人身上的金錢。而有一些藝能經紀公司，也會包辦所有的業務項目，例如從出版音樂內容到成立音樂品牌等。

1940年代，渡邊晉、渡邊美佐，這對夫妻成立了渡邊製作（渡辺Production），展開藝能經紀事業。後來，渡邊製作在1957年公司化，1962年以日本藝能經紀公司之姿，成立日本第一間音樂出版社，可以把授權的音樂作品，進行利用、開發，以賺取收益。1963年，渡邊製作旗下藝人梓美千代推出作品《小寶貝你好》（こんにちは赤ちゃん），唱片明明創下了百萬張的銷售佳績，自家音樂出版社卻只收到800萬日圓，而發行唱片的國王唱片公司竟然賺取2億日圓。渡邊製作對此事極度不滿，因此轉為自行製作原聲母帶唱片。由於音樂出版社能夠從事製作音樂、歌曲錄音等工作，儘管必須負擔製作費用及滯銷風險，但因為渡邊製作旗下擁有極受歡迎的The Peanuts、Crazy Cats這些藝人，所以仍決定取得原聲母帶版權，自行製作發行唱片。

另外，渡邊製作在電視產業中，同樣也是一間極具影響力的藝能經紀公司。這是因為在電視產業剛興起的階段，電視台的

節目製作經費不夠充足，渡邊製作卻能一起同甘共苦，為電視產業開創出一片江山。當時，富士電視台是新成立的電視台，製作一集30分鐘的《The Hit Parade》節目預算只有10萬日圓出頭，連節目來賓的通告費都負擔不起。於是，渡邊製作提供一年時間，協助富士電視台製作節目，不過作為交換的條件是，必須保證渡邊製作指派旗下藝人上節目的權利。隨著「歌唱節目」的音樂內容成為廣受歡迎的節目後，自然也就變成提升渡邊製作旗下藝人知名度的平臺了[30]。

1971年，日本通過《著作權法》，渡邊製作也主導了草案的內容。當時集結了各大電視台、唱片公司、電影公司，共同成立「日本音樂事業者協會」，會長由中曾根康弘（1982～1987年內閣總理大臣）擔任。另一方面，渡邊製作原本就透過打高爾夫球，與佐藤榮作（1964～1972年內閣總理大臣）建立深厚交情，因此跟政治圈的關係良好。雖然日本有些人會瞧不起藝能界、音樂界，視其如酒水買賣的行業一樣，儘管如此，渡邊製作仍透過政治遊說制定法案，保障藝能、音樂產業的權利收入，以及藝人參加每一場演出的收入。1970年代，日本的音樂能夠以「產業」取得穩定的收入，必須歸功於電視的普及化，以及像渡邊製作等民間企業，協助政府規劃出適用

---

[30] 軍司貞則《渡邊製作帝國的興亡》（ナベプロ帝国の興亡），文藝春秋出版，1995年

藝能、音樂產業的一致法規。

在產業發展中，企業彼此「達成共識」也相當重要。由於藝能經紀公司只需要社長和藝人兩個人，就能設立公司，門檻相當低，所以中小規模的藝能經紀公司四處林立。而在電影產業中，過去曾經發生藝人走紅、建立出個人品牌之後，就主動跳槽或被其他公司挖角，而造成事業經營上的致命傷。因此，在藝能、音樂產業中，藝能經紀公司對於這一點，有個不成文的規定，那就是每間公司都「不會去挖角」。

由於藝能經紀公司幾乎沒有上市上櫃，因此無法掌握精確數據，不過根據一份資料顯示，多達300間藝能經紀公司的事業，總經濟規模高達1.2兆日圓（2005年度）[31]。這項金額是當年度整體音樂市場的2倍，直逼當年度的電視節目影像製作費。如果拿來跟美國比較，規模也達到「過大」的程度了。因此，這也說明了藝能經紀公司，在日本的影響力有多麼巨大。

獨特的偶像文化與傑尼斯

音樂產業遇到的情況，也和電影產業一樣。在1979年以前，日本音樂與西洋音樂之間，出現了必須面對的阻礙，當時日本

---

[31] 星野陽平《藝人為何會遭到冷凍？》（芸能人はなぜ干されるのか？），鹿砦社出版，2014年

圖表 3-4　大型藝能經紀公司成立時間

成立時間	藝能經紀公司
1912	吉本興業
1950	柵木藝能社
1952	向日葵劇團
1957	渡邊製作
1959	藝映
1960	堀製作
1962	傑尼斯事務所（創業年）
1963	東寶藝能
1963	長良製作
1963	太田製作
1964	劇團NLT
1968	Sun Music 製作
1968	淺井企劃
1970	奧斯卡傳播
1971	Burning Production
1973	田邊經紀
1974	Sony Music Artists
1974	Mausu Promotion
1977	Production人力舍
1978	雅慕斯娛樂
1978	B ZONE
1978	尾木製作
1979	星塵傳播
1979	Hirata Office
1979	研音

成立時間	藝能經紀公司
1980	Theatre Academy
1980	Japan Music Entertainment
1980	Box Corporation
1981	Humanite
1983	Up-Front Group
1984	WAHAHA本舖
1985	融合事務所
1985	Rising Production
1988	Office北野（現在為TAP）
1988	愛貝克思
1991	Repuro Entertainment
1993	K Dash
1993	Tristone Entertainment
1995	Someday
1995	Top Coat
1996	Sweet Power
1998	FLaMme
1999	BLUE BEAR HOUSE
2001	UP-FRONT PROMOTION
2003	LDH JAPAN
2006	AKS
2013	Little Tokyo Production

與西洋音樂的唱片零售價格昂貴。在這樣的情況下，為了刺激市場消費，藝能經紀公司在歌唱節目中，推出由小柳留美子、天地真理、南沙織組成的「新三人少女」（新三人娘），以及由森昌子、櫻田淳子、山口百惠組成的「花樣年華中學三人三重奏」（花の中三トリオ）等偶像，開創出日本偶像文化。這種偶像組合的模式，創造了延續至今的日本音樂市場。這與當時以「西洋音樂」為主要風潮的亞洲各國，呈現出完全不同的樣貌。

另一方面，若要提到鎖定女性粉絲而推出的男性偶像，就會聯想到壟斷日本市場的傑尼斯事務所。在1970年代以前，傑尼斯事務所雖然只是新成立的藝能經紀公司，但在1980年推出了少年偶像團體「光源氏」（光GENGI），以及1990年代的「SMAP」這些極具代表性的偶像團體後，不僅結合電視、出版等大眾媒體融為一體，同時透過粉絲俱樂部、演唱會、音樂劇，創造了高達數百萬的女性粉絲經濟圈。一開始，傑尼斯事務所仿效寶塚歌劇團的管理模式，從培訓研習生階段，到正式出道後的演出管理，傑尼斯事務所皆以垂直整合的方式安排各種照料，建立出一套完整的制度。進入2000年代後，傑尼斯事務的年度營收超過1,000億日圓，成為日本史上收益最高的藝能經紀公司[32]。

32　大谷能生《研究傑尼斯！傑尼斯文化論》（ジャニ研！ジャニーズ文化論），原書房出版，2012年

愛貝克思與小室哲哉的時代
J-POP進入鎖國時期

唱片與著作權創造了一群能夠「溫飽過冬的蟋蟀」

現今日本音樂市場的商業運作模式中,有著過去率先成功的範例──披頭四。

第一次在日本舉辦大型演唱會的並不是日本人,而是在1966年訪日的披頭四。在那之前,日本國內演唱會的場地,都是選在縣民會館或公會堂,人數最多可容納1000人左右。不過,披頭四的演唱會,地點選在1964年東京舉辦奧林匹克運動會而新落成的日本武道館。而且在那之後,日本舉辦萬人以上的大型演唱會,就越來越普及了。

但是,當年政府要出借日本武道館作為演唱會用途時,出現了反對聲浪。具有日本職棒之父稱呼的讀賣新聞董事長正力松太郎,因為在神宮球場舉辦職業棒球巨人賽,被激進份子指控「玷污神聖場所」而差點遭到暗殺(詳見第9章「運動賽事」)。但是,他竟然也同樣主張,日本武道館當初設計的理念是用來舉辦柔道、劍道這類正統體育活動的場館,如今卻要被拿來開

演唱會而大表不滿:「才不要把武道館借給什麼呎頭四!」而且,說出這番言論的正力松太郎,當時的另一個身分正是日本武道館的館長。

圖表 3-5　音樂產業（CD 銷售）的價值鏈

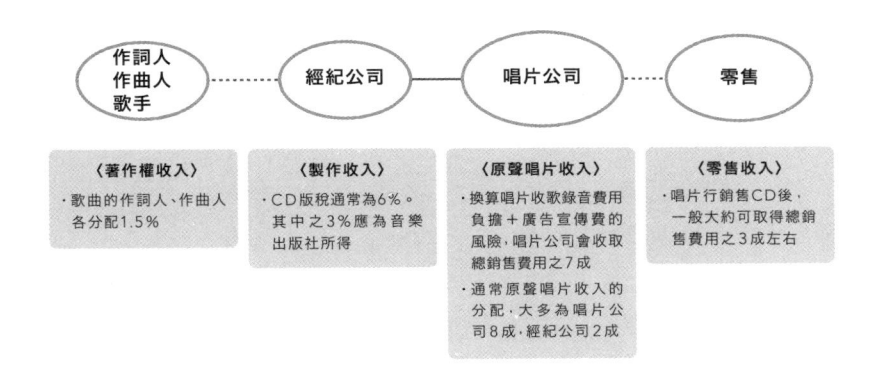

作詞人
作曲人
歌手　┄┄　經紀公司　┄┄　唱片公司　┄┄　零售

〈著作權收入〉
・歌曲的作詞人、作曲人各分配1.5%

〈製作收入〉
・CD版稅通常為6%。其中之3%應為音樂出版社所得

〈原聲唱片收入〉
・換算唱片收歌錄音費用負擔＋廣告宣傳費的風險,唱片公司會收取總銷售費用之7成
・通常原聲唱片收入的分配,大多為唱片公司8成、經紀公司2成

〈零售收入〉
・唱片行銷售CD後,一般大約可取得總銷售費用之3成左右

出處｜作者彙整製作

披頭四主攻的市場從英國移至美國。他們為音樂產業開創了全新時代,讓過往依賴贊助或演唱會收入維生的音樂人,能夠靠「唱片」這個新媒體,以及詞曲創作的「著作權」,發展成音樂事業而進入新世界。在1960年代之前的社會,只有游手好閒的人,才會出現靠彈奏樂器、唱歌來維生的想法。音樂人彷彿《伊索寓言》裡「螞蟻和蟋蟀」的蟋蟀一樣。蟋蟀與儲糧過

第③章 —— 音樂

冬的工蟻呈現出極端的對比,這也暗喻著蟋蟀若不儲存糧食就無法活過冬天。所幸,後來音樂人並沒有像蟋蟀的下場一樣,這一切都得歸功於唱片與著作權。音樂人可藉由「藝人」的身分,建立個人品牌,發展音樂事業賺取收入,而披頭四正是首次大規模實踐此項做法的音樂團體。

渡邊製作和堀製作等藝能經紀公司,在與電視產業聯手的「共犯關係」之中,培養出許多歌手藝人。多虧1970年代,日本實施著作權法,成為劃時代的商業模式,讓藝能經紀公司能夠靠銷售唱片、CD,成為賺取數百億日圓的「企業」。

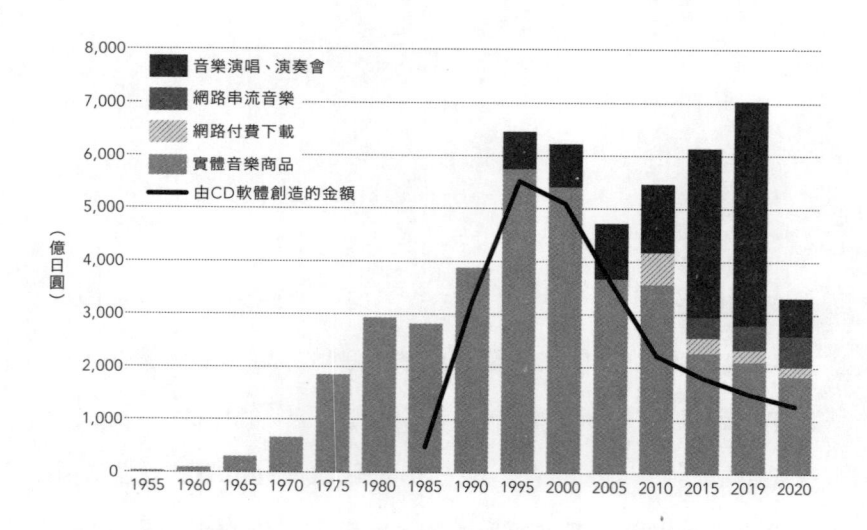

圖表3-6　日本的音樂市場

出處│作者根據《資訊媒體白皮書》(情報メディア白書)、PIA總研資料、日本唱片協會資料彙整製作

話雖如此，如果想透過著作權建立龐大消費市場，只靠賣唱片或錄音帶根本就無法支撐。不過就在1980年代，音樂產業運用創新技術發明了CD，獲利遠遠超過其他娛樂產業。索尼在過去錄影帶的競爭上，輸給了勝利，因此這次選擇跟飛利浦合作，雙方共同開發CD。1982年，CD這項商品成功上市，隨即成為了音樂產業的救星。無論在製造、運輸的成本上，CD都非常低廉，再加上一張CD專輯售價高達3,000日圓，幾乎都是淨利，利潤極高。消費者使用CD也能立刻上手，而且音質不會劣化，相較於唱片或錄音帶，更加方便好用。

　日本音樂市場的經濟規模，在1970年為600億日圓，到了1980年成長到3,000億日圓，1990年達4,000億日圓，1995年更是高達6,000億日圓，25年成長10倍，上漲幅度遠超過了人們的想像。

日本一股勁朝向J-POP發展，形成了封閉巨大的音樂市場

　日本藝能經紀公司的強項，就是廣泛經營各種項目，因此有人把它稱作「全方位事業」。雖然CD事業高達6,000億日圓規模，但著作權版稅只能抽6%；因此，藝能經紀公司必須另闢蹊徑，除了聯手與電視媒體共同打造偶像明星，也會舉辦現場演唱會，以及銷售偶像周邊商品，賺取更多收益。另外，還會安排旗下藝人接廣告當代言人，成立粉絲俱樂部收取每個

月的會費,創造各類經營項目收入。這跟歐美社會以契約為主的做法不同。歐美藝人會隨意運用具有法人資格的經紀公司,要求爭取更多工作機會。日本藝人則是像上班就職一樣,接受藝能經紀公司的各種安排與培訓,而藝能經紀公司也會一手包辦,負責規劃、接洽旗下藝人所有的娛樂事業。

愛貝克思(avex)的前身是一間經營影音光碟的租賃公司,後來掌握了全方位事業的致勝機會,轉型變成一間席捲日本音樂界的唱片公司。其中與愛貝克思一起開創音樂風潮、身為成功關鍵人物的音樂人小室哲哉,則是當代難得一見的創作才子。1997年,在愛貝克思560億日圓的營收裡有將近400億日圓,都是由小室哲哉創作歌曲產生的,他一直持續寫出大受歡迎的爆紅歌曲[33]。愛貝克思經營的著眼點並不在「只靠音樂經營事業」的歌手,而是主打「知名偶像化為歌手藝人」的概念,運用電視傳播的影響力,從連續劇的跨界合作到接拍廣告,不斷地開拓大眾市場。

這種J-POP的發展模式相當成功,形成了日本國內音樂自成一家的鰲頭獨占現象。在2000年左右的日本音樂市場中,西洋音樂只占了10%。在全球開放自由競爭的音樂市場裡,

---

[33] 松浦勝人《真相。向營收占七成的小室哲哉「訣別」》(真相。売り上げ7割りを占める小室哲哉との『決別』)(Newspicks Innovators Life 2018年7月9日)https://newspicks.com/news/2942512/body/

幾乎不曾見過任何一個國家的國內音樂占比達到9成。就算日本電影非常厲害,也無法達到如此高的占比,西洋電影在總票房占比最低都還有3成,近年來則上升到5成。兩相對照之下,就能知道日本音樂在國內市場的占比有多麼高。

音樂產業透過串流音樂，再次展開「乘法事業」

在封閉環境中發展成世界第一的CD大國

日本音樂市場有兩大特性，第一是西洋音樂市占率極低，第二是CD的營收極高。觀察2020年，全世界的CD營收為42億美元（約4,500億日圓），其中日本占了1,800億日圓。這代表全球有4成消費來自日本（如圖表3-7所示）。而且日本比起美國的6億美元還多出一倍以上，美國銷售CD的店鋪共計1900間，而德國有900間，相較之下，日本竟然多達6000間，店鋪數量遠遠超越這兩個國家。2010年代後半期，串流音樂在全球市場的占比超過一半。在這樣的趨勢中，只有日本市場不為所動，CD在日本國內的市占率，一直維持在7成。

其中充滿了各式各樣的原因。例如，日本地狹人稠，貨物流通便利，而且CD零售店通常就在住家附近。再加上音樂CD的消費者邁向高齡化，不想改變既有習慣去適應新的平臺。還有許多唱片廠牌不提供串流音樂服務，因此只能購買CD。付費下載音樂網站太多，瓜分掉了消費者。此外，還有一項極大

的影響因素,那就是少女偶像團體AKB48舉辦的年度最受歡迎成員的票選活動「總選舉」,消費者必須及時購買附贈投票資格的實體CD才能參加投票。像這樣透過「舉辦活動的商業模式」,正是刺激CD消費的一項成功因素吧。

環球音樂、索尼音樂、華納音樂,這三大唱片公司占全球音樂市場7成。北美洲、歐洲,市占率大致相同,但只有日本的情況不一樣,這三大唱片在日本僅達3成的市占率[34],其餘則由愛貝克思、傑尼斯、勝利等,多達20間以上的唱片公司分布在7成的市占率裡。

在1970～1990年代之間,全球三大唱片公司持續不斷併購其他公司。從黑膠唱片到CD、iTunes音樂下載服務到Spotify的串流音樂服務等,為了對抗這些日新月異的革新技術,三大唱片費盡心思在「壯大公司以增加談判籌碼,讓音樂版權的利潤獲得最大化」。但由於過度複雜的企業併購,再加上母公司變更等因素,即使把所有併購的唱片廠牌做成一覽表,看起來也只像擠成一團的混亂商標,因此還被嘲弄,就像是科幻小說《科學怪人》中的「法蘭克斯坦」(Frankenstein)是個挖掘零碎屍塊拼湊成的怪物一樣。

34　SPEEDA(思必達;產業分析平臺)

第③章 ── 音樂

圖表 3-7　音樂產業之各類項目營收

全球

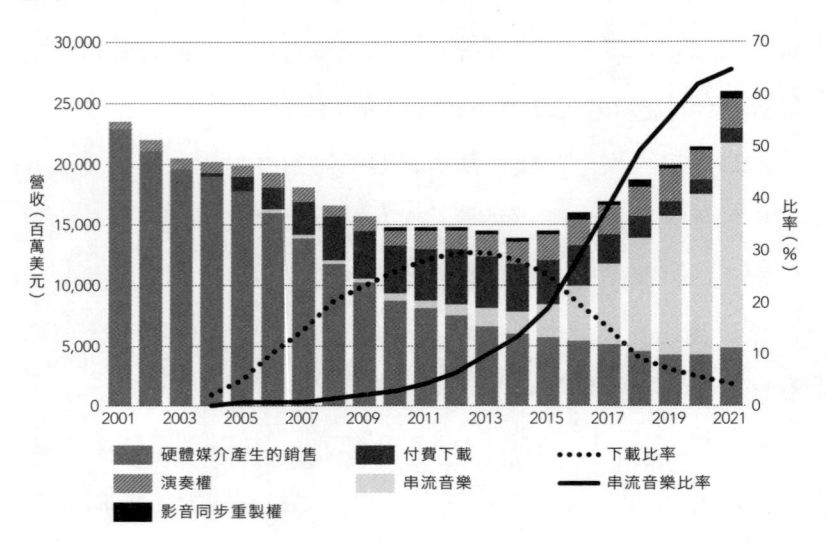

圖例：
- 硬體媒介產生的銷售
- 演奏權
- 影音同步重製權
- 付費下載
- 串流音樂
- ⋯⋯ 下載比率
- ── 串流音樂比率

日本

圖例：
- 硬體媒介產生的銷售
- 其他
- 付費下載
- 串流音樂
- ⋯⋯ 下載比率
- ── 串流音樂比率

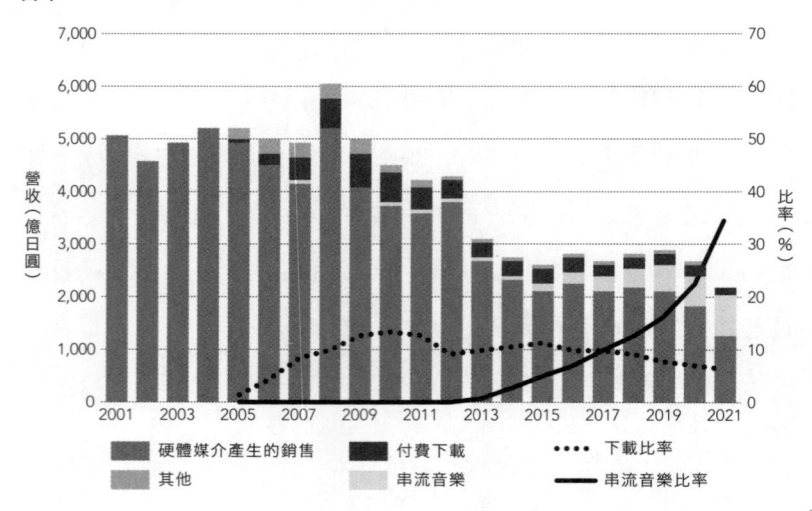

出處｜作者根據《資訊媒體白皮書》（情報メディア白書）、PIA總研資料、日本唱片協會資料彙整製作

在所有的內容產業中，沒有任何產業能像音樂產業一樣，藉由革新技術及音樂著作權利的談判去決定未來。所以，從事音樂產業的人會有強烈的自覺，那也是一種自我防衛，畢竟所有的一切在革新技術出現後都會變得脆弱不堪。

然而，這種衝擊全球音樂產業的起伏，似乎對日本起不了影響作用。因為日本多數企業會打造出具有「村落社會」之稱的紐帶，同時彼此共享經營管理的訣竅，不會出現因併購而造成企業蠶食鯨吞的情況，這也是老字號的唱片行得以持續生存的理由。

仔細觀察2010年代的Oricon公信榜，就會發現日本音樂界的情況明顯「異常」。進一步研究打進公信榜前50名的歌手，可以看出光是偶像歌手（傑尼斯、AKB&坂道系列）、LDH（放浪兄弟EXILE系列）、韓流K-POP，就獨占了9成以上，而這3大類型以外的新進歌手，甚至連一成都不到。偶像系團體能夠獨占排行榜，讓其他歌手無隙可乘，或許跟號召大量粉絲參加現場演唱會，把CD當作物品銷售事業有關。正是因為每一個環節都緊緊相扣，才會出現如此成功的結果吧。

Napster造成的風波及蘋果公司的因應對策

1999年出現的「Napster」，就像是網路世界出現了嬰兒誕生的哇哇哭聲一樣。從那一刻起，包括動畫影片、文字檔案的

第③章 ── 音樂

內容,都可以互相傳輸,讓內容產業進入了一個動盪的時代。不過首當其衝的,就是像「金絲雀」一樣具警示作用的音樂產業了。Napster的運作模式,是利用MP3這項檔案壓縮技術,藉由點對點P2P的方式,讓不同的用戶端直接連接電腦,透過網路讓彼此搜尋對方持有的音樂檔案,並且下載到自己的電腦裡。這項服務,恐怕將導致音樂著作權的商業運作模式瓦解。

實際上,這項服務的起迄期間,僅在1999～2001年這3年而已。包括檔案傳輸分享(Share)、免費增值模式(Freemium;一種商業營運模式,基本產品或服務免費,使用更高級產品或服務時則需要付費)、推薦功能(Recommend)、興趣圖譜(Interest Graph)、社交圖譜(Social Graph)、網路付費下載等,21世紀的音樂產業、網路商業模式,所有概念都是經由當時Napster的風波,才開始有所討論[35]。當年19歲的創辦人西恩・帕克(Sean Parker)曾在2004年擔任臉書(Facebook)首任執行長,後來在2009年投資Spotify,目前在音樂產業中,依然是舉足輕重的大人物。

最後,平息當年這場Napster風波的人物,是率領蘋果公司建立iTunes音樂下載系統的史蒂夫・賈伯斯。蘋果公司提出的解決方案,就是提供付費下載服務,一首歌曲以99美分的價

---

[35] 榎本幹朗《音樂將帶來未來》(音楽が未来を連れてくる),DU BOOKS出版,2021年

格售出。這個點子雖然衝擊了20世紀音樂產業向來以銷售整張專輯為主的經營模式，但因為必須剷除Napster的威脅，所以三大音樂公司同意了這項策略，也讓蘋果公司成功地提供這項服務。2000年代，iTunes提供的付費下載音樂服務，牽引了整個音樂產業，蘋果公司展現了傲人的實力，直到2010年代後半期，才被後來崛起的串流音樂平臺取代。

後來，賈伯斯也跟異軍突起的串流音樂平臺Spotify產生對立。賈伯斯在2011年過世之前，一直採取強硬的姿態對抗Spotify。他主張「訂閱制（Subscription）是錯誤的方式，因為我們從以前到現在，音樂一向都是『買來的』」，賈伯斯不斷阻擋Spotify進軍美國音樂市場[36]。2006年成立的Spotify，雖然席捲了歐洲，但賈伯斯卻不停鼓吹「串流音樂會破壞產業」，因此Spotify很晚才進入北美市場發展，直到2011年，才終於開始正式營運。後來，Spotify提出在蘋果App Store（蘋果應用程式平臺）的app上架申請，卻屢次遭到拒絕。Spotify試圖排除蘋果非法的服務競爭手段，最後甚至一狀告上法院，發展成法律訴訟問題。

---

[36] 凡・卡爾森、約納斯・萊瓊霍夫德（原著；Sven Carlsson, Jonas Leijonhufvud），池上明子（翻譯）《聲入Spotify：瑞典小新創如何顛覆音樂產業商業模式，改變人們收聽習慣？》（Spotify新しいコンテンツ王国の誕生），鑽石社出版，2020年

第③章 —— 音樂

　　2015年，蘋果公司正式提供免費的蘋果音樂（Apple Music）服務。從這一刻起，可說是串流音樂市場真正白熱化的開始。自Napster出現後，音樂產業持續走下坡，終於在2016年開始反彈回升，靠著串流音樂作為成長的主軸。

　　在串流音樂平臺陸續增加後，競爭就變得非常重要。蘋果公司與Google公司也從提供原本的付費下載服務，轉移到提供串流音樂服務。截至2021年為止，在這7年之間，串流音樂在全球音樂市場的市占率，從2成擴增到超過7成。

　　CD是一門乘法事業。一旦歌手走紅，包含過去作品在內的低成本CD就會在日本全國流通，自然而然開始大賣，變成粉絲爭相購買的熱門商品。不過，日本音樂產業從2000年代開始，重心放在舉辦現場演唱會，又變回了原本的加法事業。演唱會不管舉辦幾場，都是同一個舞臺搬來搬去，能否累積數萬人參加，才是決定成敗的關鍵，儘管能確保門票營收，卻免不了毛利率出現遞減的情況。

　　對日本音樂產業而言，串流音樂可說是再次奪回乘法事業的大好機會。雖然日本沒有跟上世界的流行趨勢，但是2020年代，正是日本運用串流音樂，再次擴大建立音樂產業的好時機。

第④章

《週刊少年Jump》發行500萬冊（1988年7月11日）
照片提供｜讀賣新聞／Aflo

出版

戰後最大的創新產業

機靈的出版產業，藉由周邊流行事物創造共享的榮景

　　在娛樂產業中，電影、電玩遊戲是全球化產業。因為它們都具有豐富多彩的「影像」，能夠突破語言障礙，相當容易普及世界各地，如同美國好萊塢電影或日本任天堂遊戲席捲全球的現象一樣。

　　不過，如果是出版產業，就不適合銷往全世界了。因為在出版產業中，文字是主要媒介，然而世界各國都有一道相同的障礙，那就是無法理解其他國家的語言文字，再加上出版物反映各自的歷史、國情與時代性，所以必然會成為自己國家的在地商品。

　　事實上，在所有項目的內容市場中，日本市場相對較大的就是出版產業。如果觀察所有內容產業的市場規模，美國是40兆日圓，中國是30兆日圓，日本的10兆日圓雖然差距美中兩國一大截；但如果只看出版產業，美國是4.5兆日圓，中國是3兆日圓，而日本則是1.5兆，因此同樣以出版產業進行比較，

日本與美中兩國的規模，相對差距並沒有特別大[37]。再加上出版物的進出口占比很少（僅占整體的個位數百分比），因此日本的出版產業，一直維持著良性循環。也就是說，日本國內發行的出版物，皆由日本人消費購買，周而復始而且不曾停歇。

這一切都要感謝從日本大正時期就開始普及的「全世界最完善的（流通）系統」。因為有這套系統運作，才能使流通網的書店、批發商，遍及日本全國每一個偏鄉地區，讓各地民眾能在同一時間，取得相同的印刷出版物。

另外，如果把出版產業和音樂產業放在一起，從投資商品的角度去看，就會更容易了解。若要出版一本書籍，「只要有一名作者與一名編輯，就能開始工作。投資一本書籍最多幾百萬日圓，是否暢銷也很容易掌握」。由於出版產業有這種特性，就算新手也很容易入行，所以日本國內成立的中小出版社多達數千間。

新創刊的雜誌，也不斷開創流行風潮。1970年代末期，正值動畫大受歡迎時，陸續誕生了《ANIMAGE》（德間書店，1978年創刊）、《Newtype》（角川書店，1985年創刊）。電玩遊戲雜誌也出版了《電玩通》（ファミコン通信，角川書店，1986年創刊）。以寫真照片為主的雜誌，則有《FOCUS》

---

37 HUMANMEDIA「日本與世界的媒內容市場基本資料」（日本と世界のメディアコンテンツ市場データベース

（新潮社，1981年創刊）與《FRIDAY》（講談社，1984年創刊）。接著，光是在1985年，就誕生了245種不同類型的雜誌。1983年，即將進入個人電腦時代，當年度的電腦雜誌就出版了將近60種。這樣的現象，顯示了出版產業跟上流行趨勢的速度極為驚人。

總之，出版產業會優先掌握當時周邊各大產業最流行的人事物，並且收集這些主題的必要資訊內容，編輯成冊後出版上市，作為一項輔助媒體。隨著書籍成功熱銷，就能共享彼此帶動產業繁榮的成果。因此，出版產業是需要高度敏銳且隨機應變的重要產業。

如同第2章「電影」文中提到的，二戰結束後，GHQ（駐日盟軍總司令部）為了讓民眾轉移對政治不滿的情緒，提供了宣洩的出口，於是推廣3S（運動Sports、性愛Sex、電影大銀幕Screen）。這段期間，娛樂產業中發展得最興盛的就是出版產業。出版社從1945年／300間→1946年／2000間→1948年／4600間，呈現爆炸性的成長。然而，當時出版物供過於求，加上1949年經濟不景氣。在雙重打擊下，1951年出版社倒閉一半以上，只剩下1900間。之後才慢慢恢復，穩定增加到3000間（1960年）。目前，日本的出版社數量將近有3500間。

若去觀察日本出版市場的整體趨勢變化（如圖表4-1所示），即可看出二戰結束後的50年間，出版產業經歷過一段繁榮的

圖表 4-1　日本出版市場

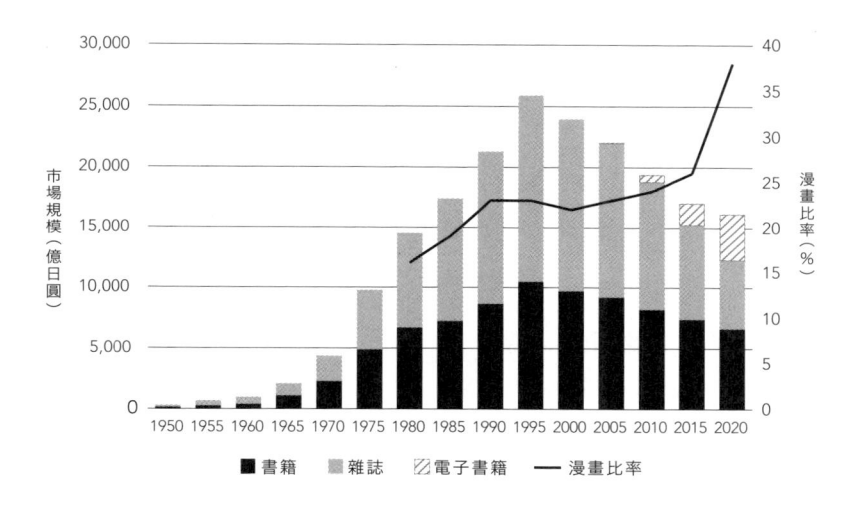

```
市場規模（億日圓）                                                          漫畫比率（％）
30,000                                                                      40
25,000                                                                      35
                                                                            30
20,000                                                                      25
15,000                                                                      20
10,000                                                                      15
                                                                            10
 5,000                                                                       5
     0                                                                       0
      1950 1955 1960 1965 1970 1975 1980 1985 1990 1995 2000 2005 2010 2015 2020
                  ■書籍   ■雜誌   ▨電子書籍   ─漫畫比率
```

出處│《資訊媒體白皮書》

時代。但同時隨著泡沫經濟開始衰退，規模持續不斷萎縮。當時音樂產業及報紙產業的趨勢變化，也很接近這張圖表的波形起伏。

目前，雖然電子書籍的市場擴大，卻還不到阻止整體出版市場萎縮的程度。新冠疫情過後，漫畫在網路、app的銷售上急速成長，儘管漫畫電子書已經超越了紙本書，但電子書籍在整體出版市場中，市占率仍然不到3成。另一個狀況是，在這20年裡，雜誌的市場規模衰退到只剩1/3，出版產業卻找不到其他收益來源填補流失。

第④章 —— 出版

「教育的普及」與「出版的成長」

在尚未發明收音機、電視機的時代，閱讀書籍或雜誌是一種娛樂，可說是人們在家時的唯一樂趣。明治、大正時期，「教育的普及」與「出版的成長」同步發展。明治初期（1868年），小學的就學率達到3成，到了19世紀末則成長到7成。由於1872年日本政府頒布《學制》命令，全國就學率在1910年幾乎成長到百分之百。識字人口也急遽增加，從1890年1500萬人→1910年3500萬人→1930年5500萬人（圖表4-2）。人們學會讀書寫字，對印刷活字感到渴望，於是突然開始尋求「出版」。

因此，坊間開始興起了1日圓書的流行熱潮。1926年，改造社出版的《現代日本文學全集》售價1日圓（約當時新進員工薪資的2%，換算目前幣值約為400日圓），光是這本書就賣出了60～80萬冊。在這之後，新潮社的《世界文學全集》與春秋社的《世界大思想全集》等全系列作品也陸續出版，成為暢銷書籍。

另外，雜誌的銷售冊數也增加了。講談社在1924年創刊的《King》創下首刷50萬冊的新紀錄，以2倍的數量打破原先《主婦之友》銷售冠軍的25萬冊，並在1927年達到120萬冊，榮獲雜誌有史以來的最高紀錄。而每日新聞、朝日新聞也達到破百萬本的暢銷紀錄。1931年，就連以兒童為讀者群的

《幼年俱樂部》都達到了95萬冊的成績。如果把這個時代的出版產業，拿來跟二戰後的經濟高速成長期或泡沫經濟時期進行比較，則有過之而無不及，可說是象徵近代化的出版黃金時期。

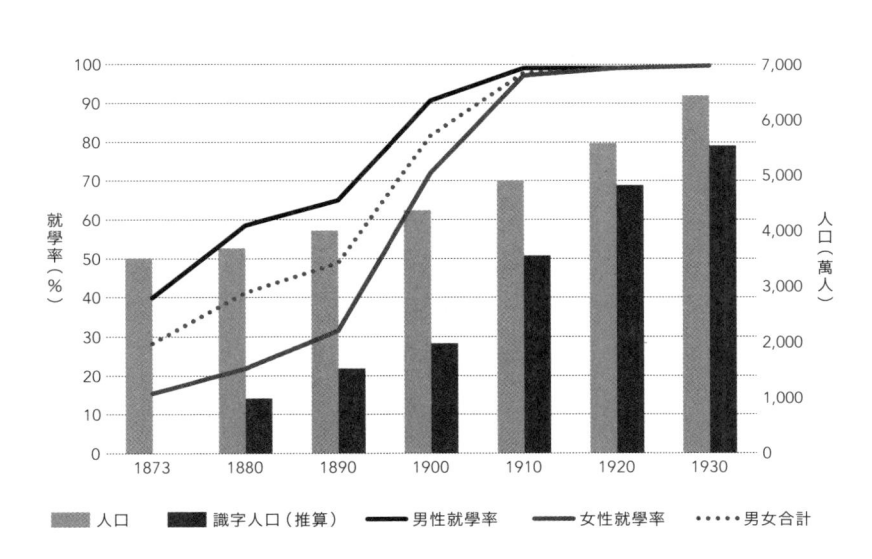

圖表4-2　就學率與識字人口的成長變化圖

出處｜總務廳《日本長期統計總覽》。識字人口＝人口×10年前就學率（簡易型計算）

綜上所述，日本大眾媒體的時代，就從1925年左右的出版產業開始，發展得越來越興盛。

大正時期樹立世界上最佳出版流通系統

運用三大特色發展出版產業——定價銷售制度、委託銷售制度及完善的流通系統

　　日本的出版產業具有三大特色：①「定價銷售制度（不二價）」。②「委託銷售制度（書店不買斷書籍，書籍可以退回出版社的制度）」。③書籍的流通模式：出版社→流通業者（圖書經銷商；日語為「取次」）→書店。只要書籍以定價銷售，就不會遭到賤賣。再者，書店透過委託銷售制度，就不會有庫存過多的風險，所以書店能提供更多種類的書籍，即使不太好賣的書籍，也可以照樣輕鬆進貨，陳列在店內明顯的區域。

　　1950年代，日本開始實施「定價銷售制度」這項制度規定。也就是由製造商制定商品價格後，接著陳列於貨架上，零售商並沒有決定價格的權利。這項制度，適用於化妝品、醫藥品、照相機等項目（儘管對消費者來說沒有好處），由於價格穩定，除了能讓更多品牌有發展空間，也能促進新零售商的加入，這些都是這項制度的優點。

這項制度在產業成長期發揮了作用,然而進入產業成熟期之後,製造商與零售商的利害關係失去了平衡。因此,大榮超市(daiei)發起一場流通革命。大榮超市主張商品價格,應從不二價改成可自行調整價格的方式,讓零售商能適時打折、促銷,使廠商與消費者雙方互惠。

於是,幾乎所有的商品不再適用「定價銷售制度」規定,只有報紙、音樂軟體,以及出版物仍繼續維持這項制度。不過有些國家對「著作物(智慧財產權)」的規定也有例外。例如,美國和歐洲認為,維持固定價格的制度,原則上屬於違法行為(歐洲制度則為:定價銷售制度必須明確訂出實施期間,並且禁止哄抬價格)。

那麼,委託銷售的制度又是如何發展的呢?這可說是象徵日本出版產業的一項制度。委託制度大約從明治末期接近大正時期的1910年左右開始,當時日本全國增加了許多新開幕的書店(明治時期末期的書店數量為3000間,到大正時期末期增加到一萬間)。多虧這項革新制度,書籍流通得以遍及日本全國各地的每一間書店。能夠做到這樣的程度,並非由書店一手主導,而是由出版社委託流通業者,分配到各書店,再到讀者手中。在這樣的制度下,能夠配送大量的書籍、雜誌到書店,完全與書店的意願無關。

從時間順序去看,1890年左右,完整的委託銷售流通模式建立完成。1910年左右,委託銷售制度開始。1950年左右,

定價銷售制度開始。這三大特色以完善的產業結構，造就了日本出版產業，成為巨大的傳播媒體產業。而出版產業的運作，至今仍遵循著這套系統。

這套「世界上最完善的出版流通系統」，獲得了高度評價，反倒是書店四處林立，出現了許多沒有能力判斷書籍優劣的書店。1980年代，書店出現供過於求的情況；流通業者協助書店周轉資金，反而造成惡性循環；再加上出版社不斷增加出版的數量。在1995年之後，出版產業終究因為這三大問題，陷入了困境[38]。

運用流通系統發展事業，將雜誌陳列在文具店等場所吸引顧客

如果提到流通網路，那就必須介紹書籍和雜誌的不同之處。雜誌包括了以報導時事為主的週刊雜誌、娛樂取向的漫畫雜誌或時尚流行雜誌，以及休閒嗜好到商業雜誌等，各家出版社針對大眾感興趣的各種事物，出版了各種類型的雜誌，並且不斷持續增加。

---

[38] 小田光雄《出版產業的危機與社會結構》（出版産業の危機と社会構造），論創社出版，2007年

這種「雜誌」的範圍屬於個人特別偏好，因此無論是漫畫的週刊雜誌或漫畫單行本，都被歸類在「雜誌」的項目裡。在大正時代之前，書籍流通系統和委託銷售制度尚未建立時，書店下單的基本商品僅限書籍，而且流通的速度也很慢。另一方面，像文具店、傳統服飾店、旅館等場所，為了賺取額外收入或吸引顧客上門，會把雜誌陳列在店內，於是建立了廣布日本各地縝密的流通網路。在物流運輸方面，書籍必須裝在木箱裡寄給書店，而雜誌則用報紙包覆綑綁，再以運費低廉的蒸汽火車運送。雖然書籍與雜誌出現「不同等級」的運送方式，但後來1923年發生關東大地震時，流通網路曾經一度嚴重癱瘓，在那過後，許多書籍就「當作雜誌」來處理，大量供應到日本全國各地。

每一本書籍都是獨立的作品，有暢銷自然就會有滯銷，這門買賣簡直像賭博一樣。相較之下，定期出版的雜誌雖然經營不易，但如果培養出一群忠實讀者，之後就能持續累積收益，是一門如同「日式坐墊買賣」般，能夠長期經營的事業（儘管失敗必然會出現嚴重赤字）。1868年後的明治初期，由武士階級發展的出版社（當時，流通與書店一起經營），目前只剩丸善、有斐閣、教文館等仍持續經營，其他受歡迎的出版社皆無一倖免，相繼倒閉。當時生存下來的，都是寄望透過「日式坐墊買賣型」累積讀者，靠著雜誌或教科書經營到現在的出版社。

圖表 4-3　出版產業的價值鏈

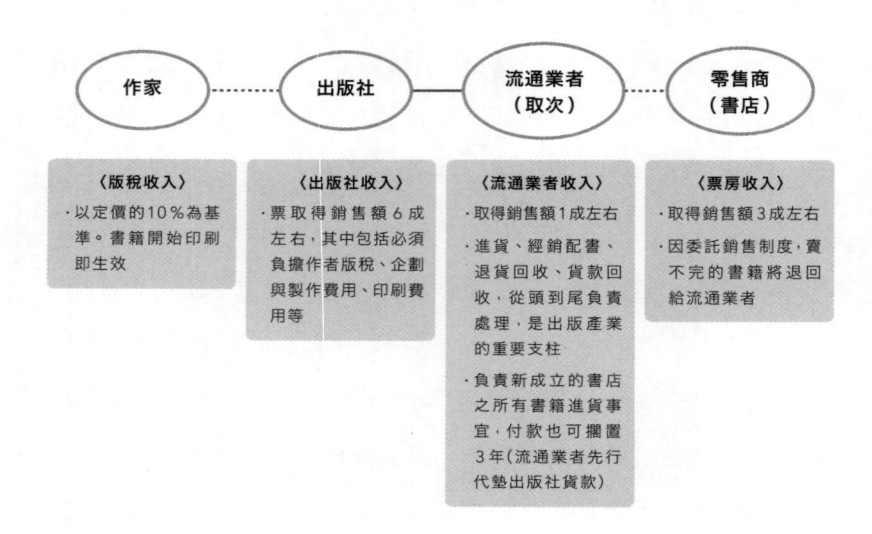

```
作家 ┈┈┈ 出版社 ─── 流通業者（取次）┈┈┈ 零售商（書店）
```

〈版稅收入〉
- 以定價的 10％ 為基準。書籍開始印刷即生效

〈出版社收入〉
- 票取得銷售額 6 成左右，其中包括必須負擔作者版稅、企劃與製作費用、印刷費用等

〈流通業者收入〉
- 取得銷售額 1 成左右
- 進貨、經銷配書、退貨回收、貨款回收，從頭到尾負責處理，是出版產業的重要支柱
- 負責新成立的書店之所有書籍進貨事宜，付款也可擱置 3 年（流通業者先行代墊出版社貨款）

〈票房收入〉
- 取得銷售額 3 成左右
- 因委託銷售制度，賣不完的書籍將退回給流通業者

出處｜作者彙整製作

另外，雜誌同時具有聚集顧客的功能，因此出現了「運用廣告刊登獲利」的新商業模式，為出版社創造更多收益。日本這種出版流通的產業結構，以及雜誌類型的進化發展過程，毫無疑問為 20 世紀的出版產業帶來了一大躍進。

4-3

漫畫在出版市場超過3成占比

二戰後嬰兒潮的成長與漫畫雜誌的日益壯大

　　我想大家應該都知道，日本是漫畫大國這項事實，不必贅述。包括書籍、雜誌在內的所有出版物，在總銷售額中，漫畫超過了3成，達5,000億日圓。即使法國的漫畫文化「連環圖」（Bande dessinée，簡稱BD），也不到法國整體出版市場的1%；而美國漫畫（日式英語：アメコミ；American Comics）在美國市占同樣也不到3%。漫畫市場在全球的經濟規模是1.5兆日圓，唯獨日本這個國家的市場握有3成占比。[39]

　　日本能打造成漫畫大國，得歸功於漫畫週刊雜誌的成長。1950年代，《SUNDAY每日》、《週刊朝日》這類報紙出版社系列的漫畫雜誌，突破了百萬冊銷售成績。另外，《週刊

---

[39] 增田弘道《美國漫畫市場是日本的1/10，放眼看世界的漫畫市場》（アメコミ市場は日本の10分の1、世界のマンガ市場を見る，ITmedia Business online 2012年09月12日）https://www.itmedia.co.jp/makoto/articles/1209/12/news013.html

POST》、《週刊現代》這類一般出版社系列的漫畫雜誌,銷量數字也不斷攀升。而鎖定成人讀者的漫畫雜誌,則藉由「情色、金錢、職場升遷」三大主題,持續推出系列作品。

在漫畫還是月刊雜誌的年代,從《冒險王》(秋田書店出版,1949年創刊)開始打頭陣,接著由《少年畫報》(少年畫報社出版,1950年創刊)在1958年創下80萬冊的最佳銷售紀錄。

但很多人都引頸期盼,有一天漫畫月刊能成為每週出刊的雜誌。於是就在1959年,鎖定少年為目標讀者的漫畫週刊雜誌接連誕生,包括由講談社出版的《週刊少年Magazine》,以及小學館出版的《週刊少年Sunday》[40]。

這些漫畫週刊雜誌的出版,主要跟第二次世界大戰結束後的嬰兒潮成長有關。1947～1949年是日本戰後嬰兒潮世代(日語稱為「團塊世代」),然而過了這段期間的年度出生人口數,卻從高峰的250萬人減少到150萬人。因此,當戰後嬰兒潮的兒童上國中後,出版社也開始設法如何不讓這群兒童從讀者身分「畢業」,所以才想出了「週刊漫畫雜誌」的點子,試圖留住這群戰後嬰兒潮的讀者。例如,小學館的招牌漫畫雜誌《小學一年級生》(小学一年生)培養出的兒童讀者群,在上了國中後,便開始遠離小學館的漫畫,因此小學館後來就出版了《週

---

[40] 元木昌彥《週刊雜誌永不滅亡》(週刊誌は死なず),朝日新聞出版,2009年

刊少年Sunday》，吸引青少年讀者。

　日本漫畫雜誌的成長歷史，也同樣等於戰後嬰兒潮世代的成長歷史。1968年是戰後嬰兒潮世代上大學的一年，又是步入另一個新階段的開始。《週刊少年Magazine》在1967年以前，14歲（國中二年級）以下的讀者占了全體8成。到了1969年，在銷量未減的情況下，14歲以下的讀者降至2成，有8成是15歲以上的讀者。這意味著戰後嬰兒潮世代的讀者，雖然上了高中、大學，卻依然沒有離開《週刊少年Magazine》。與此同時，講談社新推出了另一本以低年齡層為目標讀者的《週刊小男孩們Magazine》（週刊ぼくらマガジン），但是並沒有被新的讀者接受，而戰後嬰兒潮世代的讀者，還是繼續跟隨著《週刊少年Magazine》。

　另外，漫畫大師手塚治虫的初期作品《原子小金剛》（鉄腕アトム），或其他同樣畫風寫實，鎖定成人讀者群的《巨人之星》（巨人の星）、《小拳王》（あしたのジョー）等，這些作品在緩慢的新舊世代交替之際，讓漫畫逐漸跨越各個世代，成為隨處可見的一般媒體。1995年，《週刊少年JUMP》發行量突破650萬冊，創下了不可思議的驚人紀錄（詳見第5章圖表5-4）。而無論是電視產業或音樂產業，也都在1990年代中期的這段期間達到了巔峰，這一切全都可說是「媒體鎖定了戰後嬰兒潮世代，才會發展得如此興盛」。

日本生產漫畫是其他國家的「3倍速度」和「1/10價格」

　　漫畫週刊雜誌的出現，也在出版產業中掀起了商業模式革命。當時，一本漫畫週刊雜誌只要30日圓，由於價格太低，成本率甚至超過了90％。無論是《週刊少年Magazine》或《週刊少年Sunday》，雖然都各自配置了13名編輯，緊盯著漫畫家每週準時交稿，但那卻是一段決心面對經營虧損的發展過程[41]。漫畫週刊雜誌並沒有刊登廣告，在策略上跟以成人為目標讀者群的一般週刊雜誌不同。經過了10年，《週刊少年Magazine》突破100萬冊的銷售數量。這可說是講談社與小學館這兩間出版社，在彼此激烈競爭中，熬過經營虧損的長期抗戰，好不容易創下的「市場奇蹟」[42]。

　　如此低收益的漫畫雜誌，還能當作一項事業生存下去，都得仰賴漫畫連載集結成冊的單行本銷售收入，以及從漫畫角色製作玩具獲得的授權金。只靠出版漫畫週刊雜誌，雖然收支嚴重失衡，但正因為這兩間出版社持續出版漫畫週刊雜誌，才能藉由單行本與角色授權金，獲得龐大利潤。

　　如圖表4-4所示，日本的漫畫雜誌定價200日圓、漫畫單行

---

[41] 大野茂《Sunday與Magazine》（サンデーとマガジン），光文社出版，2019年
[42] 西村繁男《再會，我青春的「少年Jump」》（さらば、わが青春の『少年ジャンプ』），幻冬舍出版，1997年

圖表4-4　日本的漫畫雜誌、單行本作品數量、價格比較

	日本		美國	
	單行本	漫畫雜誌	單行本	漫畫雜誌
頁數	160頁	400頁	160頁	32頁
色彩	黑白	黑白	黑白	全彩
價格	5.0美元 （3.1日圓／頁）	2.0美元 （0.5日圓／頁）	12.0美元 （7.3日圓／頁）	2.0美元 （6.3日圓／頁）
作品數量	1000／月	300／月		100／月

出處｜作者估算1990年代的產業情況。把1美元簡化為100日圓計算

本500日圓，這樣的價格跟美國比較，顯然便宜過頭。以頁數來計算，日本漫畫雜誌每頁0.5日圓的單價，連美國漫畫的1/10都不到。而日本出版社作為收益來源的漫畫單行本，每頁3.1日圓的單價，也不過是美國漫畫的一半以下而已。

另外，日本每個月產出的漫畫雜誌作品數量為300部，美國則為100部。這意味著日本漫畫產業的生產速度是美國的3倍，然而每頁售價卻不到美國的1/10。多虧日本的這種「生產革命」，最後才達到了成長的目標。

日本漫畫的生產革命之所以成功，都是因為後面有一群辛苦的漫畫家，展現出驚人的工作能力。舉例而言，在漫畫週刊雜誌的成長期，漫畫家永井豪就曾經同時在五本漫畫週刊雜誌中

發表連載作品。包括《週刊少年Jump》的《破廉恥學園》（ハレンチ学園）、《周刊少年Champion》的《亞馬尻一家》（あばしり一家）、《週刊少年Sunday》的《阿仁丸毛球人》（あにまるケダマン）、《週刊少年Magazine》的《惡魔人》（デビルマン）、《週刊少年King》的《運動魂小弟》（スポコンくん）。這表示永井豪每週必須交出5部作品的漫畫稿，而且每部作品需要10頁以上，從分鏡到完稿，全都由他負責統籌。雖然有聘僱助手協助，不是一個人完成所有的工作，但就算在不同的時代、國家，也很難有這樣的分工體制，達成這些艱鉅的任務。

日本是漫畫大國，但為什麼日本以外的國家沒有成為漫畫大國呢？這裡有明確的答案，因為其他國家無法打造出像日本一樣的漫畫生產體制。這份工作需要花上一般勞工的2～3倍工作時間，幾乎沒有休假，即使新年或國定假日，整個產業鏈仍不間斷地運作。每星期都會有數百本漫畫、漫畫雜誌作品陸續上市，這些內容媒體流通上架到書店或便利商店等場所之後，小孩到大人才能拿在手上翻閱，享受閱讀樂趣。

日本花了半世紀的時間，建立了漫畫生產體制及消費市場，在世界上發揮首屈一指的「文化消費產業基礎」功能，同時也活絡了後來與漫畫息息相關的動畫、電玩遊戲市場。由於從事漫畫產業的工作者，致力平衡並度過市場上供需不均的危機，我們才能以最便宜的價格，持續接觸各式各樣極具創意的「作品」。

4-4 跨媒體製作與角色人物事業

角川書店提出「閱讀過後再看電影？ 還是看過電影後再閱讀？」

　　出版雖然是一種又快又便宜的媒體，但最後在本質上應實踐「觀點、故事、角色人物、資訊的普及」。假設有人覺得出版不需要印刷在紙上，甚至極端到認為沒有必要寫成文章，那麼應該透過什麼方式，讓大眾接收作家構思的故事、圖像或資訊，進而消費購買呢？在這樣的思考脈絡下，如果出版社只是負責處理紙張、出版書籍，那也未免太可惜了。

　　進入現今21世紀，隨著書本紙張的沒落，出版社摸索出各式各樣的商業模式。例如，角川書店（2003年後整併為株式會社KADOKAWA）就在最前線掌握著最先進的產業動向。其中包括投資電影、動畫，或開發製作電玩遊戲，舉辦角色人

KADOKAWA 的歷史（官方網站）（日文）

物的IP（智慧財產權）授權活動或銷售周邊商品。

以出版社而言，角川書店在業界的發展較晚。這間出版社成立於1945年，創辦人角川源義的另一個身分是國文學者，他過世於1975年。角川書店原先只是一間出版字典、教科書與文學藝術書籍的出版社。如果仔細觀察，角川書店跟岩波書店、新潮社，其實處於競爭敵對的關係。角川書店過去在面對坊間流行雜誌、漫畫這些大眾主流媒體時，完全是一間跟不上時代的出版社。因為角川源義生前曾經宣示：「嚴禁出版週刊雜誌、漫畫及情色書刊。」

不過，在角川源義過世後，其長子角川春樹一接棒立刻就迫不及待地展開各項挑戰。而角川書店在他的帶領指揮下，開始投資電影產業（1976年），出版週刊雜誌（1982年）與漫畫（1984年）[43]。

最特別的是，角川書店巧妙利用了文庫本的書籤，上面印著「閱讀後再看電影？還是看過電影後再閱讀？」，書籤還可以當作電影門票折價券。角川書店把創新點子運用在「文字、影像與音樂之間的跨媒體製作」。後來，角川書店與催生出吉卜力工作室的德間書店，一起為停滯不前的電影產業，注入了全新活力。

---

[43] 佐藤辰男《KADOKAW的跨媒體製作全史　次文化的創造與發展》（KADOKAWAのメディアミックス全史　サブカルチャーの創造と発展），KADOKAWA出版，2021年

過去，角川書店和松竹電影公司曾經聯合製作一部電影《八墓村》（八つ墓村），一開始松竹請款的間接成本費用，竟高達4億日圓，在討價還價的談判下，角川書店最後只付了一億日圓。從這段意外插曲就會知道，如果想跨業種參與電影製作，一定會出現不少阻礙[44]。不過在這之後，角川書店每年都會投資4～5部電影，由於參與電影事業，後來也陸續併購了大映公司和Nippon Herald Films（日本ヘラルド映画）。自此之後，就出現了一個說法：「經典作品找岩波，文藝和外國文學找新潮，電影文庫找角川。」

角川透過新的商業模式，成為業界規模最大的KADOKAWA企業

　曾經參與角川電影的女演員藥師丸博子、原田知世等人，在1980年代後半期，紛紛離開角川電影，獨立接案。角川書店也在結束了藝能經紀公司的業務後，面臨巨額投資的帳單，不得不背負龐大債務，而角川春樹則因為非法持有毒品而遭到逮捕，實在是禍不單行。

　不過，角川春樹被逮捕後，角川書店由弟弟角川歷彥接手經

44　角川春樹《我的鬥爭》（わが闘争），角川春樹事務所出版，2016年

營進入了另一個時代,建立出全新的商業模式。

角川歷彥經營的新方向是大力推動「文字、動畫與電玩遊戲之間的跨媒體製作」。角川書店投入漫畫與週刊雜誌的起步較晚,此時又打算投資小眾領域,另闢生存空間。其中,包括電腦遊戲漫畫雜誌《Comptiq》(1983年)、動畫雜誌《Newtype》(1985年)、城市美食旅遊雜誌《Tokyo Walker》(1990年)等雜誌相繼創刊。同時,在電玩遊戲與文學藝術的中間處,設置了輕小說類型來開拓新市場。1990年代,角川書店藉著多元豐富的次文化雜誌,向前躍進了一大步,年營業額從500億日圓,成長至1,000億日圓。

2000年代,角川書店開始投資動畫作品《涼宮春日的憂鬱》(涼宮ハルヒの憂鬱),接著為電玩遊戲雜誌《電玩通》成立子公司(2004),再併購日本網路集團公司瑞可利(リクルート)旗下的出版企業Media Factory(2011年),並且經營整合網路動畫影片公司DWANGO多玩國(ドワンゴ,2014年),以及併購電玩遊戲公司From Software(2014年)。角川書店在一連串併購企業的經營整合之下,2015年的年度營收成長到1,500億日圓,與講談社、小學館、集英社三大出版社並列為大型出版社。這段期間,日本出版產業開始產生巨變,就連老字號出版社也難逃業績衰退的命運;但在這20年裡,角川書店不僅安然無恙,營收甚至還翻倍。角川書店可說是最沒有出版社的樣子,不過卻能以出版社之姿,屢屢開創下

一個商業模式。

角川源義（1945～1975年）、角川春樹（1975～1993年）、角川歷彥（1993～2022年），這三名經營者，各自以完全不同的經營策略，讓公司成長茁壯。仔細思考，在經營者更迭後，企業竟然會有這麼大的轉變。從這些地方觀察到出版產業的特色，就是很容易展現出靈活的機動力。

20世紀是雜誌當道的年代，就像一句話所說的，「大型出版社出版雜誌，中小型出版社出版書籍」，兩者之間確實拉開了差距。不過，後來網路反而搶走了雜誌的及時性與廣告空間。

圖表4-5　4間大型綜合出版社的年度營收變化

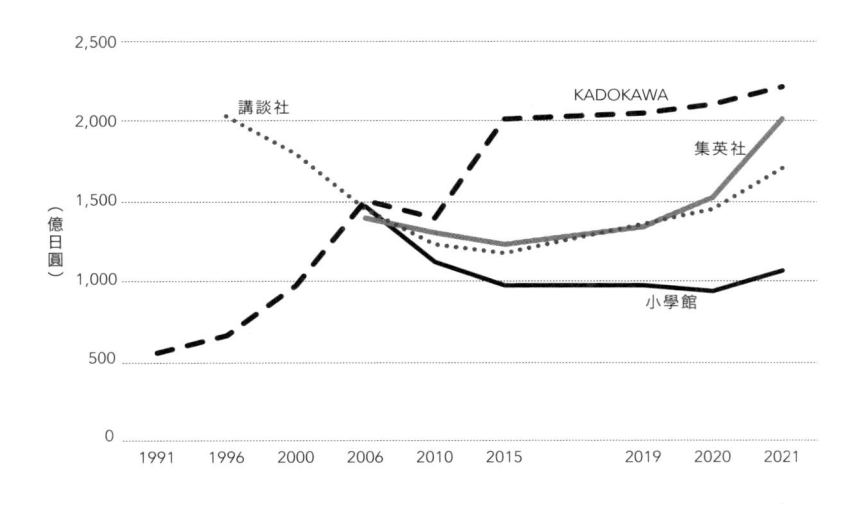

出處｜新文化on line。小學館2021年年度財報（截算至2022年2月）、KADOKAWA 2021年年度財報（截算至2022年3月）

第④章 ── 出版

在這樣的情況下,生存將近一世紀的出版社,力求轉變商業模式的時刻已經到來。

就現況來看,KADOKAWA透過併購企業擴大規模,目前是業界最大的出版社。不過,集英社、小學館、講談社,這三間出版社也出版漫畫,同樣能從中觀察到轉變的跡象。向來一直虧損的電子書籍、漫畫app,也開始轉虧為盈。同時,隨著漫畫爆紅帶動動畫產業,把動畫節目銷往國外,讓業界景氣一片大好。因此,出版社的營收、獲利,也出現上升的趨勢。尤其是集英社受惠於《鬼滅之刃》的熱潮,營收成長極為亮眼。在書籍、雜誌逐漸沒落的趨勢當中,出版社靠著異業結盟,推動跨媒體製作以及角色人物事業的發展,終於出現了成功的商業模式,並且引領著出版產業,邁向下一步成長致勝的道路。

第 ⑤ 章

手塚治虫（1984年12月25日）
照片提供 ｜ The Asahi Simnbun ／投稿者

漫畫

日本獨自發展的過程

發祥於浮世繪的日本漫畫文化

　　動畫卡通、電玩遊戲，原先都是從美國輸入到日本的舶來品，唯獨漫畫有一些不同。英國、美國的漫畫起源，最早是報紙上刊載嘲諷時政及當權者的「諷刺漫畫」。1930年代，美國的第一部漫畫就是由這些諷刺漫畫集結成冊，有如一本薄薄的雜誌（日語稱為「アメコミ」，American Comics）。美國漫畫皆以全彩印刷，全冊頁數約30頁，目前仍然持續出版。主要銷售地點，是在報攤（Newsstand）或玩具模型專賣店（hobby shop）這些中小型的零售店鋪，並且歸類在「瘋狂愛好者」偏好的商品，與日本漫畫雜誌到處都買得到的情況，有著極大的差異。

　　「漫畫」這個詞彙的起源，源自於1814年，由浮世繪大師葛飾北齋一句「隨興的畫」（きまぐれな絵）意思而來[45]。自此之

---

[45] 弗雷德里克・修特（Frederik L. Schodt，原著），樋口Ayako（翻譯）《日本漫畫論　美國人愛上日本漫畫的熱血漫畫論》（ニッポンマンガ論 日本マンガには まったアメリカ人の熱血マンガ論，MAAR社出版，1998年

後,「漫畫」跨越百年時空,一部分成為了份量厚重,適合少年、少女閱讀的文化知識書籍。因此,日本漫畫的起源,可以說是日本國內產物,並非從國外進口。

不過,漫畫成為引以為傲的文化印刷物,卻是在這數十年才發生的事。二戰過後,它還曾被稱作「玩具漫畫」,是當時用來哄騙小孩的一項代表。漫畫家手塚治虫也曾經因為經費問題,無法製作電影電視的動畫影片,只好先以畫漫畫來充當「替代品」。

長期以來,漫畫只是被人們當作次文化般的存在而已。出版社推出《週刊少年Magazine》、《週刊少年Sunday》創刊號時,雖然打出「週刊漫畫雜誌」的名稱,但是「只有漫畫內容的雜誌,免不了招致社會批判」,再加上當時漫畫只占一般雜誌整體的3成,就足以說明當時漫畫的定位[46]。

繪師在不景氣中,從受歡迎的紙話劇繪師,搖身變為漫畫家

日本最早期的漫畫家,多半都是二戰以前,從赤本漫畫(1651～1845年,日本江戶中期開始流行兒童閱讀的廉價紅

---

[46] 大塚英志《戰後漫畫的表現空間 符號般身體的束縛》(戦後まんがの表現空間 記号的身体の呪縛),法藏館出版,1994年

色封面繪本）與紙話劇（紙芝居。中文亦稱：連環畫劇）的繪師身分轉變而來的。

在1930年代，紙話劇曾經是一大產業。當時，許多中年男性會在公園裡一邊操作紙話劇設備、一邊說故事，也就是一種行動式紙話劇的行業，相當受到男女老幼歡迎。只要花一錢（現在幣值約200日圓）買糖果，就能當場觀賞20～30分鐘的紙話劇表演。那個時代，劇場裡有所謂的落語表演；電影院也能欣賞有聲電影（talkie。無聲電影旁會配置一名「弁士」，擔任旁白及解說劇情工作），不過紙話劇卻是更貼近大眾生活的一門生意。由於全球經濟大蕭條，造成許多人失去工作，因此紙話劇的生意開始流行，只要一天花15錢（現今幣值約3,000日圓）租借工作設備，就可以沿街叫賣糖果，從事紙畫劇的生意。二戰結束後，紙話劇仍舊流行，並於1950年代達到高峰，包括大阪的1500人在內，日本全國共計有5000人從事紙話劇的工作。不過，後來隨著電視機的普及，從事這項工作的人就急遽減少了。

雖然紙話劇只流行一段期間，但在二戰過後的普及程度，依然非常亮眼。如圖表5-2所示，日本在1949年的紙話劇觀眾人

紙話劇（維基百科）（日文）

圖表 5-1　紙話劇業者數、電影院間數、電視機普及率

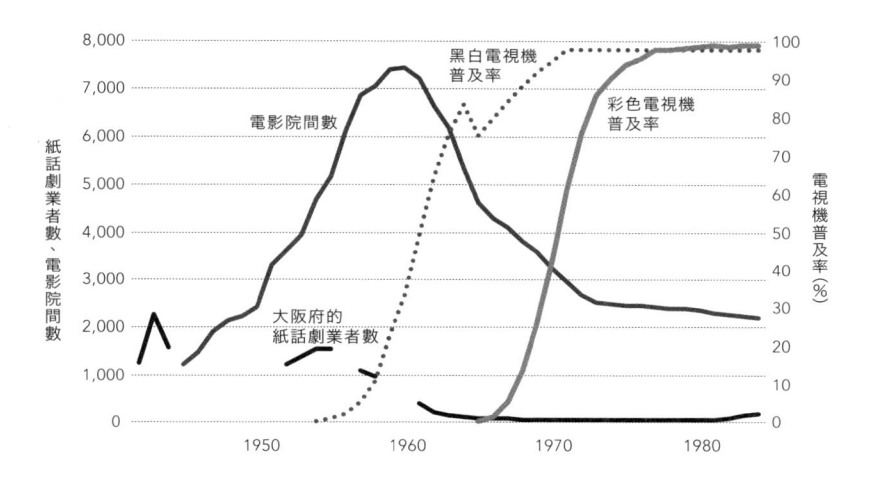

出處｜山本武利《紙話劇　街頭的媒體》（紙芝居　街角のメディア），吉川弘文館出版，2000年。圖表由作者彙整製作

數達6.2億人次，與觀看電影的7.8億人次並沒有太大差距。平均每人一年觀賞紙話劇7次，大阪地區甚至平均每人每月3次。反觀現在娛樂活動的觀賞人數統計，電影在一年裡總計達1.9億人次（每人一年1.5次），音樂演唱會則達0.5億人次（每人一年0.4次）。所以我們根據這些數據，可看出在二戰過後那段沒有娛樂的空窗期間，紙話劇曾經是風靡大眾的一大娛樂。

順帶一提，美國漫畫的情況，也跟日本的紙話劇一樣。美國漫畫從1930年代開始興盛，到了1950年代前半期達到高峰。後來，受到電視機普及的影響，加上美國漫畫自我約束，

不再涉及色情低俗或獵奇的題材,內容開始變得千篇一律,因此轉變成鎖定「瘋狂愛好者」為目標讀者。另一方面,日本到了1960年左右,電視機才變得普及,發展速度比美國還要緩慢。不過,紙話劇在1950年代中期,就已經退燒走下坡了。主要是因為當時在日本全國有高達2萬間的「租書店」,而且手塚治虫等漫畫家的赤本漫畫作品,也迅速地普及到這些地方,所以許多兒童的興趣,便從紙話劇轉移到這些漫畫租書店上。

圖表5-2　1949年紙話劇的觀眾人數統計

		觀眾人數(萬人)	人口(萬人)	每人每年平均觀賞次數
	東京	14,877	628	23.7
	大阪	12,947	386	33.6
	福岡	3,504	353	9.9
	兵庫	3,480	331	10.5
	神奈川	3,376	249	13.6
	栃木	2,970	155	19.2
	愛知	2,628	339	7.7
	群馬	2,320	160	14.5
	埼玉	2,296	215	10.7
	京都	2,218	183	12.1
	其他	11,526	5,413	2.1
日本全國		62,141	8,412	7.4
電影觀影人次		78,676	8,412	9.4

出處｜根據山本武利《紙話劇　街頭的媒體》(紙芝居　街角のメディア),吉川弘文館出版,2000年。表格由作者彙整製作

從紙畫劇延伸出的角色商機

現在,人們對紙話劇的印象是「專門為兒童設計的教養故事」,然而這都是從「過去保存下來的文化」反推回去的幻想。比方說,在當年紙話劇的故事中,有一部名為《魔人》的作品,描述獵豹的大腦移植到科學家頭部,結果科學家竟然變成一名犯下罪行的魔人。還有一部名為《貓女孩》(貓娘)的作品,描述一戶人家以捕殺貓咪為業,只為了取得製造三味線的皮革,而這戶人家的女兒咪子,最後變成了活吞老鼠的貓女孩,甚至還出現趴在地上、帶有性暗示的故事情節,散發出一種誘人的性感魅力。

自此之後,就開始有人把這些故事人物,發展成所謂的IP(智慧財產)角色。1930年代初期,第一次流行風潮中誕生的《黃金蝙蝠》(黃金バット),就是一個典型範例。二戰後,黃金蝙蝠成為兒童心目中的英雄,掀起了第一次流行風潮。不久之後,《黃金蝙蝠》就翻拍成真人電影(1950年),也改編為電視動畫節目(1967年),以及出版漫畫(1990年),並從中開創出IP角色人物的事業。因此,《黃金蝙蝠》可說是最早跨出第一步,建立起IP角色的作品。

過去,每個月都有好幾百部紙話劇的作品誕生,在這過程中,肯定也培育出不少漫畫家。繪畫漫畫作品《小拳王》的千葉徹彌也曾經提到:「紙話劇對我創作漫畫而言,具有非常深

第⑤章 —— 漫畫

遠的影響[47]。」多虧這一群曾經撐起紙話劇文化的人才,雖然紙話劇流行退燒,但這群人仍憑著實力,分散在戲劇或出版產業裡工作。

---

[47] 千葉徹彌《千葉徹彌談「千葉徹彌」》(ちばてつや『ちばてつやが語る「ちばてつや」』)集英社出版,2014年

5-2 手塚治虫打造的產業基礎

從「邪門歪道的漫畫家」到「漫畫之神」

　　由於本章節篇幅有限，我實在無法一次說完手塚治虫的功績。1946年，手塚治虫就讀大阪大學附屬醫學專門部一年級時，以報紙四格漫畫《小馬日記》（マアチャンの日記帳）正式出道。接著靠赤本漫畫《新寶島》創下罕見的40萬冊紀錄，躍升為暢銷漫畫家。1954年，手塚治虫以26歲的年齡，在日本關西地區富豪排行榜（関西長者番付）的畫家類別中，登上了冠軍寶座。然而這條光榮之路，卻是從許多挫折與自卑感中建立出來的。

　　手塚治虫在大阪雖然名聲響亮，自信滿滿帶著漫畫作品前往東京的出版社，從頭到尾卻只得到了冷淡的回應。當時，以《冒險彈吉》（冒険ダン吉）等作品聞名，同時擔任東京兒童漫畫會會長的知名漫畫家島田啟三，就曾對《新寶島》發表批評：「這玩意，簡直是漫畫的旁門左道！如果這種漫畫造成流行，肯定會出大事。你想畫什麼是你個人的自由，但你就自己一個

人慢慢去畫吧！」這段話，也反映出當時的主流想法[48]。

那個時代，漫畫新人想在赤本漫畫大師多如繁星的東京出道，必須先拜師學藝，苦熬個20年才行。然而，手塚治虫在大阪闖出一片天空，這名年輕人從未學過漫畫與繪畫的基礎，卻能自由將「電影分鏡的呈現」描繪出來，是大家眼中的異類。當時漫畫展現出的標準手法，正如同過去的一部作品《野良犬小黑》（のらくろ），把所有的內容畫進漫畫框格裡，就像舞臺劇呈現的感覺一樣。不過，在手塚治虫的作品中，部分內容卻運用了特寫手法，同時也採取電影的運鏡方式，營造出真實的臨場感。

一個人能夠在漫畫產業中開創新局，往往是「未經體制洗禮」的局外人。手塚治虫的創新手法，招來許多超乎想像的批判。但在多年以後，他的這些手法，卻成為新世代漫畫的標準。那個時代，一般畫給兒童閱讀的漫畫，最多只有2～4頁。不過，手塚治虫卻畫出8頁以上的「長篇」漫畫，並且透過大量的分鏡手法呈現故事情節。許多漫畫編輯還為此抱怨，希望手塚治虫「刪減多餘的漫畫格」。另外，從日本家長教師會（PTA；Parent-Teacher Association）到共產黨，日本各界皆表示無法接受漫畫中出現接吻的情節，手塚治虫受到來自四

48　手塚真《手塚治虫　不為人知的天才煩惱》（手塚治虫　知らざる天才の苦悩），ASCII Media Works出版，2009年

面八方的猛烈抨擊。然而，手塚治虫呈現漫畫的方式，終究成為了漫畫的基礎。

手塚治虫身為漫畫家，除了提供作品給寶塚歌劇的宣傳刊物以外，還報考民間廣播電臺的播音員，而且差點進入落語家桂春團治門下拜師學藝，以及加入關西民眾劇場的劇團。從這些驚人之舉，不難觀察出他的存在及一舉一動，都非常大膽前衛[49]。

儘管如此，為何會有那麼多人一提到手塚治虫，都稱讚他是「漫畫之神」呢？那是因為他協助建立漫畫產業的基礎，已經超越了一般漫畫家的層次。他曾說過：「漫畫助手的工作做太久，最後只會畫出一模一樣的畫。」所以，手塚治虫在僱用助手屆滿兩年之前，就會予以解聘。他經常指導新人助手，到了一定期間，就會使其獨立門戶。儘管手塚治虫身為漫畫大師，卻不忘提攜後進，不會為了一己之私而埋沒人才，讓助手一直做無法發揮所長的工作，也因此提拔了許多漫畫家。

1953年，手塚治虫搬到了東京的共居住宅常盤莊，再次為漫畫產業的重要基礎，貢獻一己之力。他一直到1954年底搬離常盤莊，住了將近2年。這段期間，以《運動員金太郎》（スポーツマン金太郎）聞名的寺田博雄（1953～1957年居住）、以《哆啦A夢》（ドラえもん）聞名的藤子不二雄（1954～

---

[49] 手塚治虫《全部手塚治虫》（ぜんぶ手塚治虫！），朝日新聞社出版，2007年

1961年居住；後來改名為藤子・F・不二雄)、以《小松君》(お そ松くん)聞名的赤塚不二夫（1956～1961年居住)、以《假面騎士》(仮面ライダー)聞名的石之森章太郎（1956～1961年居住)，以《星之豎琴》(星のたてごと)聞名的水野英子（1958年居住)、角田次朗（通勤往返)等眾多漫畫家，也受到手塚治虫的啟發而相繼入住，挖掘更多在漫畫創作上的才能。

就像耶穌基督沒有寫下任何一字一句，但基督教卻將聖經流傳千古後世一樣；手塚治虫身邊也有許多「徒弟」，他們成為敘述這段歷史的見證人，手塚治虫就此成為眾人心目中的「漫畫之神」。

跟上時代、被時代追上

1960年代，《週刊少年Magazine》與《週刊少年Sunday》創刊。當週刊漫畫雜誌開始普及時，手塚治虫已經具有10年以上的漫畫創作資歷，早就被人們視為是「體制內」的「二戰過後漫畫家代表性人物」。在那個被視為是「全新」的時代，由開創新流行風潮的石之森章太郎以及千葉徹彌等新一代的「劇畫」漫畫家，反而成為了否定漫畫權威手塚治虫的全新漫畫風格。

手塚治虫並沒有眷戀沉醉漫畫權威的位置，他直到晚年仍舊不斷反覆地搏鬥奮戰，相當驚人。多年後，手塚治虫的一段自白，具有非常深刻的涵義。

> 《原子小金剛》根本排不上我心目中喜愛作品的前10名……它是我遇到瓶頸時畫的，完全是不痛不癢的作品……我在當時領悟到一項事實，那就是即使漫畫讀者因為這部作品不斷增加，我也絕對畫不出幾萬人同時豎起大拇指稱讚的漫畫作品。（多年後，以暴力、性為主題而掀起流行風潮的《小拳王》與劇畫）這些作品跟我的漫畫進行比較，難怪會有人說出手塚治虫的能耐，就只能畫到這種程度而已[50]。

這段自白，彷彿手塚治虫宣告「《原子小金剛》是自己心目中喜愛作品排行榜的第101名」一樣。因種種條件限制而無法自由描繪的《原子小金剛》，只是剛好受到大眾青睞，成為了日本動畫產業史上的名作，所以大家才把手塚治虫拱上日本第一漫畫家的寶座。但也因為如此，手塚治虫為了超越自己的這部傑作，即使到了1970～1980年代，也沒有安於當下的成就，而是持續畫出像是《火之鳥》或《怪醫黑傑克》這些足以蓋掉過去成就，同時再創巔峰的作品。

手塚治虫（TEZUKA OSAMU 官方網站）

---

[50] 手塚治虫《全部手塚治虫》（ぜんぶ手塚治虫！），朝日新聞社出版，2007年

BL漫畫與同人誌販售會是源自女性版常盤莊的「大泉沙龍」

5-3

同住一個屋簷下的兩名少女漫畫家與猛烈抨擊的評論家

　　如果想要定義少女漫畫，是一件非常困難的事。從女性漫畫家創作漫畫的這層意義而言，長谷川町子在1946年創作的《海螺小姐》（サザエさん）可以稱為少女漫畫。而她的老師田河水泡，在講談社女性雜誌《少女俱樂部》刊載的作品《匆匆離去》（スタコラサッチャン，1932年），同樣也可以稱為少女漫畫。另外，在少女漫畫中，也能發現手塚治虫的作品，他過去受到寶塚歌舞劇及迪士尼的大量作品影響，於是畫出了一部充滿手塚個人風格的《寶馬王子》（リボンの騎士，1953年），同時也是手塚治虫創作浪漫愛情故事的巔峰代表作品。在那個時代，畫給少女閱讀的漫畫，大多由男性漫畫家負責擔任。

　　不過，在1970年代中期，「少女漫畫」已來到成熟期，漫畫家營造的整體氛圍極為鮮明，除了出現大量心理描寫，也描繪出極具歐洲風情的場景。

在少女漫畫雜誌方面，則是由講談社的《週刊少女Friend》（1963年創刊）與集英社的《瑪格麗特》（マーガレット，1963年創刊）率先打頭陣。這兩本週刊雜誌誕生了許多知名作品。例如，《瑪格麗特》連載池田理代子的作品《凡爾賽玫瑰》（ベルサイユのばら，1972年）風靡全日本，帶動了當時業績陷入低迷的寶塚歌舞劇。寶塚於1974年改編這部作品，在演出過後，劇團奇蹟似地復活。1979年，《凡爾賽玫瑰》也改編成電視動畫。

1968年，不甘落後的小學館企圖扭轉劣勢，發行了《少女Comic》。這本雜誌挖掘的兩名少女漫畫家，牽動了後來的少女漫畫產業。她們分別是創作《波族傳奇》（ポーの一族）的萩尾望都，以及《風與木之詩》（風と木の詩）的竹宮惠子。1970年代，一群以這兩人為中心的少女漫畫家「花之24年組」（指出生在昭和24年，西元1949年），她們的作品席捲了日本全國。

在培養男性漫畫家的共居住宅常盤莊成立一年之後，便出現了「大泉沙龍」（大泉サロン），也就是女性版的常盤莊。1970～1972年，萩尾望都與竹宮惠子這兩名漫畫家同住於此，還有許多漫畫家、漫畫編輯與粉絲，也經常出入此處。

大泉沙龍裡有一名同住女性名叫增山法院，她跟遠從鄉下來到東京的這兩名漫畫家不同。增山法院在都市長大，是一名重考生，以考上音樂大學為目標。她對電影、音樂與文學的造

第⑤章 ── 漫畫

詣相當深。雖然她不是漫畫家，但總是毫無顧忌地把兩名漫畫家的企劃案拿來看。多年後，她在漫畫產業中找到了自己的定位，成為「製作人」及「原創作者」。

「妳到底在想什麼啊？還不如去死一死算了！竟然畫出這種作品，妳為什麼還能悠哉活到現在啊？」這些不滿，是增山法院對竹宮惠子一字不漏的嚴厲批評。一個是口無遮攔的評論者，再加上兩個是彼此競爭關係的漫畫家，這三個人能奇蹟似地在同一個屋簷下同住長達兩年，實在是大泉沙龍的福氣（由於竹宮惠子感到自己跟萩尾望都、一条由香莉的實力落差，因此陷入低潮。儘管她在文化層面上感到充裕，但是「在精神層面上非常難受」，於是最後不願同住而搬離大泉沙龍[51]）。

1972年是大泉沙龍大有斬獲的一年，竹宮惠子、萩尾望都、增山法院，以及《芭蕾仙子》（アラベスク）的作者山岸涼子，一行人進行一趟為期45天的歐洲之旅。她們親身體驗，徹底吸收了俄羅斯、北歐及西歐的文化。這趟旅行的參加者們，回到日本後釋放熱情，在作品中創造一波「法國熱

萩尾望都（小學館《月刊flowers》萩尾望都作品一覽）（日文）

---

[51] 竹宮惠子《少年名叫吉爾伯特》（少年の名はジルベール），小學館出版，2016年

潮」，後來也陸續誕生法式風格的Olive族，以及呈現各種大膽前衛的內容。

　　由BL誕生的同人誌販售會，在1975年入場者700人中，有9成是國高中女學生

　　所謂BL（Boys Love），到底是什麼呢？就形式上而言，應該是指「那個年代的女性讀者在性方面無法得到解放，所以漫畫家在作品中，會盡量避免女性角色出現。在這樣的條件限制下，故事的主要角色會有兩名男性。其中一名男性擔任『攻』的角色；另一名男性擔任『受』、作為兩人性行為之中的女性角色。女性讀者可以自由隨意投射在這兩個角色裡，進入虛構幻想的情節中，由故事的角色代理自己展現性愛行為」。BL漫畫大多由異性戀女性消費者購買，它的起源正是萩尾望都的《托馬的心臟》（トーマの心臟）與竹宮惠子的《風與木之詩》。

　　就當年保守風氣而言，《風與木之詩》的內容實在太前衛，因此被男性編輯數度退稿，還說出：「妳的其他作品如果拿下讀者票選第一名，我就讓《風與木之詩》出版。結果，竹宮惠子以《法老王之墓》（ファラオの墓）成功奪冠，終於讓這部

竹宮惠子（官方網站）（日文）

第⑤章 —— 漫畫

充滿爭議的《風與木之詩》順利出版。但是，後來有許多人指責少年之間過於豪放的性愛描寫內容，彷彿是「作者的自慰行為」。不過，這部作品帶來的廣大影響力，遠遠超越了漫畫產業的範圍。甚至讓藝文界著名人士寺山修司（詩人、導演、編劇）讚揚：「從今天開始，漫畫的稱呼方式，應該可以區分成《風與木之詩》之前／之後出版的漫畫吧。」

如同竹宮惠子在書中提到的，「當時，她（增山法院）也跟我一樣喜歡少年……並非對跟自己一樣性別的少女有興趣，而是對一群少年產生興趣」。如果沒有像增山法院這種能產生共鳴的人，竹宮惠子或許就不會發表這部充滿爭議的作品吧。

圖表 5-3　參加同人誌販售會的人數變化（統計至 1990 年）

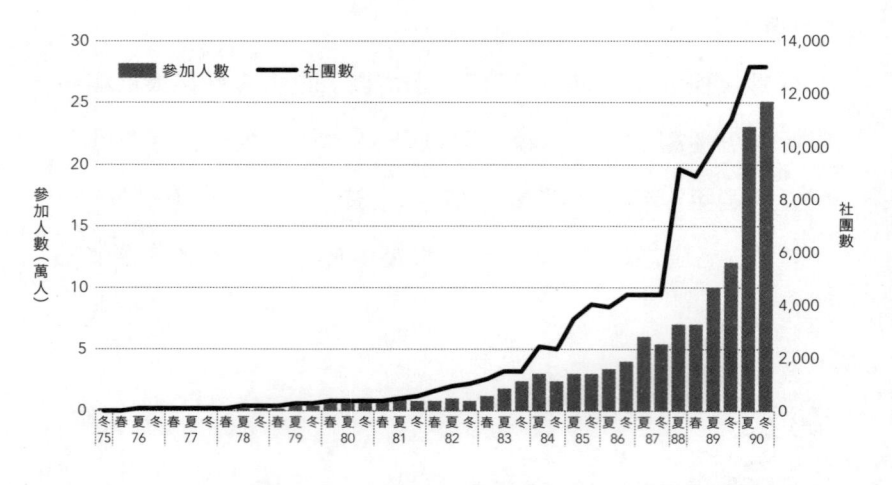

出處｜Comic Market 年表　https://www.comiket.co.jp/archives/Chronology.html

萩尾望都與竹宮惠子的作品，催生出「同人誌販售會（Comic Market）」的全新產業。1975年舉辦第一屆時，參加人數只有700人。不過，到了2019年冬季，也就是新冠疫情流行之前，參加人數創下高峰，總計達75萬人，以及3.2萬組社團，成為全球最大的漫畫、動畫同人誌販售會活動。第一屆的參加者有9成來自於國中、高中的女學生，她們的主要目標，都是花之24年組的作品（同人誌販售會裡，最受歡迎票選1～4名的漫畫家依序為：萩尾望都、竹宮惠子、手塚治虫、大島弓子，作品皆以女性漫畫為中心[52]）。

　　在同人誌文化中，陸續誕生了漫畫家高橋留美子、石井壽一，以及由多名漫畫家組成的CLAMP。進入1980年代，這群漫畫家開創出完全不同於過去的全新漫畫類型，並且持續創作更多作品。

---

[52] 霜月Takanaka《同人誌販售會 創世紀》（コミックマーケット創世記），朝日新聞出版，2008年

《快樂快樂月刊》藉由休閒嗜好與電玩遊戲的跨界合作,開拓全新計畫

月刊漫畫雜誌掀起小學生的流行風潮

漫畫的類型豐富多元,從運動到BL等題材應有盡有,各種類型漫畫的讀者也隨之增加。不過,如果要問哪一本雜誌能夠開拓「遊戲」項目,甚至煽動讀者去創造流行,那麼除了《快樂快樂月刊》(コロコロコミック),沒有其他雜誌可以辦到。例如,迷你四驅車(ミニ四駆)、熱血高校躲避球(スーパードッジボール)、《聖魔大戰》(ビックリマン)、超速yoyo(ハイパーヨーヨー)、遊戲王(カードゲーム),這些都是因為《快樂快樂月刊》的強力宣傳,才越來越受到小朋友喜愛。

《快樂快樂月刊》創刊於1977年,主要是以小學生為讀者群。當時,漫畫週刊雜誌已進入成熟期。相較之下,《快樂快樂月刊》絕非搶得先機創刊的雜誌。

《快樂快樂月刊》經營「休閒嗜好」這項領域,跟其他業者大量生產「玩具」成品給消費者的方式有所不同。《快樂快樂月刊》提供給讀者的玩具,全部都是未完成的狀態,需要靠

讀者自行發揮組裝能力和技巧，才能讓它成為「自己獨力完成的成品」。

小學館編輯《快樂快樂月刊》的主要策略，就是提供半成品的零件給讀者，享受完成作品的樂趣。目標讀者鎖定在國小3～6年級男學生。小朋友喜愛的遊戲無法持續太久，每隔幾個月就會喜新厭舊，也不喜歡太困難的東西。因此，《快樂快樂月刊》的漫畫內容，除了傳達故事內容，更重視把時下流行事物放在雜誌裡。總之，這本漫畫雜誌的大前提，就是不斷推陳出新，並巧妙運用過去小學館最早出版《小學五年生》學年誌的傳統做法，每一期不再延續前一年同月主題，而是「重頭開始企劃全新內容」。

《快樂快樂月刊》有時也會推出厚厚一本超過1000頁的附錄。這本雜誌封面的排版繽紛多彩、內容琳瑯滿目，極具特色，就像翻找寶箱裡的物品一樣。也因為這樣，小學館不將它稱作「漫畫雜誌」，而是定位成「休閒嗜好雜誌」（hobby magazine），開創出一個沒有競爭對手的市場。

講談社《Comic BomBom》（1981～2007年）等眾多競爭對手也試圖加入戰局，儘管正面出招應戰，卻仍然無法擊敗《快樂快樂月刊》。因為《快樂快樂月刊》透過休閒嗜好品（玩具、模型）、漫畫內容、活動（定期舉辦慶祝祭典，如迷你四驅車活動，並從1994年起，開始定期舉辦次世代World Hobby博覽會），運用這三大項目緊密連結在一起的策略，開創出難

第⑤章 ── 漫畫

以澆熄的流行熱潮。說穿了,《快樂快樂月刊》提供的漫畫內容,只是成功的原因之一而已。

另外,小學館也靠著電玩遊戲帶動流行風潮。在哈德森（Hudson）電玩遊戲公司的協助下,創造並炒熱「高橋名人」這號人物。當時,哈德森公司宣傳部員工高橋幸利,在每天傍晚六點下班離開公司後到隔日凌晨四點（包含吃飯喝酒時間在內）,都會待在小學館出版社裡。小學館在他的協助下,發揮了「借助外部力量,一起加快流行腳步」的功能。

高橋幸利為了替公司宣傳《超級運動員》（Lode Runner）這款遊戲,透過各種方式在各大雜誌進行宣傳。其中,在《快樂快樂月刊》的反應最熱烈,而宣傳活動「《快樂快樂月刊》漫畫祭」,也選在東京銀座松坂屋舉辦（1985年）。當時《快樂快樂月刊》的總編輯,悄悄撰寫了一篇現場電玩演示的報導文章,以斗大標題「任天堂的名人來啦！」煽動讀者（總編輯多年後表示,其實當下很焦慮,覺得「並沒有進行得那麼順利啊。該如何是好」）,因此創造出「高橋名人」這個頭銜的角色[53]。要是沒有《快樂快樂月刊》,或許根本就不會出現「電玩遊戲名人」這個概念。

---

[53] 高橋名人《高橋名人的電玩遊戲35年史》（高橋名人のゲーム35年史）,POPLAR社出版,2018年

少年JUMP也嫉妒跟著模仿

　　1995年，《週刊少年Jump》在全球出版史上，至今依然保持創下最高單期印量的世界金氏紀錄。這本月刊雜誌同樣受到《快樂快樂月刊》的刺激，開始發展漫畫以外的項目。1982年起，在讀者投稿單元「JUMP放送電臺」（ジャンプ放送局）和1985年開始介紹電玩遊戲的單元「Famicom神拳」（任天堂紅白機神拳），也推出佐久間晃與堀井雄二等眾多業界人才，讓他們在這些單元一展長才。在Famicom神拳單元介紹電玩遊戲時，《迷宮塔》（ドルアーガの塔）特輯甚至超越漫畫受歡迎的程度，榮獲讀者票選第三名（當時第一名為《七龍珠》）。

　　那段期間，《週刊少年Jump》的編輯鳥嶋和彥投入這個領域力求發展，在電玩遊戲產業也創造許多傳說事蹟。在電玩遊戲軟體開發商Spike Chunsoft的中村光一與堀井雄二合力創作《勇者鬥惡龍》（ドラゴンクエス）時，鳥嶋和彥主動提供了許多協助，並找來自己負責編輯《怪博士與機器娃娃》（Dr.スランプ）的作者鳥山明，一起參與遊戲設計製作（多年後，鳥山明才提到當時自己對電玩遊戲幾乎無知），開創了漫畫家負責設計知名電玩遊戲的新風潮。甚至，在鳥嶋和彥的撮合下，《最終幻想》（舊譯「太空戰士」）（ファイナルファンタジー）的開發製作人坂口博信，採用了漫畫家鳥山明

第⑤章 —— 漫畫

繪製的遊戲場景,製作出《超時空之鑰》(クロノ・トリガー)這部作品。後來,只要製作電玩遊戲的程式、畫面時,都會優先設計場景畫面。

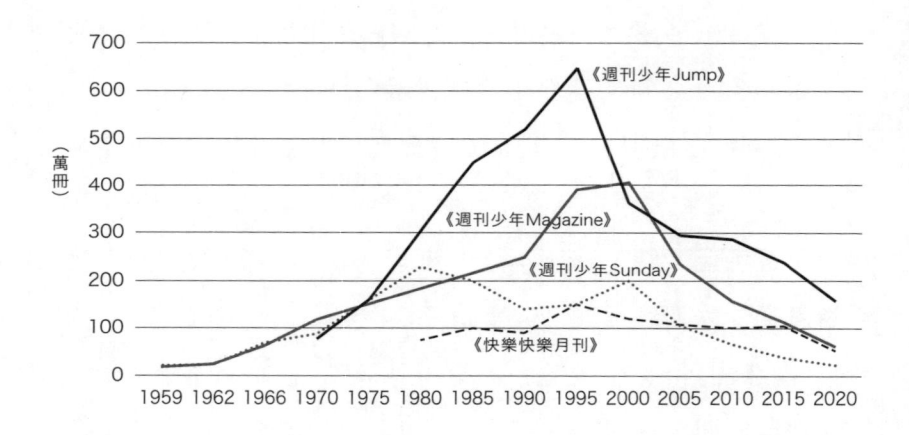

圖表5-4　週刊少年漫畫發行量變化統計

[圖表顯示《週刊少年Jump》、《週刊少年Magazine》、《週刊少年Sunday》、《快樂快樂月刊》從1959年至2020年的發行量(萬冊)變化,《週刊少年Jump》於1995年達到高峰約650萬冊]

出處｜根據出版科學研究所「出版指標年報」、日本雜誌協會「印刷冊數公報」、各公司公布的資料數據,由作者彙整製作。2000年之前的資料,按最高發行量與接近該年度的數字進行統計

鳥嶋和彥雖然曾經一度離開《週刊少年Jump》,但後來銷售量開始下滑,於是他又接受出版社的人事異動,以第六代總編輯身分回歸原工作崗位。對於1997年《週刊少年Magazine》把《週刊少年Jump》視為主要競爭對手,銷售成績超越《週刊少年Jump》的那段歷史,鳥嶋和彥表示:「(我當上總編輯後,最初對同仁下達的指示就是),完全不用在意《週刊少年

Magazine》的任何策略⋯⋯因為《週刊少年Magazine》重視的是故事性；但我們《週刊少年Jump》是以角色個性為重心的雜誌，製作方向完全不同⋯⋯當時，我們其實真正在意的是《快樂快樂月刊》[54]。」

鳥嶋和彥的初衷，就是蒐集「這個世界上一切有趣的東西」，彙整在《週刊少年Jump》裡[55]，並且將這些內容呈現給讀者。

---

[54] 涉谷直角《定本快樂快樂爆傳！！1977～2009「快樂快樂月刊」全史》，飛鳥新社出版，2009年

[55] 電Famicom玩家2016年4月4日「傳說漫畫編輯鳥嶋和彥即使在電玩產業也是偉人！鳥嶋和彥談《勇者鬥惡龍》、《最終幻想》、《超時空之鑰》誕生祕辛」(電ファミニコゲーマー 2016年4月4日「伝説の漫画編集者マシリトはゲーム業界でも偉人 だった！鳥嶋和彥が語る「DQ」「FF」「クロノ・トリガー」誕生秘話) https://news.denfaminicogamer.jp/projectbook/torishima/3

電子漫畫的急遽成長與強敵出現

5-5

「電子漫畫」是後疫情時代的最強商品

日本漫畫市場隨著週刊少年漫畫雜誌,在1990年代中期達到巔峰,接著持續20年以上,一路呈現下滑的趨勢。儘管如此,漫畫市場仍比雜誌與書籍的情況好一些。過去,漫畫在整體出版市場的占比,最高也不過20～25%,然而2020年卻成長到將近40%(詳見第4章圖表4-1)。電子書籍的營收幾乎來自於漫畫,例如集英社與講談社的營收,最近3年突然急速上升(詳見第4章圖表4-5),主要的成功原因,就是推出週刊漫畫雜誌電子書以及app。

不過,以前漫畫書的電子化過程,並不是一件輕鬆的工作。2000年左右,書籍和漫畫單行本開始電子化。2013年,市場上首先出現了「comico」和「GANMA!」,後來大型出版社也推出了「Jump+」與「口袋雜誌」(マガポケ)。儘管如此,這些電子漫畫商品在經營上仍持續虧損。一直到了新冠疫情爆發,才打開了收益的開關,電子漫畫的消費量一口氣急遽增

加，翻轉了2019年的紙本漫畫市場。在這之後，購買電子漫畫的趨勢依然持續加速，占了整體漫畫市場6～7成，日本可說是正式進入了電子漫畫的時代。20年前，雖然有人預言「漫畫遲早有一天會成為數位閱讀商品」，但直到這兩年左右，電子漫畫才開始越來越普遍。這都是因為讀者需要適合的裝置設備（行動裝置）、下載網站、付費平臺（部分內容免費，若要閱讀全部內容則需付費），以及改變消費模式（因新冠疫情轉變為完全習慣購買電子漫畫）等，在這些條件都俱備之後，出版社才真正能把電子漫畫當作主流市場，開始大放光彩。

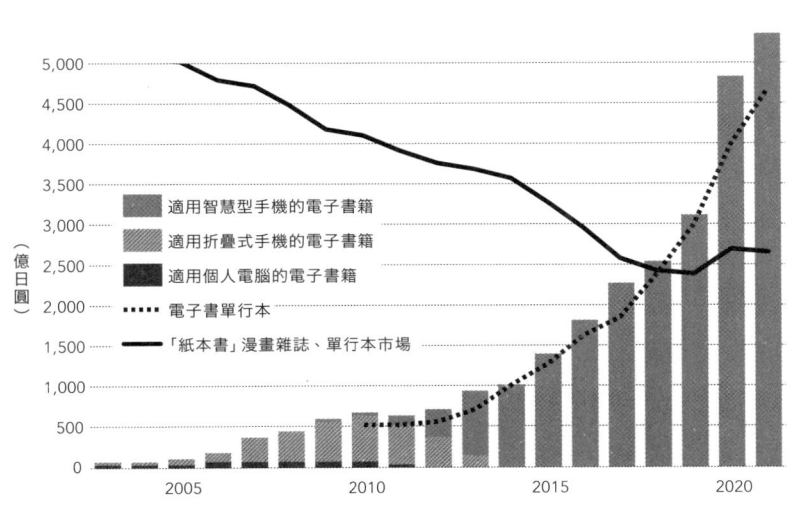

圖表5-5　電子書籍、電子漫畫市場

出處｜根據Impress綜合研究所《電子書籍事業調查報告書2022》、總務省《為促進Mobile Contents Business 進行之市場規模相關調查》、鑽石社《資訊媒體白皮書》等資料由作者彙整製作

第⑤章 ── 漫畫

來勢洶洶的韓國勢力以Webtoon呈現猛爆性成長

　　電子漫畫概括可以細分為下列4種型態：①商店型（書店提供電子版漫畫。多數作品可以單獨購買，或定額付費無限暢讀）。②租賃型（於一定期間租借書籍，到期後歸還）。③訂閱型（月費方案，可無限暢讀）。④媒體型（每日皆提供一集免費內容吸引讀者。漫畫平臺除了內建廣告機制或儲值方案，也另外提供發掘新人漫畫家的機會，以及進行漫畫簽約授權、發展的相關業務）。

　　以現況來說，雖然①②③是主流，不過屬於新領域的④卻已成長到1,000億日圓的市場規模，其中以韓國Kakao公司的「Piccoma」與韓國NAVER公司的「LINE漫畫」，占了絕大多數。

　　Piccoma的營收，從134億日圓（2019年）→376億日圓（2020年）→695億日圓（2021年）急速成長。據稱「光是Piccoma日本分公司」，就有辦法隨時調度600億日圓的資金額度，公司市值超過8,000億日圓；此金額是KADOKAWA公司市值的2倍規模。

　　當然，一定也會有人質疑：「為何韓國的漫畫app如此值錢？」日本人除了不曾聽過Piccoma最賺錢的作品是《我獨自升級》（營收為每月2億日圓，相當於日本賣出40萬冊漫畫），還有另一個更難理解的謎團，那就是以彩色直條式的閱讀界面

Webtoon（直條式漫畫），與日本漫畫有著相似卻截然不同的市場。過去，韓國並沒有「漫畫家」這項職業。2003～2005年，DAUM（Kakao）公司和NAVER公司，這兩間公司在網路上成立了電子漫畫網站，透過編劇作家與插畫家的分工協力完成作品。在2000年代前半期，每年約推出數十部作品。進入2020年代後，每年約推出數百部作品。最近幾年則是每年約推出數千部作品。目前，韓國的業餘創作者有58萬人，職業創作者約1600人，提供漫畫連載的創作者為350人，韓國以直逼日本漫畫市場的勢力形成漫畫產業。

更令人驚訝的是韓國的商業模式。日本雖然有許多漫畫改編動畫或連續劇，但這些作品終究只是出版社或漫畫家在副業的範圍內進行。韓國的情況則是完全相反，有將近半數的Webtoon創作者，優先以改編成連續劇的方式來創造收益。出版社也會把這些創作內容當作影像劇本，持續銷售給影像製作公司。例如Piccoma的《梨泰院Class》，就透過Netflix一躍成為全球爆紅的著名影集。日本國內的劇本，單次售出費用為100萬日圓左右，然而韓國的作品卻能以數千萬～億日圓的等級售出授權金。

在全球發展方面，也出現了非常懸殊的差距。LINE漫畫和Piccoma，在日本國內的用戶達到了1000萬，然而全球規模竟高達8000萬用戶。儘管日本的「Jump+」也進軍美國與泰國，以「該有的」規模發展，但是仍然不敵韓國Kakao以5億

第⑤章 ── 漫畫

美元併購北美漫畫平臺的攻勢，兩者之間有著極大的落差。

目前，日本出現Sorajima、Cork Studio等新興企業，也加入了Webtoon的新興市場。所以，此時此刻可說是進入了群雄跨國競爭新興漫畫市場的時代。

5-6 日本漫畫創下國外市場史上新高

將動畫當作國外市場的入口,再把漫畫當作出口來擴大市場

　　世界各國漫畫的普及化,並非只有單一發展方式,而是歷經了各種起伏過程。例如,韓國於1988年創刊的漫畫雜誌《IQ Jump》,儘管在1993年銷售成長到30萬冊,卻在5年後萎縮到僅剩3.5萬冊。這是因為1997年發生亞洲金融風暴,使得韓國各地的租書店激增,再加上網路出現提供「免費閱讀漫畫的盜版網站」,導致整體市場規模減少了9成。據聞在1998年,韓國有8000間書店,然而租書店竟然高達6000間,而且其中8成消費都是漫畫[56]。

　　日本漫畫在國外發展時,也一直不斷對抗盜版問題。2000年代,日本國內有7,000億日圓的漫畫市場,而國外免費閱讀

---

[56] 夏目房之介《漫畫的全球策略　漸入佳境的漫畫產業》(マンガ世界戦略 カモネギ化するマンガ産業)小學館出版,2001年

的盜版消費量，經過換算竟然超過了一兆日圓[57]。

日本對國外漫畫市場的優先順序，首先以動畫作為入口，再以漫畫作為出口，最後達到擴大漫畫市場的目標。也就是動畫播出後，趁著爆紅之際，再讓原著漫畫也跟著暢銷。20世紀，日本各大公司尚未建立動畫銷往全球的制度。在這段期間，日本3大出版在國外版權的收入，就算加總之後也不過數億日圓而已，比起日本國內營收數字還少了3個0。在這樣的情況下，幾乎沒有人會把目標放在「國外」。

由嬉皮一手建立的小學館美國分公司，透過《寶可夢》創造10倍營收

在國外市場中，如果觀察具有指標性的美國市場成長變化，就能明白1999年《寶可夢》（ポケットモンスター）在美國掀起一陣熱潮，如何創造出巨大的影響力。1987年，小學館成立了美國分公司VIZ Communications（目前為VIZ Media）。堀淵清治在擔任社長以前，曾經放棄加州州立大學碩士的學業，過著崇尚自由的嬉皮生活。在史蒂夫・賈伯斯投資皮克斯之前，堀淵清治曾經負責協調皮克斯3D電腦繪圖動

---

57 日本總務省「防堵網路上盜版網站的登入方法相關研討會」（インターネット上の海賊版サイトへのアクセス抑止方策に関する検討会）資料，2021年

畫的整合工作，並以此為契機，遇見了小學館第3任社長相賀昌宏，最後成立了美國分公司[58]。VIZ Media初期只有4人，曾經出版《忍者戰場》（カムイ外伝）、《福星小子》（うる星やつら）等漫畫作品，這間公司一點一滴經營了十幾年，年營業額都落在數億日圓左右。不過，到了1999年，營收卻突然爆增10倍以上，高達1.1億美元。一切得歸功於全美電視播出動畫《寶可夢》，因為節目大受歡迎，連帶漫畫、VHS錄影帶也跟著熱銷。

2002年，美國漫畫市場規模超過了100億日圓。如圖表5-6所示，1999年《寶可夢》出現的前後10年間，漫畫出版的數量，從25部作品激增至200部作品，漫畫出版社也從8間快速增至27間。當時，美國隨處可見《遊戲王》（遊☆戲☆王）和《美少女戰士》（セーラームーン）等漫畫。雙人組合歌手帕妃（PUFFY）在北美地區進行巡迴演唱會時，特別以《嗨嗨帕妃亞美由美》（ハイ！ハイ！パフィーアミユミ）化為美國動畫卡通（第一集收視率3.9%，創下卡通頻道「Cartoon Network」成立以來最高收視率），確實在北美地區掀起了「日本動畫風潮」。那時由日本創造的動漫角色商品市場規模達4,000億日圓，其中《寶可夢》商品就占了7成。

58　堀淵清治《萌美國　美國人是如何開始閱讀漫畫的呢？》（萌えるアメリカ 米国人はいかにして MANGA を読むようになったか），日經BP出版，2006年

第⑤章 —— 漫畫

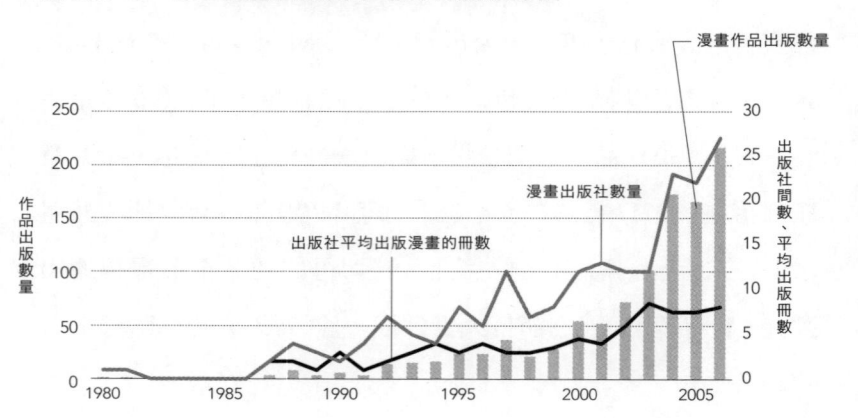

圖表 5-6　日本漫畫在美國市場的普及趨勢圖

出處｜松井剛《日本漫畫輸出至美國》（アメリカに日本のマンガを輸出する），有斐閣出版，2019
Gilles Retier, << 2003: L'année de la consécration>>, ABCD http://www.acbd.fr/867/les-bilans-de-l-acbd/2003- lannee-de-la-consecration/

　　此時《寶可夢》創造出的「一時狂熱」，陪伴北美地區的孩子們度過童年時光。待熱潮結束之後，等到2016年，這群人又再度回歸，成為《寶可夢GO》（Pokémon GO）的忠實粉絲。這可說是延續了20年前《寶可夢》的熱潮，現在的寶可夢集換式卡牌也才能繼續流行，並且開創出龐大規模的市場。

漫畫搭上動畫串流影片風潮，以前所未有的規模擴散到全世界

　　2000年代後半期，在《涼宮春日的憂鬱》這部作品推出時，

北美地區的動畫熱潮開始走向終點，DVD不再熱銷，經營動漫事業的日系企業也紛紛撤離。2009年，日本雙日公司出資的最大一間動畫發行公司ADV film解散了公司。當時人們認為，「日本風潮帶來的狂熱」，就在這個時間點宣告結束了。到了2011年，當地漫畫發行的龍頭公司Tokyo Pop，最後也停止出版漫畫了。

不過，「創新」往往是從黑暗絕望之中誕生的。2006年，在日本動漫市場蕭條期間，KADOKAWA與法國HBG出版社，在美國成立合資公司YenPress。2008年，日本講談社也在美國成立了分公司Kodansha USA。2021年，索尼以10億美元，買下同樣是在2006年成立的動畫影片網站Crunchyroll，目前以動畫串流平臺的方式營運。進入2010年代，全球也正式展開網路串流影音的時代，串流平臺Netflix與Amazon為了用戶需求，也陸續高價蒐購動畫播映權。

接著，世界爆發了料想不到的新冠疫情，但全球漫畫市場卻也因此受惠。如圖表5-7所示，受到人們必須居家上班上課的影響，加上從動畫串流平臺延伸出的漫畫消費，美國漫畫單行本市場，2021年營收比2020年增加了將近1倍，成長到20億美元。日本漫畫爆增至8億美元，比起漫威作品等美國漫畫還驚人。VIZ Media、講談社USA、YenPress等大型出版社的國外部門，也以過去不曾見過的規模，創下過去30年以來的歷史新高。

第⑤章 —— 漫畫

圖表 5-7　北美漫畫單行本市場

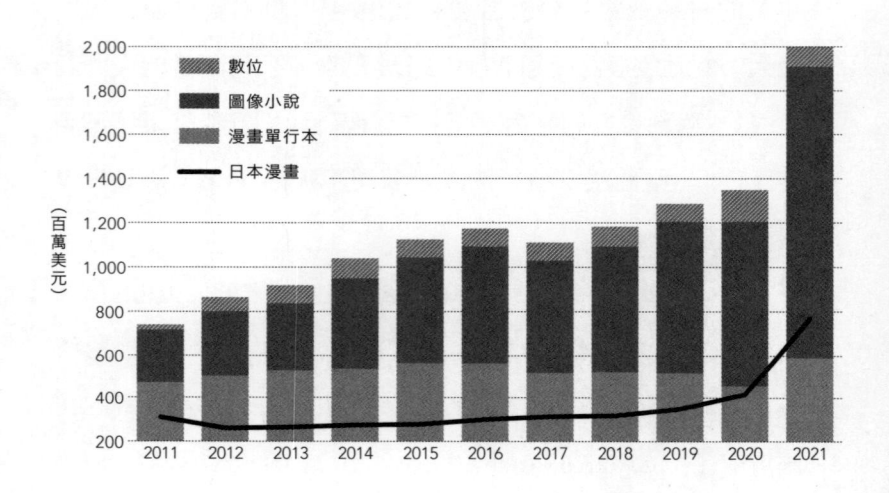

（百萬美元）

圖例：數位、圖像小說、漫畫單行本、日本漫畫

出處｜ICv2、Nielsen BookScan

　　除了美國以外，法國也是如此。法國擴大成長到 8.9 億歐元的漫畫單行本市場，其中日本漫畫達 3.5 億歐元。如果以總冊數來看，有一半以上都是日本漫畫。此時此刻，日本漫畫正以史無前例的規模席捲全世界。

第 ⑥ 章

《八點全員集合》（8時だョ！全員集合）最後一集（1985年9月7日）
照片提供 ｜ 每日新聞社／Aflo

電視

6-1 日本電視產業強盛的原因

在國家政府監管無線電頻率之下，電視台成為沒有競爭對手的壟斷事業

在日本，所有的無線電視台，每年付給國家的無線電頻率使用費總額為50億日圓。對電視台來說，無線電頻率使用費是「成本」，僅占廣告收入1.7兆日圓的0.3%[59]。

如果讓無線電頻率在市場上自由競爭，使用費應該會立刻爆漲到數千億日圓吧？因此，電視產業使用無線電頻率，形同「以免費價格，築起壟斷產業的地位」，從經營內容事業的立場去看，簡直是佔到了令人稱羨的位置。

不過，無線電頻率屬於國有資產，僅分配給持有執照的少數事業單位。這項制度的開始，可從1912年鐵達尼號沉沒事故說起。當時，航行在鐵達尼號附近的船隻，雖然以無線電頻

---

[59] 渡邊哲也《付出無線電頻率使用費後享有的巨大權力　電視台是電信業者的1/11》（電波利用料の巨大利権⋯テレビ局は携帯キャリアの11分の1）Business Journal 2017年11月17日 https://biz-journal.jp/2017/11/post_21406.html

率發送訊息,警告鐵達尼號可能會有撞上冰山的危險,但鐵達尼號正與另一方通訊,同時間還有其他同頻訊號混雜在一起,造成了訊號發送與接收的混亂。不久後,鐵達尼號不幸撞上冰山,所發出的SOS訊號,也沒有被其他人接收。受到這起重大事故的影響,美國制定出一套完善的無線電頻率法案,也就是必須在國家的監管下,將不同的無線電頻率,分配給需要使用的業者[60]。於是,歐美國家、日本及亞洲各國,相繼採用這套制度,實施了長達百年以上。

在這套無線電頻率的制度裡,我們可以發現日本的電視產業,具有「沒有任何一家電視台會倒閉」的特性。1953年,自從日本電視台開播以來,包括地方無線電視台在內,日本全國共設立了126間無線電視台。在這半世紀裡,沒有任何一家電視台倒閉,也沒有發生併購整合的個案。從產業史的角度去看,日本電視產業可說是擁有獨一無二的產業特性。

地方電視台的體制結構——即使沒有觀眾喜歡的節目也能生存

電視台作為媒體的強項,就是保證不會倒閉。如圖表6-1所

---

[60] 池田信夫《無線電頻率的權利》(電波利權),新潮社出版,2006年

第⑥章 ── 電視

示,其市場經濟規模,從1970年的不到5,000億日圓,成長至2000年的3兆日圓。2010年左右,民營電視台的收益雖然有減少的趨勢,但衛星電視台與有線電視台卻快速成長。正當日本的音樂、出版、電玩遊戲所有媒體產業都變得衰退疲弱時,唯獨電視產業仍然遙遙領先,每年4兆日圓的營業收入絲毫未減(而且幾乎都是廣告收入),安然度過了這20年的歲月。就現況而言,電視產業可稱之為「20世紀在大眾媒體中唯一獲勝的產業」。儘管節目收視率下滑,造成廣告收入減少,卻依然可以依賴其他相關事業或降低成本度過危機。

圖表6-1　電視相關產業的市場規模

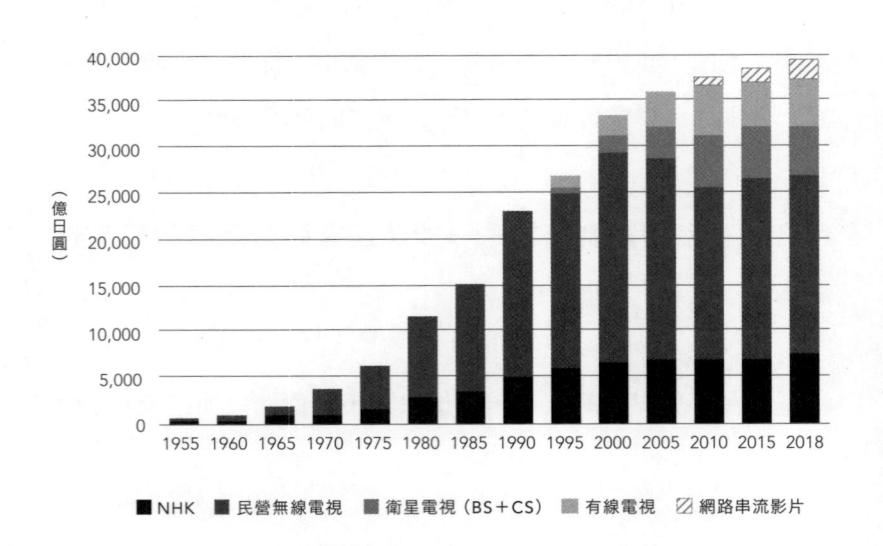

（億日圓）

■ NHK　■ 民營無線電視　■ 衛星電視（BS＋CS）　■ 有線電視　▨ 網路串流影片

出處｜作者根據《資訊媒體白皮書》及其他資料彙整製作

日本的電視產業，主要以日本公共電視台NHK（日本放送協會）與五大主要民營電視台（日本電視台、TBS電視台、富士電視台、朝日電視台、東京電視台）為首，而日本全國各地共126間電視台，基本上都加入了這五大電視台的其中之一，成為同一陣營，也就是形成聯播網路的夥伴關係（詳見本章圖表6-3）。地方電視台播出的節目，有8成來自於位在東京的這五大主要民營電視台；而地方電視台只要播出這8成的節目，即可獲得「聯播網分配金」作為收入（補助總收入的1/4），導致有些地方電視台，甚至變成了「只發送無線電頻率訊號的盒子」。

從本質上來看，娛樂產業全憑「內容」一決勝負，作品成敗與否，往往會產生天壤之別的結果，而且內容汰舊換新的速度也非常快。一部爆紅的作品，可以抵過多部嘗試成功卻失敗的作品，這正是娛樂產業結構的特性。無論音樂、出版或電玩遊戲，這些產業都生存在這項定律之中。然而，電視產業的特殊結構，卻讓電視台就算製作出不受歡迎的節目，依舊能夠存活下去（當然還是會彼此競爭，畢竟收視率的起伏會左右廣告收入）。

在有限的空間中競爭收視率

我不認為電視台沒有製作出優良品質的節目。1980～1990

第⑥章 ── 電視

年代,電視台是傳播流行的發送起點,發揮了極大的功能,不管是綜藝、新聞、體育等節目,回顧每一個時代,電視總是搶先開創流行趨勢。然而,目前在 YouTube 上的有趣內容卻不斷增加,若仔細觀察,就會發現不少知名電視節目的製作團隊也加入其中,而這也不算什麼新奇的祕密。

那麼,真正的問題到底在哪裡呢?日本電視產業由東京五大主要民營電視台與地方民營電視台的聯播關係構成,如果想另闢新事業,門檻則相當高,因此只能在「有限的空間」中競爭,所以會衍生出各式各樣的問題。終歸一句「沒有市場原理」,就道出了重點。這都是因為地方電視台只要播放訊號就保證不會倒閉,缺乏市場上的自由競爭,才會形成沒有製作出受歡迎節目也能生存的問題。

反觀美國的情況,就沒有日本這種主要民營電視台與地方民營電視台聯播合作的結構問題。而且從1980年代開始,美國的有線電視台早已打敗無線電視台,在競爭激烈的環境下,經常會傳出電視台被併購的消息。

日本的電視台,以公共利益為出發點進而聯盟組成產業,就這一點來說相當地了不起。不過,如果拿日本航空產業的情況來比喻,應該就能了解日本電視產業面臨的問題。目前,日本有多達98個地區都蓋了機場,但是真正賺錢獲利的只有8座機場而已。

我記得在很久以前,有一個這樣的問答題:「公共澡堂、銀

行、電視台的共通點是什麼？」當時得到的答案是：「只要蓋了建築物，金錢自然滾滾而來。[61]」然而實際上，無論是公共澡堂或銀行，老早以前就進入萎靡不振的情況了。

---

[61] 石光勝《多出來的電視節目　東京12個頻道的奇蹟》（テレビ番外地 東京12チャンネルの奇跡），新潮社出版，2008年

「電視之神」正力松太郎

結束官場生涯而買下讀賣新聞，再把目光投向電視產業

　　如果說「漫畫之神」是手塚治虫，那麼「電視之神」就是正力松太郎了。他是日本讀賣新聞的社長，也是日本電視台的創辦人，同時更是在推動廣播、電視產業不遺餘力，立下功績的人物。

　　正力松太郎在東京帝國大學畢業後，進入日本內務省（1873年設立的中央行政機關，於1947年廢除）擔任內務官僚，後來調任警視廳警察部長，仕途一路順遂。但因為1923年發生日本皇太子遇刺未遂的虎之門事件，所以當年38歲的正力松太郎引咎辭職。不久後，他便買下了經營不善且企業體質不佳的讀賣新聞，正式成為第7任社長。

　　1920年，廣播才剛開始在美國普及，正力松太郎就迅速在

正力松太郎（維基百科）

1924年提出廣播執照的申請。但是社會上出現了反對聲浪，抗議讀賣新聞作為報紙言論機構不應該再持有廣播電台，結果他只好作罷。不過，讀賣新聞雖然沒有參與廣播事業，卻在自家報紙刊登廣播節目專欄，此舉成為日本報紙首例。當時，日本全國簽訂廣播合約的用戶僅3500戶（與NHK一樣，須繳交收訊費才能享有服務）。在那個時代，除了正力松太郎，幾乎沒有經營者發現廣播事業在未來的發展潛力。

正力松太郎觀察入微，當然也不會錯過電視產業。二戰過後，正力松太郎立即要求政府開放電視播出的執照。當年，開設一家電視台的費用為10億日圓（以目前幣值換算後將近1,000億日圓），加上製造一臺電視機需要耗費數百萬日圓，因此每個人都說「時機尚未成熟」、「通通交給NHK就好了」。但是，正力松太郎卻整合了具有競爭關係的讀賣新聞、朝日新聞、每日新聞這三大媒體，並於1953年8月，讓第一家民營電視台「日本電視台」順利開臺。

在那之後，TBS也隨即開台，而松竹、東寶、大映等電影公司與文化放送、日本放送等廣播電台，則共同成立了富士電視台。接著，以東急、東映集團為中心等企業，也成立了朝日電視台。最後，日本科學技術振興財團為使科學技術普及化，於是成立了東京電視台。

在正力松太郎的經營下，讀賣新聞的發行量從5萬成長到200萬份，他把讀賣新聞社推向日本第一大報的龍頭地位，成

為舉國聞名的經營者。許多彼此競爭的企業，都看見了正力松太郎是最早嗅出廣播電視具有發展性及巨大影響力的人物，於是便跟隨著他的腳步。正力松太郎向GHQ（駐日盟軍總司令部）提出電視播放的想法，並進行政治上的溝通協調，最後終於成功實現[62]。因此，正力松太郎為「開創日本電視新紀元」立下了一大功績。

正力松太郎對抗NHK主張的「民營電視節目導致文化倒退」

假如沒有正力松太郎這號人物，或許日本就會像1970年代以前的歐洲各國或北韓一樣，「打開電視只能收看一個頻道」。儘管如此，NHK作為日本唯一分析電視產業的公共媒體機構，就算二戰結束之後，仍然強烈反對企業成立民營電視台。

在民營電視台執照開放申請的前一晚，NHK董事長古垣鐵郎突然現身於正力松太郎的用餐地點，以NHK的立場發表了一段言論。「多虧正力先生大力煽動電視熱潮，現在才有機會實現。正力先生真是辛苦的功臣。但製作電視節目的是NHK的使命，還請您收手就此作罷[63]」。

62　有馬哲夫《日本電視台與CIA　挖出的「正力檔案」》（日本テレビとCIA 發掘された「正力ファイル」），新潮社出版，2006年

63　日本電視台播送網（日本テレビ放送網，編著）《電視塔的故事──現在就去實踐創業精神》（テレビ塔物語──創業の精神を、いま），1984年

古垣鐵郎主張，美國就是因為播出商業電視節目，才造成文化水準顯著低落。當時，多數人對商業電視節目播出的共通見解包括了「充斥殺人、傷害、縱火犯罪等卑鄙齷齪的節目」、「一個禮拜大量播出2723檔廣告」、「完全不播純音樂節目，甚至也看不到以建築、雕刻、經濟學、育兒或歷史為主題的節目」、「如果就這樣發放民營電視台執照，日本將會像美國一樣，文化水準變得低落」。

日本電視台開播後，NHK就展開各項阻撓手段，這實在是現在我們無法想像的事。當時，NHK在日本全國張貼海報，上面印有「日本只能播出公共電視！我們堅決反對賣國電視台！日本放送勞工協會」的標語。海報上甚至出現學生露出茫然表情，望著脫衣舞孃節目的繪畫，與一旁公共電視播出教導孩子認識動物園長頸鹿的繪畫形成強烈對比。在這之後，日本全國家庭跟NHK簽訂收視合約的戶數，從1955年16萬戶，成長到1960年686萬戶，1965年更是增加到了1822萬戶。

不過，日本電視台仍然吸引不少觀眾，因此經營逐漸步入軌道。開臺4個月後，就出現單月盈餘，反觀NHK還是持續累積每年數億日圓的虧損。從日本電視台會計年度第四季開始獲利，並且發放股利給股東，就能證明民營電視台的實力。日本電視台很清楚電視機的售價昂貴，無法迅速地普及到每一個家庭，因此他們在全國220個地區，設置免費的收視熱點，當時在每一臺電視機前，經常會吸引數千人駐足觀賞。為了節目廣

第⑥章 —— 電視

為傳播，日本電視台採取的策略堪稱一絕。

圖表6-2　民眾花費時間在媒體上的趨勢變化

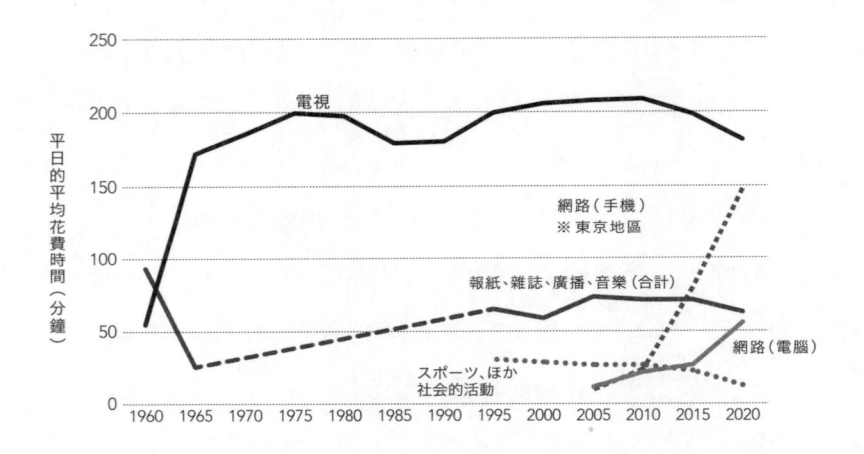

平日的平均花費時間（分鐘）

圖中曲線標示：
- 電視
- 網路（手機）※東京地區
- 報紙、雜誌、廣播、音樂（合計）
- 網路（電腦）
- スポーツ、ほか社会的活動

橫軸年份：1960、1965、1970、1975、1980、1985、1990、1995、2000、2005、2010、2015、2020

出處｜根據NHK放送文化研究所「國民生活時間調查」的「平日、國民」調查資料。手機花費時間則根據博報堂DY MEDIA PARTNERS的「媒體定點調查」資料

當時，正力松太郎成立讀賣巨人職業棒球隊，以及推出力道山的職業摔角比賽轉播（詳見第9章「運動賽事」），讓日本人目不轉睛地守在電視機前觀賞節目，他巧妙地將兩者結合在一起，實在是絕世少見的策劃者。即使經過半世紀，電視及運動賽事節目，仍然持續影響著我們的世界。

日本電視台的歷史（官方網站）（日文）

6-3
電視台的大整合與全國聯播網路化

在田中角榮的分配管理下,推動由報社資本統合電視台的體系結構

　　1970年代,日本的電視台進行了一場大整合。電視台納入報社資本成為旗下一員,全國各個電視台分別進入不同的體系(全國聯播網路化),而節目製作部門也都轉為獨立分公司。

　　田中角榮與正力松太郎同樣在電視的歷史上留名,他推動了報社與電視台的資本整合,以及全國聯播網路化。1957年,田中角榮以39歲的年齡,當上二戰後最年輕的郵政大臣(相當於臺灣行政機關的部長)。田中角榮作風強悍,素有「裝上電腦的挖土機」之奇特綽號,他主動介入來自全國各地申請電視台的開台申請,而且從電視台的人事幹部安排到持股比例分配,都經由他居中協調整合。田中角榮運用政治家的權力,將原本分散在各地的電視台及其資本關係徹底整合,並且下達「你這家電視台回歸朝日新聞體系」、「他那家電視台納入讀賣新聞體系」等指示。

第⑥章 ── 電視

　　經過一番整合，《讀賣新聞》與日本電視台維持原來的資本關係；《日本經濟新聞》與《朝日新聞》原本持有高占比的朝日電視台股份，不過由於田中角榮把東京電視台交給《日本經濟新聞》，所以《日本經濟新聞》釋出了朝日電視台的股份並與其切割；而TBS納入《每日新聞》的旗下；富士電視台則納入《產經新聞》的旗下。在田中角榮的強力介入之下，重新整合了新聞報社與五大主要民營電視台的關係。

　　全世界只有日本的電視產業結構，是由新聞報社率領電視台，其他國家的報社，並沒有形成像日本這樣的結構。例如美國的電視台，都是由最早發展的廣播電台出資成立的。另外，美國報紙產業則是由美國各州的地方報各霸一方，能夠稱為「全國性報紙」的媒體，就只有像《今日美國報》（USA Today）這一類的報紙，可以說是極為少數。

　　觀察世界各國報紙發行量排行，包含排名第一的《讀賣新聞》在內，日本尚有《朝日新聞》、《產經新聞》、《每日新聞》、《日本經濟新聞》，這五家報社的發行量都打進了世界Top10[64]。如果以日本人口、市場去衡量，日本的報紙產業規模實在異常龐大。不過也因為這樣，田中角榮才會整合大眾媒體結構，決定採取將電視台納入報社旗下的做法。

63　大前研一《如果你是「日本經濟新聞社的社長」會怎麼做呢？》（あなたが『日本経済新聞社社長』ならばどうするか？）https://mine.place/ page/65ce501e-75c4-4ba5-a19f-b49f863b9d29

日本都道府縣各地電視台加入聯播網體系的優點

當時，東京的五大主要民營電視台與地方電視台建立合作關係，就像重現過去報社不斷增加日本全國各地零售專賣店的歷史一樣。這些地方民營電視台，會播出其中一家東京主要民營電視台提供的節目，不過這樣就無法播出合作關係以外的電視台節目了。就像圖表6-3所示，少數地方民營電視台沒有什麼資本，卻依然想要加入聯播網路體系。

全國各地電視台形成聯播網有許多優點，連帶地方電視台也跟著受惠。廣告利用無線電頻率播出，只要統計收視率項目中的「收視戶數」越多，廣告商付出的廣告費就會隨之增加，而這些廣告費也會分配給地方電視台。「日本電視台、TBS電視台、朝日電視台、富士電視台」這4家主要民營電視台，各自擁有全國將近30家聯播的地方電視台。如果對比僅擁有6家地方電視台聯播的「東京電視台」，以及獨立民營電視台的「東京都會電視台（TOKYO MX）」就會清楚了解，雖然同一個時段播出廣告，但是廣告的總收入卻會相差一個零。所以在1970年代，電視台絞盡腦汁不斷擴大「觸及收視戶數」，終於在1980年代嚐到了甜頭。而電視台也因為廣告收入，規模變得越來越巨大。

只不過，當時整合日本全國電視的聯播網路也是相當困難的工作，就跟整合報社的資本一樣困難。由於那時日本關東、關

第⑥章 —— 電視

圖表 6-3　電視臺聯播網路之組成

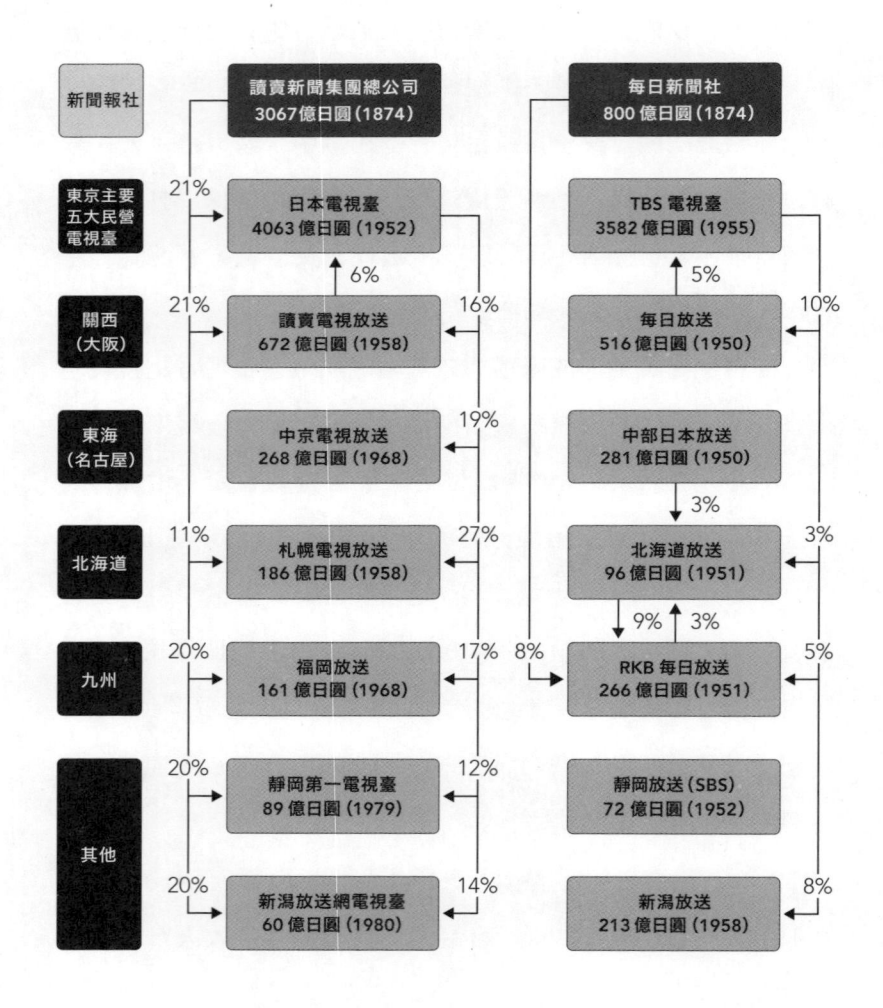

新聞報社	讀賣新聞集團總公司 3067億日圓(1874)	每日新聞社 800億日圓(1874)
東京主要五大民營電視臺	←21%— 日本電視臺 4063億日圓(1952)	TBS電視臺 3582億日圓(1955) —↑
關西（大阪）	←21%— 讀賣電視放送 672億日圓(1958) ↑6% —16%→	每日放送 516億日圓(1950) ↑5% ←10%—
東海（名古屋）	中京電視放送 268億日圓(1968) —19%→	中部日本放送 281億日圓(1950)
北海道	←11%— 札幌電視放送 186億日圓(1958) —27%→	北海道放送 96億日圓(1951) ↑3% ←3%—
九州	←20%— 福岡放送 161億日圓(1968) —17%→ ←8%	↑9% ↑3% RKB每日放送 266億日圓(1951) ←5%—
其他	←20%— 靜岡第一電視臺 89億日圓(1979) —12%→	靜岡放送(SBS) 72億日圓(1952)
	←20%— 新潟放送網電視臺 60億日圓(1980) —14%→	新潟放送 213億日圓(1958) ←8%—

※ 各公司公開營收資料（2020、2021年度）與其刊登的成立年份

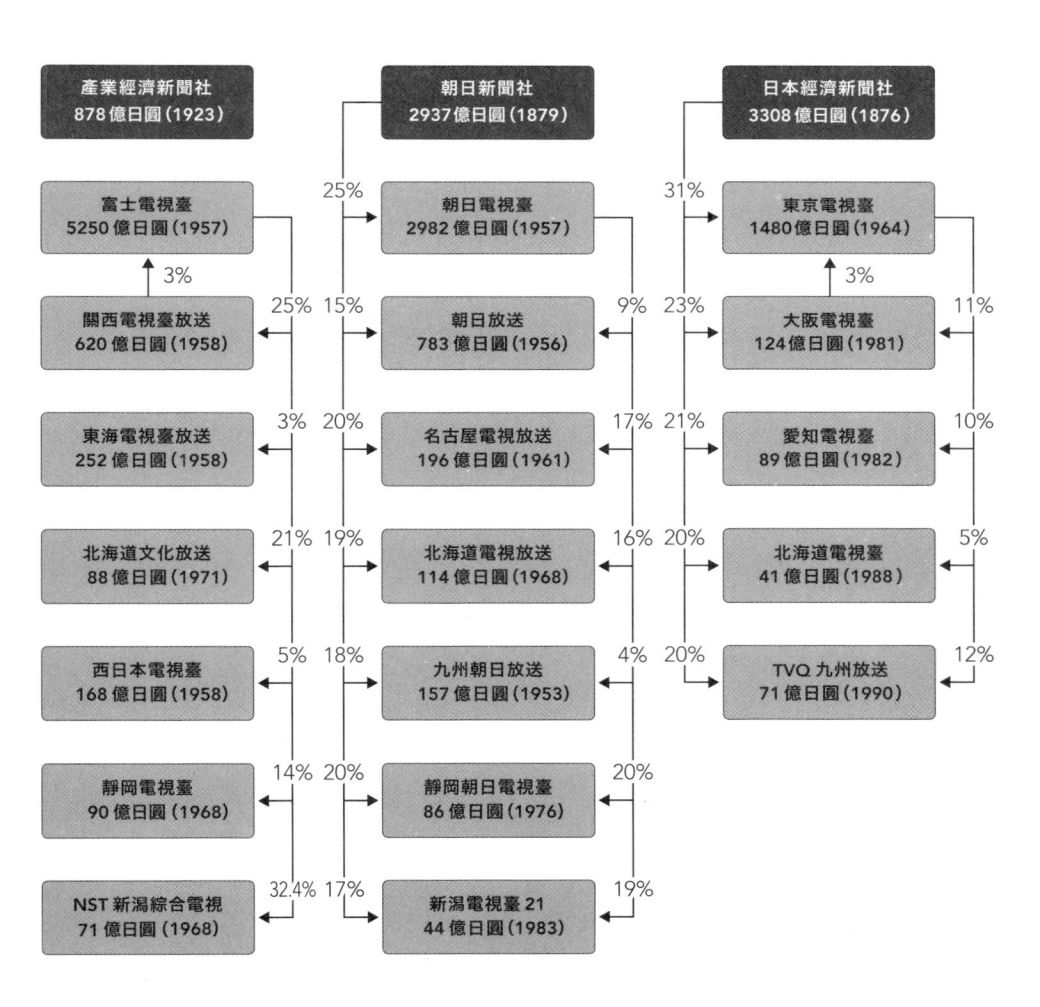

```
產業經濟新聞社                    朝日新聞社                      日本經濟新聞社
878億日圓(1923)                2937億日圓(1879)                3308億日圓(1876)
     │                              │                              │
     │              25%│            │            │31%              │
     ▼              ▼                ▼            ▼                  ▼
富士電視臺                       朝日電視臺                     東京電視臺
5250億日圓(1957)              2982億日圓(1957)              1480億日圓(1964)
     ▲ 3%                                                         ▲ 3%
關西電視臺放送      25%│15%    朝日放送          │9%    23%│   大阪電視臺        │11%
620億日圓(1958)   ◄──┤├──►   783億日圓(1956)   ◄──┤    ├──►  124億日圓(1981)   ◄──┤

東海電視臺放送       3%│20%    名古屋電視放送     │17%   21%│   愛知電視臺        │10%
252億日圓(1958)   ◄──┤├──►   196億日圓(1961)   ◄──┤    ├──►  89億日圓(1982)    ◄──┤

北海道文化放送      21%│19%    北海道電視放送     │16%   20%│   北海道電視臺      │5%
88億日圓(1971)    ◄──┤├──►   114億日圓(1968)   ◄──┤    ├──►  41億日圓(1988)    ◄──┤

西日本電視臺        5%│18%    九州朝日放送       │4%    20%│   TVQ九州放送      │12%
168億日圓(1958)   ◄──┤├──►   157億日圓(1953)   ◄──┤    ├──►  71億日圓(1990)    ◄──┤

靜岡電視臺         14%│20%    靜岡朝日電視臺     │20%
90億日圓(1968)    ◄──┤├──►   86億日圓(1976)    ◄──┤

NST新潟綜合電視  32.4%│17%    新潟電視臺21       │19%
71億日圓(1968)    ◄──┤├──►   44億日圓(1983)    ◄──┘
```

第⑥章 —— 電視

西地區的報社與電視臺進行霸權爭奪戰,因此出現了日本關西地區的朝日放送(朝日新聞社系企業)跟TBS(每日新聞社系企業的東京放送)組成聯播網路;每日放送(每日系企業)也跟朝日(朝日系企業的日本教育電視NET)組成聯播網路一段時間(此混亂複雜的情況在業界稱為「腸打結」〔腸捻転〕)。直到1975年,經由田中角榮重新分配資本進行整合,才形成了目前的穩定狀態。

在此之前的100年前左右,日本明治政府為廢除傳統封建制度(幕藩體制),將權力集中在中央政府,於1871年實施了「廢藩置縣」政策,整合全國約300個左右的藩,也不管這些藩的交情好壞與否,就硬將其合併成3府35縣。甚至,在更早以前的250年前,日本德川幕府為了加強對各藩主的統治管理,設計出一項「國替」(国替え)制度,也就是每隔一段時間,下令各地藩主率眾搬遷到另一個新的領地,藉此削弱各藩的勢力。這樣的習性從古延續至今,田中角榮介入整合報社及電視臺也是類似手段,這種由上而下的高壓管理方式所形成的體系,或許可以稱為「日本的傳統技能」吧。

順帶一提,日本的報社會變得如此龐大,其中一項重要的因素,也是由於二戰期間,報社從原本的739間整合成184間的緣故。

切割製作部門

事實上,相較於1960年代收視率呈爆炸性的成長,1970年代是電視臺經營面臨嚴峻考驗的時期。當時,電影公司失去片廠,放棄了導演的僱用制度。電視臺也出現播映格式的轉換,必須投資更新的設備,因此經營倍受壓力,陷入了困境之中。

圖表6-4　電視產業的價值鏈

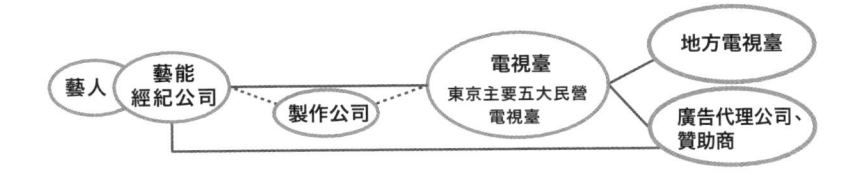

```
藝人 ── 藝能經紀公司 ┈┈ 製作公司 ┈┈ 電視臺（東京主要五大民營電視臺） ── 地方電視臺
                                                              └── 廣告代理公司、贊助商
```

〈演出費〉
・知名藝人主要收入為拍攝廣告酬勞,其次為參加節目的通告費
・藝能經紀公司與電視臺合作確保藝人上固定節目,並提升藝人個人品牌,為其量身打造音樂版權、商業廣告等項目

〈製作收入〉
・從贊助商提供總金額收入提撥2～4成,作為製作公司承攬製作的費用
・所有著作權歸屬於電視臺,製作公司不會保留

〈播出收入〉
・廣告總收入的2～4成,作為製作費、籌措費
・除了上述製作費以外,廣告代理公司獲取2成、聯播網路獲取1.5成,另外2～3成則為主要電視臺的毛利收入
・製作內容的著作權由電視臺獨占

〈聯播網路分配金〉
・地方電視臺播放節目,將從主要電視臺獲取廣告總收入之1.5成,作為網路分配金

〈廣告收入〉
・透過廣告代理公司以確保贊助企業提供廣告收入
・廣告代理公司的抽成費用為2成

出處｜作者彙整製作

因此,東京五大主要電視臺全部都把「節目製作部門轉為獨立的分公司」。從TBS電視臺裡人才輩出的「電視人聯盟(テレビマンユニオン)」開始,富士電視臺也切割4個部門轉為製作公司,調走了150名員工,讓電視臺裡沒有任何製作部門[65]。

日本電視臺也是一樣,1971年開始轉盈為虧,接著就連續5年停止任用大學畢業新鮮人。朝日電視臺的收視率被TBS、富士電視臺超越,同樣也面臨了困境,只能切割製作部門,徹底實施壓低成本的策略。

自此過後,就像前述提到的內容,電視臺隨著各家電視臺加入全國聯播網路體系後,廣告收入開始增加,電視臺的商業模式也日趨穩定。然而這種牢不可破的結構,卻面臨了許多難以解決的課題,就像我們目前所看到的情況一樣,地方電視臺缺乏市場上的自由競爭,就算製作出不受歡迎的節目,依舊能夠存活下去。

---

[65] 境政郎《最後,誕生了富士聯播網》(そして、フジネットワークは生まれた),扶桑社出版,2020年

6-4
電視是大眾無法等閒視之的內容王者

電視涵蓋了音樂、連續劇、運動賽事等所有類型,規模越來越龐大

　　電視的節目內容史,就是匯聚「音樂史/偶像、藝能經紀公司史/連續劇史/新聞史/運動賽事史/綜藝史」形成一體,電視給予觀眾滿滿內容王者的強烈印象。日本電視產業涵蓋了萬事萬物,因此變得越來越巨大。

　　接下來,我們將回溯觀眾喜愛節目內容的歷史。首先是音樂項目,如果談到音樂卻略過電視,那應該就不用再談下去了。《NHK紅白歌合戰》是每年最後一天播出的現場音樂演唱轉播節目,從1951年開播以來超過了70年以上的持續播出,是極具權威的大型音樂演唱節目。此外,知名的音樂節目還包括從《NTV紅白歌Best10》(1969年,日本電視台)到《明星誕生!》(スター誕生!,1971年,日本電視台)等。這些音樂節目,都是在電視台與藝能經紀公司建立了良好關係的情況下,共同打造出的音樂節目,也因此成為了培養偶像歌手及音

第⑥章 —— 電視

樂人的製造機。

在連續劇項目方面,也有許多節目內容大受好評。例如,NHK的第6部晨間連續劇《阿花小姐》(おはなさん,1966),描述女主角一生經歷了明治、大正、昭和三個時代的勤奮生活故事。這種每天播出的戲劇形式,受到觀眾的熱烈迴響。自此之後,大眾觀賞NHK每天早上播出的15分鐘晨間劇,就像每天撕下日曆的生活習慣一樣,成為日常生活中不容錯過的節目內容。NHK晨間劇也可說是「充滿了光明、活力與爽朗」的力量,深植於日本主婦與一家老小的心中[66]。民營電視台則有TBS從1972年開始主打的「星期五連續劇」(金曜ドラマ)時段。在TBS電視台的努力經營下,於1970年代建立出「TBS戲劇王國」的品牌。後來,1990年代富士電視台開創了引導潮流的「時勢連續劇」,成為極具影響力的戲劇平臺,除了戲劇節目本身之外,在流行歌曲、藝人,甚至是時尚流行等商業領域方面,都帶來了莫大的影響。

另外,《Zoom in!!早晨!》(日本電視台,1979年)與《News Station》(朝日電視台,1985年)這兩個節目也開拓出全新類型,讓新聞成為一項商品。

運動賽事也是靠著電視培養體育文化,才發展得如此蓬勃。

---

[66] 木俁冬《大家的晨間劇》(みんなの朝ドラ),講談社出版,2017年

其中，職業摔角轉播賽《力道山vs毀滅者》（日本電視台，1963年）的收視率高達64%，成為了傳說的輝煌年代，使得各家電視台爭相轉播職業摔角競技節目。1980年代，職業棒球的巨人球隊，只要進行一場比賽，即可讓一億日圓滾進電視台的財庫裡。所以，職業棒球與職業摔角並列，成為電視節目播出的首選內容（詳見第9章「運動賽事」）。

繼音樂、連續劇、運動賽事等節目後，深受觀眾喜愛的就是綜藝搞笑節目了。例如，《八點全員集合》（TBS，1969年）在1970～1980年代，長期維持在40～50%的高收視率。而《THE MANZAI》（富士電視台，1980年）和《笑一笑又何妨！》（笑っていいとも！，富士電視台，1982年）等節目，也成為孕育「搞笑藝人」的搖籃。

其他還有《橫越美國的知識旅行》（アメリカ横断ウルトラクイズ，日本電視台，1977年）與《原來如此！世界》（なるほど！ザ・ワールド，富士電視台，1981年）等益智問答節目，以及《星期二懸疑劇場》（火曜日サスペンス劇場，日本電視台，1981年）等懸疑推理連續劇、《PROJECT X》（NHK，2000年）與《寒武紀宮殿》（カンブリア宮殿，東京電視台，2006年）等財經節目也吸引不少觀眾。一旦各家電視台「發明」全新的節目內容，其他電視台也會立刻跟進，推出相同類型的節目。這簡直就像用日本一句諺語去戲謔5大民營電視台互相抄襲，「複製5次成功經驗」的感覺一樣（柳の下

にドジョウ5匹いる）。

　然而，創造全新的內容，是電視台成長的重要支柱，它不可能永遠無限產出。正如同我們非常清楚，電視產業受到威脅，已經有許多人紛紛投向新媒體的懷抱。

YouTube和抖音搶走觀眾

　有一本書的內容是這麼寫的，「電視只不過是短暫性的影音內容。畫面既小，畫質又差，觀眾也是『一邊做其他事，一邊看電視』，又不是需要耗神費時才呈現出的細膩影像，只要找一個拍得又快又便宜的導演就可以了[67]」。

　這些言論在1970年代，也是電影產業對電視產業的評論。大家是否覺得這些話耳熟能詳？沒有錯，現在從事電視產業的工作者，同樣也對YouTube做出類似的評論。

　1970年代一般普遍認為，電影產業精心製作一部爆紅作品獲得的利潤[68]，跟電視一年播出300集60分鐘連續劇的利潤是一樣的。即使電影公司出現資金短缺的財務危機，仍然會出

---

[67] 春日太一《為何時代劇會毀滅？》（なぜ時代劇が滅びるのか），新潮社出版，2014年
[68] 北浦寬之《大型片商對電視產業的初期投資 以電視電影製作為中心》谷川建司（編）「二戰後電影的產業空間　資本、娛樂、興行」第9章（大手映画会社の初期テレビ産業への進出 テレビ映画製作を中心に』『戦後映画の産業空間 資本・娯楽・興行』第9章），森話社出版，2016年

於自尊，在電影製作品質上毫不妥協。

目前，對於電視台來說，YouTube正是「品質既差，效率又低」的媒體。然而從另一個面向去看，YouTube已經有眾多「業餘人士」製作出無數影片，電視已經失去了大膽創新的「實驗室」立場，因此才會被YouTube急起直追、步步逼近。

這些「拙劣」的新興媒體，往往精準掌握了創新題材。如同過去電影搶走劇場的觀眾，接著電視也搶走電影的觀眾一樣；此時此刻，YouTube和抖音，也正在搶奪電視的觀眾。

第 ⑦ 章

宮崎駿（2001年11月13日）
照片提供 | 路透社／Aflo

動畫

第 ⑦ 章 —— 動畫

7-1
世界動畫聖地的日本對抗好萊塢

美國好萊塢在全球市場占比40%、日本25%

　　一般認為，日本極具代表性的產業是汽車或影印機，不過同樣也有很多人認為是電玩遊戲與動畫。的確，任天堂和索尼的遊戲主機及平臺系統，都席捲了全世界。反觀動畫《哆啦A夢》或《七龍珠》，雖然在日本大受歡迎，但在世界上只侷限在某些地區，並沒有廣泛傳播。就連《神隱少女》（千と千尋の神隱し，2001年）榮獲美國奧斯卡金像獎最佳動畫長片，也已經是20年前的往事了。而動畫導演新海誠與細田守的動畫電影，也只是以日本高中生為題材的「小故事」。

　　日本動畫真的在國外流行嗎？事實上，有不少人對此抱持疑問。

　　目前，好萊塢的「美國動畫」跟日本的「動畫」是不同的。美國動畫早已在全世界樹立了一種鮮明的風格，這是顯而易見的事實。

　　現在全球看得到的動畫作品之中，約有1/4是日本的動畫。

日本動畫商業報導網站「Animation Business Journal」調查了全世界100個以上的串流影音平臺，並將平臺上約2萬部動畫作品的收視情況進行分類。其中，《冰雪奇緣》（Frozen）和《玩具總動員》（Toy Story）這種類型的美國動畫占了40%，接著是日本動畫占比24%，第3名則是占比4%的英國動畫。我們可從中看出，日本動畫是僅次於好萊塢之後的內容產品，而第3名以後，跟前面名次的市占比出現了極大的落差。在日本國內的串流影音平臺Abema TV或Disney+，節目中有2成是動畫，而Netflix和Amazon Prime則是7%左右。

以驚人的CP值大量生產2D動畫

日本動畫令人驚豔的地方，就是CP值非常高。美國好萊塢製作一部2小時的動畫電影，大約會耗資50～100億日圓。拿一部實際成功的日本動畫進行比較，2019年上映的《神奇寶貝電影版　超夢的逆襲再進化》（劇場版ポケットモンスター　ミュウツーの逆襲），雖然製作費只有3.5億日圓，卻在全球創下將近200億日圓的票房收入。而另一部2020年上映的日本動畫作品《鬼滅之刃劇場版　無限列車篇》（鬼滅の刃　無限列車編）製作費不到10億日圓，在北美地區打進第2名，並創下全球票房高達500億日圓的紀錄。也就是說，儘管美國動畫占整體4成、日本占2.5成左右，但日本多數動畫作品的製作

成本，卻不到美國動畫的1/10，因此能夠大量推出「經濟實惠」的作品。

美國好萊塢一年製作的電影高達600部以上，不過1980～1990年代的「迪士尼動畫」卻日趨衰退。當時，迪士尼手繪動畫（如同日本推出的2D動畫電影）在電影票房收入的占比不到3%，甚至還考慮關閉最早開啟動畫事業的「迪士尼動畫工作室」。直到2004年，迪士尼併購皮克斯動畫，把事業方向轉為3D動畫，才漸有起色。2000年代，雖然動畫電影在不分類型的電影總票房中，占比不到5%，但到了2010年代，動畫電影開始遍地開花。最近甚至打敗了真人演出的電影，獲得15～20%的電影總票房占比。因此，無論是中國或韓國，也開始跟隨美國的腳步，大量製作3D動畫電影。

日本面臨這種情況，儘管受到迪士尼動畫電影的刺激，但實際上絕大多數的動畫製作，仍舊採用手繪2D動畫（事實上已經運用了各種數位工具進行手繪動畫）。

區分日本動畫史的各個年代

若回顧日本動畫史，大致上可以區分為4大階段：①以兒童為受眾的動畫電影（1960～1970年代）②以青年為受眾的動畫電影（1980～1990年代前半期）③動畫製作委員會時代與動畫風潮（1990年代後半期～2000年代）④線上串流影片及

全球化（2010年代～）。接下來，本章節將探討各個時期的產業結構變化，並舉出相關實例。

如果觀察市場規模，可得知到1980年代為止，電影公司推出了各式各樣的優秀作品，例如：《原子小金剛》、《福星小子》以及《龍貓》（となりのトトロ）。然而，動畫產業在這段期間，卻是一個連市場規模都很難計算的小眾市場。不過，進入1990年代，動畫市場規模超過了5,000億日圓。後來到了2000年代中期，甚至成長至1.2兆日圓。接著，進入2010年代，更是翻倍成長到2.5兆日圓的龐大規模。

在這20年裡，日本的動畫製作數量，從每年100部逐漸增加到200部，後續又增加到每年將近350部。美國一年製作所有類型電影共計660部，其中動畫電影未達50部，不到一成。

日本的動畫製作公司共計有811間，其中85%集中在東京，而東京的動畫公司又有4成集中在3區：杉並區（149間）、練馬區（103間）、中野區（47間）。這種情況，彷彿印度拍攝真人電影對抗好萊塢的「寶萊塢」（Bollywood）一樣（印度製作電影的作品數量是美國的3倍），在杉並、練馬、中野的動畫公司，大量製作多元化題材的作品及數量，同樣也呈現出了「杉並萊塢」（Suginamiwood）的樣貌。

2010年代日本拓展全球動畫市場的速度驚人

2010年之後，日本動畫產業的成長，遠遠超過了業界人士的預期。日本國內的需求雖然呈現飽和狀態，但「國外」的需求，仍然不斷持續成長。過去，日本一年推出200部動畫電影，市場就已達到飽和狀態。然而，經過5年的時間，日本動畫的製作量卻幾乎翻倍，一年總計達到了350部。主要在於「全球串流平臺開創出全新市場，促進內容產業良性競爭，讓外匯得以流入日本」，因此作品數量大增。

圖表7-1將日本動畫市場進行分類。2008年全球金融海嘯是一個轉折點，市場規模一度萎縮，隨即進入蓄勢待發的階段。在2012年之後，日本便開始迎接過去不曾經歷過的高速成長期。日本國內動畫市場，也從7,000億日圓躍升至一兆日圓規模，然而這僅僅是動畫產業成功的一部分而已。相較之下，更讓人瞠目結舌的是，「國外」市場規模在2010年左右，原本只有2,000億日圓，卻在前後不到十年的時間，成長到一兆日圓規模。「國外動畫消費市場」是日本動畫周邊玩具市場的兩倍，比起電視、電影、影音光碟、玩具等項目的總銷售金額還要高。

由於國外消費的需求，帶動了動畫周邊相關消費，在經過2010年代後，成長了5倍之多。若以日本國內消費者在動畫上的平均最低消費金額，回推計算國外消費者的成長情況，可

圖表7-1　日本動畫的市場趨勢變化

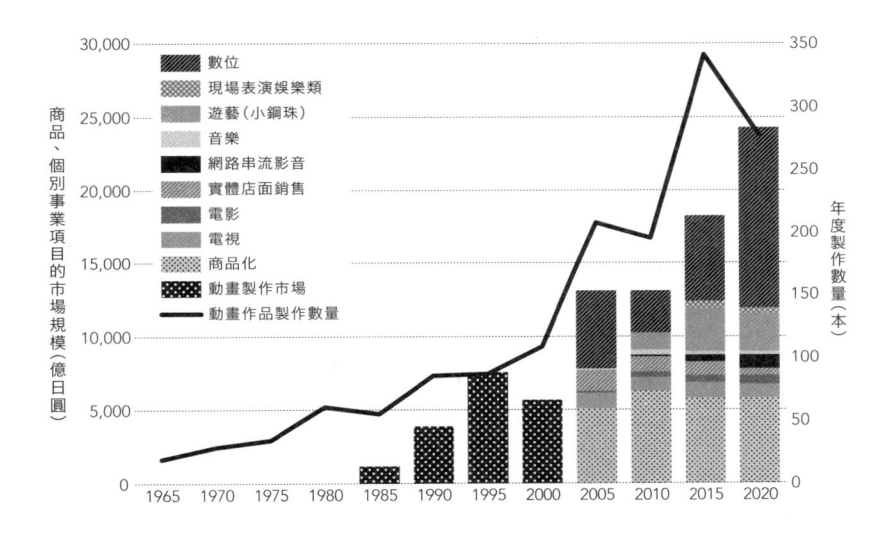

商品、個別事業項目的市場規模（億日圓）／年度製作數量（本）

圖例：數位、現場表演娛樂類、遊藝（小鋼珠）、音樂、網路串流影音、實體店面銷售、電影、電視、商品化、動畫製作市場、動畫作品製作數量

出處｜作者根據《資訊媒體白皮書》資料彙整製作

得知在這10年裡，國外消費者以日本2～3倍的規模，形成了龐大市場。

國外能夠急遽形成如此龐大規模的市場，也是因為全球各地購買盜版動漫商品的人口眾多，在2000年代培養出大量喜愛日本動漫的忠實粉絲。後來，線上影音串流平臺越來越普及，這群國外的忠實粉絲也樂意付費收看動畫內容，所以在市場上締造驚人的收益。由於日本過去嚴格限制出版流通，因此日本動畫取代了漫畫，在國外的日本內容產業中，扮演著相當重要的代言角色。

第⑦章 —— 動畫

　　日本2019年度的內容市場規模約12兆日圓，其中製作費3.5兆日圓，有一半是「電視節目」製作費（如圖表7-2所示）。相較之下，一年製作300部動畫作品的總製費為500～1,000億日圓，還不到影像製作費總額的10%。然而，銷往國外的所有日本節目之中，動畫節目高達85%，將近450億日圓（如圖表7-3所示）。換句話說，動畫只占了影像製作費總額3%左右，銷往國外的占比卻高達將近9成。

圖表7-2　日本2019年軟體、內容製作費用（億日圓）

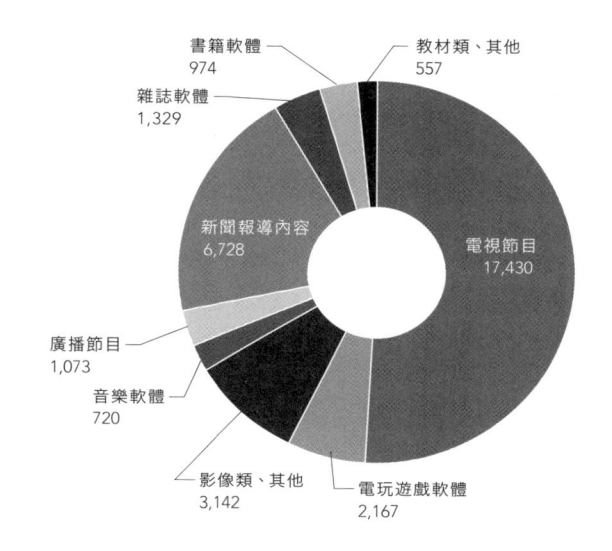

- 書籍軟體 974
- 教材類、其他 557
- 雜誌軟體 1,329
- 新聞報導內容 6,728
- 電視節目 17,430
- 廣播節目 1,073
- 音樂軟體 720
- 影像類、其他 3,142
- 電玩遊戲軟體 2,167

圖表7-3　日本2019年電視節目個別項目之國外營收（億日圓）

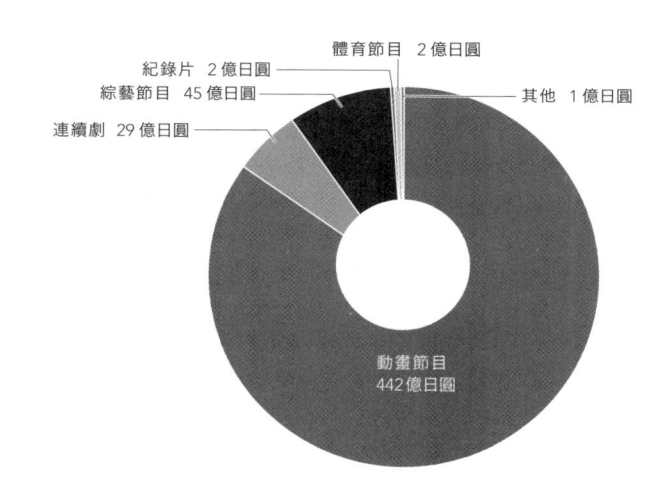

- 紀錄片 2億日圓
- 體育節目 2億日圓
- 綜藝節目 45億日圓
- 其他 1億日圓
- 連續劇 29億日圓
- 動畫節目 442億日圓

出處｜總務省「媒體、軟體的製作及流通實際情況相關調查」（メディア・ソフトの制作及び流通の実態に関する調査）

第 ⑦ 章 ─── 動畫

7-2

動畫產業是在瘋狂狀態中誕生的

剛好生存下來的「東方迪士尼」

在日本動畫產業中,東映動畫(東映アニメーション)的存在極為獨特,除了歷史最悠久,同時也是目前日本最大,擁有傲人營收的一間動畫製作公司。許多人都知道,吉卜力工作室的動畫導演宮崎駿與高畑勳,過去也曾經在東映動畫工作,而這間老字號公司推出的代表作則有《七龍珠》、《航海王》(ワンピース)與《光之美少女》(舊譯「美少女戰士」)(プリキュア)。

目前,東映動畫雖然是東映電影公司集團旗下的子公司,不過東映動畫的前身,是由二戰前從事動畫事業的數間公司整合而成的集團。其中包括松竹動畫研究所及東寶圖解映畫等公司,由於「彼此認同一間公司單打獨鬥無法生存,所以產生先合作再說的想法」。二戰過後,他們於1948年正式成立「日本動畫公司」,接著又於1952年更名為「日動映畫公司」。另一方面,東映電影是1951年經由3間公司(東京映畫發行、東橫映畫、太泉映畫)整合而成的新興電影公司,並以大量拍攝時

代劇電影獲利，發展得相當順遂。由於公司財務穩健（東映在1956年超越松竹、東寶，成為日本第一大電影公司），再加上為了對抗電視而考慮以動畫電影開拓全新電影市場，以及希望打造出與駭人的黑幫電影完全相反的「正面積極（對社會有所貢獻）」品牌，因此於1956年收購了日動映畫，並將其更名為東映動畫，納入旗下子公司。儘管日動映畫是一間瀕臨破產的30人公司，卻也是當時「日本最大型的動畫製作公司[69]」。

回顧當年電影公司的整合及廢除，如果最後公司名稱不是「東映動畫」，而是「東寶動畫」或「松竹動畫」，也都不需要大驚小怪。然而，在這樣的情況下，東映電影的社長大川博卻展現出強大野心，企圖讓東映動畫成為「東方迪士尼」，因此決定收購事宜。那段期間，美國迪士尼擁有將近2000名員工的動畫製作團隊，完成1小時16分的動畫長片《仙履奇緣》（Cinderella），總製作費耗資2,200萬美元（換算現今幣值約25億日圓）。1955年，美國加州迪士尼主題樂園開幕後，無線電視臺ABC也立刻播出以迪士尼樂園為主題的節目（首播的收視人數達7000萬人）。迪士尼運用世界上獨一無二的大手筆製作，以及經營主題樂園的方式，讓娛樂及動畫產業成長茁壯[70]。

69　中川右介《動畫大國建國記 1963～1973 那些築起電視動畫的先驅者》（アニメ大国建国紀 1963-1973 テレビアニメを築いた先駆者たち），Eastpress出版，2020年

70　Neal Gabler（尼爾・蓋布勒著）、中谷和男（譯）《創造的瘋狂 Walt Disney》（創造の狂気 ウォルト・ディズニー），鑽石社出版，2014年

第⑦章 ── 動畫

在東映電影收購東映動畫的一年過後，東映動畫在1957年底，員工增至100人。3年後的1957年，動畫工作室持續成長，員工超過了270人。東映動畫在編制擴大的情況下，首部製作的動畫長片是70分鐘的《白蛇傳》（1958年），日本的動畫歷史就此展開。

手塚治虫不惜把從漫畫獲得的資產投入動畫事業

東映電影即使收購東映動畫，「電視動畫」仍然是遙不可及的夢想。1957年，在東映電影與旺文社的主導下，設立了日本教育電視臺（現在為朝日電視臺），提供一個兒童觀賞的動畫頻道。不過，當時300人的團隊若要製作一部90分鐘的動畫，一年所需的製作費用高達4,000萬日圓。然而，東映動畫的「製作預算只拿得出幾十萬日圓」，所以不得不放棄電視動畫的夢想。

日本自製的第一部電視動畫，是由手塚治虫完成的。1947年，手塚治虫在19歲這一年來到東京，他殷切盼望進入動畫公司蘆田漫畫電影製作所（芦田漫画映画製作所）工作，但是並沒有被錄取。如果這間公司沒有拒絕手塚治虫，日本漫畫及動畫的歷史，肯定會與現在截然不同。

1951年，手塚治虫在光文社的漫畫月刊開始連載《原子大使》（アトム大使），很快地出版到第10冊時，他便成為讀者

喜愛的漫畫家了。1954年，手塚治虫擁有的財產，使他登上日本關西地區富豪排行榜的畫家類別冠軍寶座。他把自己在1950年代累積的財富，幾乎都花在1960年代的動畫製作上。手塚治虫著迷於迪士尼《小鹿斑比》（Bambi），甚至表示自己重看了80遍以上。比起漫畫，他的「夢想」其實是動畫。

1961年，手塚治虫成立蟲製作公司（虫プロダクション），他與電視臺協議，以實際不到一成製作費的「一集55萬日圓」，將《原子小金剛》改編成電視動畫。當時，製作一集影視內容的行情確實是55萬日圓，但動畫的製作成本卻是真人電影的10倍，可說是生產效率極差的作品。只不過一年的時間，蟲製作的負債就高達一億日圓。不過，幸好《原子小金鋼》的收視率高達27%，創造出奇蹟般的成果。後來，美國NBC電視臺提出報價，以一集一萬美元（當時幣值為360萬日圓）買下公開播送權，因此手塚治虫一年可獲得一億日圓收入。再加上明治製菓使用《原子小金剛》的IP角色，可從商品銷售總額34億日圓分潤3%，同樣獲得一億日圓的收入。光是靠小金剛這個角色，就讓公司收入豐厚。後來，儘管手塚治虫仍把私人財產投注在動畫製作上，蟲製作卻無法停止虧損，於是在1973年宣告破產。

電視動畫的發明來得太早，因為高製作成本而容易失敗。就像第4章「出版」中提到的，1920和1960年代，市面上充斥著分別以大眾和兒童為讀者群的廉價出版物，數量多到令人眼

花繚亂；就連編輯部只有5人與10人的《週刊少年Sunday》與《週刊少年Magazine》，赤字虧損也長達10年以上。另外，在1960年代，美國也不曾出現動員數百人，把動畫當作「週刊」事業來經營的情況。儘管動畫產業經營艱困，卻在1970～1980年代把日本打造成風靡世界的角色生產大國。

新世紀福音戰士改變時代

以兒童為受眾的電視動畫宣告結束

　　日本在《原子小金剛》開啟收視熱潮後，零食點心或玩具廠商，便會以贊助商的名義，在動畫節目時段，安插自家廣告播出。於是，動畫就變成鎖定兒童的電視節目了。不久後，開始流行起「機器人動畫風潮」、「怪獸風潮」與「熱血運動風潮」等主題，只要一部作品爆紅，各大公司就會跟風，將同類型作品改編成電視動畫。

　　接著，這種做法就形成一種商業模式。「贊助商透過投資電視動畫，運用動畫角色引爆流行熱潮，將角色結合商品上市，在創造利潤之後，就能回收最初的投資成本」。贊助商從零食點心開始，到了1970年後半期，模型和玩具商也帶起了流行熱潮，主要以動畫製作公司日昇（サンライズ）為中心，推出《勇者萊汀》（勇者ライディーン，1975年）、《機動戰士鋼彈》（1979年）、《超時空要塞》（超時空要塞マクロス，1982年）

第⑦章 ── 動畫

等作品。這種由贊助商主導，交給動畫製作公司推出作品，成為一種商業模式。例如，從過去到現在持續受到歡迎的《假面騎士》或戰隊系列作品，皆由知名的萬代公司推出「動畫×玩具」商品，這就是動畫節目結合商品的一種促銷手法。日昇公司成立於1972年，公司創辦成員原本隸屬手塚治虫的蟲製作公司，在告別前東家之後，設立了這間動畫製作公司。日昇公司相當擅長機器人系列動畫，自1994年起納入萬代（萬代南夢宮控股公司，バンダイナムコHD）旗下的子公司。

只不過，如果商品賣不出去，動畫就會立刻停播。儘管如此，日本電視的動畫依然一齣接著一齣製作，不曾間斷。

當時固定的運作方式是，首先由廣告贊助商提供製作動畫的資金（廣告時段費用）5,000萬日圓。其中的1,000萬日圓交由電通廣告公司這類廣告代理商，而2,000萬日圓則分配給同一聯播體系的各地方電視臺，剩餘2,000萬日圓的一半由東京主要電視臺取得，另外1,000萬日圓交給東映動畫這類動畫製作公司，作為委託製作費。雖然廣告贊助商對於動畫節目具有影響力，然而發包製作的電視臺，卻握有動畫節目的著作權。

那麼，提到電視動畫的收視率情況，可參考圖表7-4。1970年代，有幾部家喻戶曉的日本國民電視動畫節目，一開始雖然獲得高收視率，但後來卻呈現持續下滑的趨勢。

例如，《海螺小姐》播出時，剛好搭上收視戶普及率接近

圖表7-4　電視動畫的收視率趨勢變化

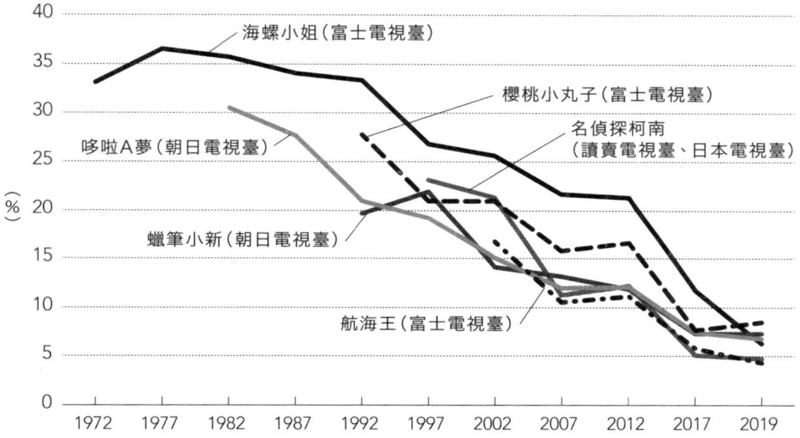

海螺小姐（富士電視臺）
櫻桃小丸子（富士電視臺）
哆啦A夢（朝日電視臺）
名偵探柯南（讀賣電視臺、日本電視臺）
蠟筆小新（朝日電視臺）
航海王（富士電視臺）

出處｜Video Research公司

100%的彩色電視機時代，這部作品透過無線電頻率，於每週日晚上6點半時段播出，培養出闔家大小一起觀賞的習慣，甚至創下節目至今仍保持播出50年以上的世界金氏紀錄。這齣不可思議的動畫節目，直到1980年代的收視率都維持在30%左右，但到了2000年代卻下滑到20%，2010年代末期更是跌至5%左右。而《哆啦A夢》、《蠟筆小新》（クレヨンしんちゃん）和《名偵探柯南》（名探偵コナン）等知名作品，也面臨同樣的情況。所有電視動畫的收視率皆全面持續下滑，不過，只要一看就知道，問題並不在於作品內容的好或壞。

第⑦章 ── 動畫

全新的商業模式──動畫製作委員會

雖然電影節目無法像過去那樣獲得高收視率，但動畫的製作不但不曾間斷，作品數量反而越來越多，這一切都得歸功於創新的商業模式。

《新世紀福音戰士》（エヴァンゲリオン，1995年）正是打破原本製作常規的一部作品。包括AD Systems與國王唱片在內的各大企業，都是這部作品的製作團隊成員，他們「運用製作委員會的方式，使作品成功」（與現在製作委員會的運作方式不同）。通常由3～10間企業組成製作委員會，接著募集為期3個月、每週播出1次、共計12集的動畫製作費1.5～2億日圓（一集1,000～1,500萬日圓）。藉由「大家共同持有，大家一起宣傳」來完成動畫作品，這種方式後來也越來越普遍。目前，日本一年製作將近300部作品，幾乎全都是採用動畫製作委員會的方式。

過去，製作電視動畫的商業模式，是藉由取得高收視率的機會而尋求廣告贊助商；後來轉變為數間企業共同組成製作委員會的新型商業模式，不再只是執著收視率高低。製作委員會的成員包括：出版商、廣告代理公司、綜合商社、電影發行商、電玩遊戲商、玩具商等企業，大家「共同出資製作，並獲得IP角色權利，進而促成事業蓬勃發展」。自從出現製作委員會的商業模式之後，想要投資或參與動畫製作的企業，比過往增加

了數十倍。

動畫產業在還沒有製作委員會之前,都是由東京五大主要民營電視臺、部分地方電視臺,大約100家電視臺主動委託動畫製作公司完成作品。目前,有高達數百間的動畫相關業者,以投資者、製作委員會成員的身分參與動畫製作,並在後來增至700～800間的動畫公司之中,挑選一間合適的公司委託製作。而動畫製作公司也可以部分出資(如5%),以持有動畫著作權的權利。

開拓更多元化的收益來源——「深夜時段動畫」、「鎖定御宅族的動畫」

動畫製作委員會能夠順利運作,也必須歸功於動畫事業的背後有多項收益來源支撐。例如,由動畫製作公司Studio Pierrot(スタジオぴえろ)在富士電視臺播出的《福星小子》(1981年),後來發行售價高達33萬日圓的豪華光碟限量套組,6000組上市不久後即銷售一空,創造2億日圓營收。而動畫電影《龍貓》(1988年)下檔後,即使過了兩年,周邊商品的營收依然持續成長。於是,動畫延伸出的商品類型越來越多元,一旦觀眾成為愛好者,就會持續購買商品。再者,動漫內容培養出「御宅族」世代,他們生活在物質充裕的時代,對於花費數萬日圓購買動漫商品毫不手軟。另一方面,由於企業

加入動畫製作委員會,能取得動畫使用的權利,所以增加了更多賺取收益的方法。因此,就算是小眾類型的動畫,也能成為一項獲利的發展事業。例如從萌系動畫到情色動畫,作品類型呈現百家爭鳴的多元樣貌。

如此一來,除了無須限制平日傍晚或黃金時段播出「大人小孩闔家共賞的動畫」,也不必再為了擴大收視率而追求節目在日本全國地區的高覆蓋率了。1990年,東京主要五大民營電視臺聯播網雖然持續播出動畫節目,但到了2005年時,參與聯播的地方電視臺變少,而且節目廣告費也很低。東京電視臺在這個時期,動畫節目的播放數量占整體一半以上,其中近半數的作品集中在深夜0點～早上6點時段播出(如圖表7-5所示)。於是,電視動畫在人們起床後的全日時段播出,反而成為了非主流的小眾節目。到了2015年代,由於東京都會電視臺播出的區域範圍有限,製作方不需要支付給電視臺節目宣傳及播出的費用「局印稅」與廣告費用,因此靠著動畫節目受到歡迎,作品播放數量的占比也非常高。

日本電視產業中的「局印稅」,指的是當電視臺播放動畫節目時,會向製作方收取一定的費用。雖然電視臺並沒有負擔動畫製作費用,但因為播出動畫節目,對內容的廣泛傳播有所貢獻,所以才會處於強勢收費的立場。不過,由於東京都會電視臺播出的區域範圍有限,不需要收取局印稅與廣告費用,因此在製作方無須負擔費用的情況下,也能順利播出動畫。

到1990年代為止,以及2000年代之後的電視動畫,無論是電視臺或播出時段,都是瞬息萬變。這也代表動畫本身的內容與受眾皆有所差異,同時出資者與製作方的構成也都不一樣。在如此充滿戲劇性的變化之中,《鋼之鍊金術師》(2003年)和《涼宮春日的憂鬱》(2006年)等知名作品相繼誕生。

圖表7-5　動畫節目的播放情況

NTV：日本電視臺　　CX：富士電視臺
EX：朝日電視臺　　TX：東京電視臺
MX：東京都會電視臺

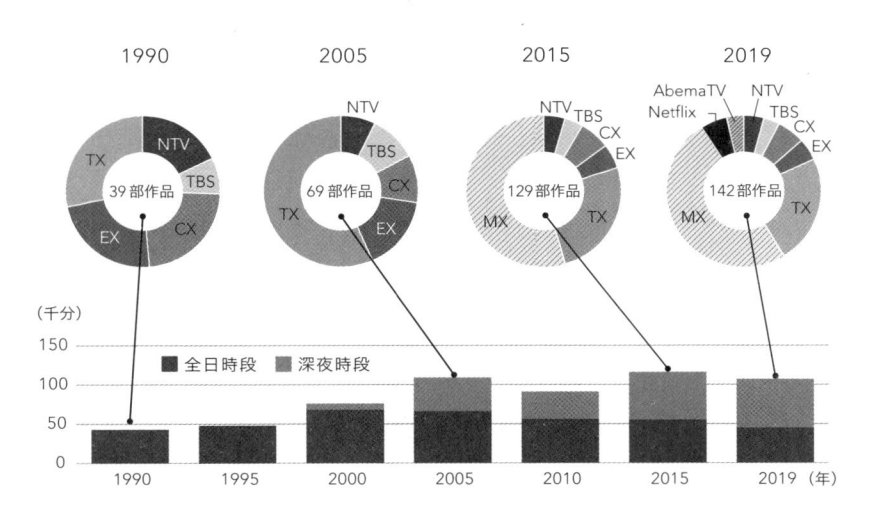

出處｜根據渡邊哲也《商業模式學會2021》的資料。全日時段：6:00～24:00，深夜時段：0:00～6:00

第⑦章 —— 動畫

　　一直到了現在,來自國外的日本動畫迷越來越多。一切多虧在這20年裡,那些不斷演變進化,鎖定成人族群,在深夜時段播出的日本動畫節目,這些作品深深吸引了國外的觀眾。如今,進入串流影音平臺的時代,在日本的動畫內容裡,IP角色的魅力引爆熱潮,內容市場出現了意想不到的空前盛況。那些以為《海螺小姐》、《哆啦A夢》或《蠟筆小新》代表日本動畫的人,一定會大感意外,因為日本動畫的轉變,已經達到了無法想像的境界。

日本動畫產業擁有完全自由的創作空間

　　究竟日本為什麼會創作出以成人為受眾的動畫類型作品呢?其實,這一點和漫畫有共通之處。一般認為,日本的動畫與漫畫,能夠以反威權、反主流的地下文化自由發展。而美國卻把動漫視為「教育兒童的工具」,持續限制創作自由。因此,兩國在動漫創作上,出現了極大差異。

　　1959年,美國參議院對於漫畫中殘酷內容的描繪,引發了一場激烈的論戰。參議院最終制定出比二戰之前更不自由的創作規定,對人物角色、故事的設定有諸多限制。因此,各家出版社都同時對漫畫的內容進行自我審查,故事主角的形象只能是兒童心中的模範,在社會上必須扮演正義的角色。這樣的結果,使得美國市面上只能看到《超人》(Superman)、《蜘蛛人》

（Spider Man）等英雄作品，導致讀者最後逐漸遠離。

　　反觀日本的漫畫，在創作的限制中逐漸獲得解放，漫畫成為象徵著反威權、反主流的地下文化媒體，道出或緩解日本人內心對社會問題的種種不滿。而動畫跟漫畫在創作上的自由極為相近，透過生動的影音內容訴敘事，獲得比漫畫傳播還更廣泛、更普及的媒體定位。日本動漫產業建立如此完全自由的創作環境，誕生出各種廣泛題材的作品（雖然過程中有數不清的人試圖想要限制創作自由），與美國漫畫中的角色形成鮮明對比。因此，日本能以極具個性的角色，作為發展動畫產業的利器。

吉卜力工作室把動畫視為「藝術作品」

贊助者催生出奇蹟般的動畫作品

手塚治虫一心想製作動畫，不過卻從漫畫開始起步。對照之下，宮崎駿同樣也創作漫畫，但經過煩惱掙扎後，於1963年選擇進入東映動畫，踏上製作動畫這一條路。過了10年左右，宮崎駿與高畑勳一起離開東映動畫，接著歷經A製作（Aプロダクション）、瑞鷹（ズイヨー映像）動畫製作公司等工作。在這個時代，手塚治虫的原著漫畫作品《海王子》（海のトリトン，1969～1971年連載）也剛好在此時改編成電視動畫（1972年），製作人是以《宇宙戰艦大和號》（宇宙戰艦ヤマト）聞名的西崎義展，導演則是以《機動戰士鋼彈》聞名的富野由悠季。儘管沒有直接關係，但都跟宮崎駿的作品一樣，是同在動畫史上留名的佳作。到了1985年，德間書店為了讓宮崎駿有一個製作動畫電影的工作空間，於是出資成立子公司吉卜力工作室。

1960～1970年代，動畫產業已建立出「把受歡迎的漫畫，

改編成適合兒童觀賞的動畫，並結合零食點心與玩具拓展商機」這種固定模式。不過，吉卜力工作室卻走回頭路，藉由「只製作原創動畫電影，單純靠作品的魅力獲得收益」的商業模式，連續推出多部傑出作品。

東映動畫的前社長岡田茂曾經表示：「本公司也是如此，希望作品確實獲利，因此推出以兒童為受眾的動畫。萬一票房慘淡，還是可以靠角色的周邊商品填補虧損。但是，德間書店採取不同的策略，他們一開始就想製作出抓住成人目光的動畫。這都是因為宮崎駿才華洋溢，才有辦法做到的事[71]。」

德間書店社長德間康快具有典型領導者的風範，總是展現出寬廣的胸襟器度，他與當時在德間書店從事編輯工作的鈴木敏夫，共同發掘宮崎駿的才華。德間書店提供協助，任由吉卜力工作室勇往直前，這種無須踩煞車的經營方式儘管危險，也代表完全放手讓宮崎駿自由發揮創意。從組織趨向穩健的層面思考，吉卜力也積極推動《風之谷》（風の谷のナウシカ）等動畫作品系列化、商品化，並發展成玩具、電玩遊戲等。不過，吉卜力曾經是一間「不談賺錢」的公司。

日本電視臺前董事長氏家齊一郎在2011年過世，他生前曾經表達心願：「好想欣賞吉卜力的高畑勳導演最後的作品。」所

---

[71] 佐高信《飲水思源　媒體的魔法師：德間康快》（飲水思源 メディアの仕掛人、德間康快），金曜日出版，2012年

以才會不惜成本,耗資52億日圓,讓高畑勳執導拍完《輝耀姬物語》(かぐや姫の物語,2013年)。這部作品從企劃到完成,前後總共花了8年的時間。如果按照一般商業思維,這部動畫電影根本不可能問世。

手塚治虫心目中理想的工作環境,說不定就像吉卜力工作室這樣吧?一切都得歸功吉卜力背後強而有力的贊助者,打造出讓創作者心無旁騖的環境,能夠自由發揮創意,實現一心追求的創作理念。

鈴木敏夫的策略──跨企業的合作＆宣傳

小時候接觸動畫的戰後嬰兒潮世代,即使長大成人,依然會持續消費動畫。1978年上映的動畫電影《再見,宇宙戰艦大和號愛的戰士》(さらば宇宙戦艦ヤマト 愛の戦士たち)票房收入21億日圓,排名當年度日本國片第2名。《銀河鐵道999》(銀河鉄道999,1979年)票房收入16.5億日圓,這是第一次動畫電影登上年度日本國片的冠軍寶座。後來,宮崎駿的《風之谷》(1984年)票房收入達7.4億日圓,雖然未打進年度票房前10名,卻因此加速吉卜力工作室的組織發展(《風之谷》上映前的製作公司是吉卜力工作室的前身,由原徹成立的Topcraft動畫工作室)。

只不過,吉卜力並非只靠動畫電影,公司就能永續經營。

吉卜力工作室也稱不上穩健，必須經常保持「即將解散」的心理準備。即使推出了紅透半邊天的作品，但考量到為養活吉卜力聘請300～400名的工作人員，每2年必須推出一部賣座達100億日圓的作品，否則就會面臨龐大的負債危機[72]。一般而言，動畫製作公司為了維持正常營運，必須努力創作大賣的作品，然而吉卜力工作室卻是為了讓宮崎駿與高畑勳這對組合自由創作而存在的，因此在營運上經常會產生矛盾。

儘管如此，吉卜力最後還是下定決心「絕不解散」。主要原因是1989年上映的《魔女宅急便》（魔女の宅急便），票房創下42.8億日圓，擊敗了《哆啦A夢：大雄的日本誕生》（ドラえもんのび太の日本誕生），獲得日本國內電影年度票房冠軍。此時，也是鈴木敏夫從德間書店調任吉卜力工作室的時間點，他促成日本雅瑪多運輸（ヤマト運輸）投資《魔女宅急便》，這對當時的動畫產業來說，是相當罕見的成功策略。吉卜力以此為契機，由鈴木敏夫負責「對外」，貫徹商業主義與市場行銷；宮崎駿與高畑勳則是「對內」，貫徹創作者主義，專注於動畫製作；他們透過內外分工，建立出維持組織營運的體制。接著，吉卜力陸續接受知名大型企業以出資公

---

[72] 網站「吉卜力的世界」2013年11月4日「鈴木敏夫談論吉卜力的現況：吉卜力就算票房破百億日圓，仍然未達預算低標（鈴木敏夫が語る、興収100億円を越えても採算ラインに届かないスタジオジブリの実情），https://ghibli.jpn.org/report/sui-toku/

第⑦章 —— 動畫

司身分,投入資金製作動畫。 例如,1992年上映的《紅豬》(紅の豚)與日本航空合作,《神隱少女》則與三菱商事(羅森LAWSON)合作,同時邀請知名藝人為動畫角色配音。鈴木敏夫對外的各項措施規劃得恰到好處,不會防礙內部的創作自由,可說是內外協調一致,搭配得天衣無縫。

圖表 7-6　吉卜力工作室作品之票收入

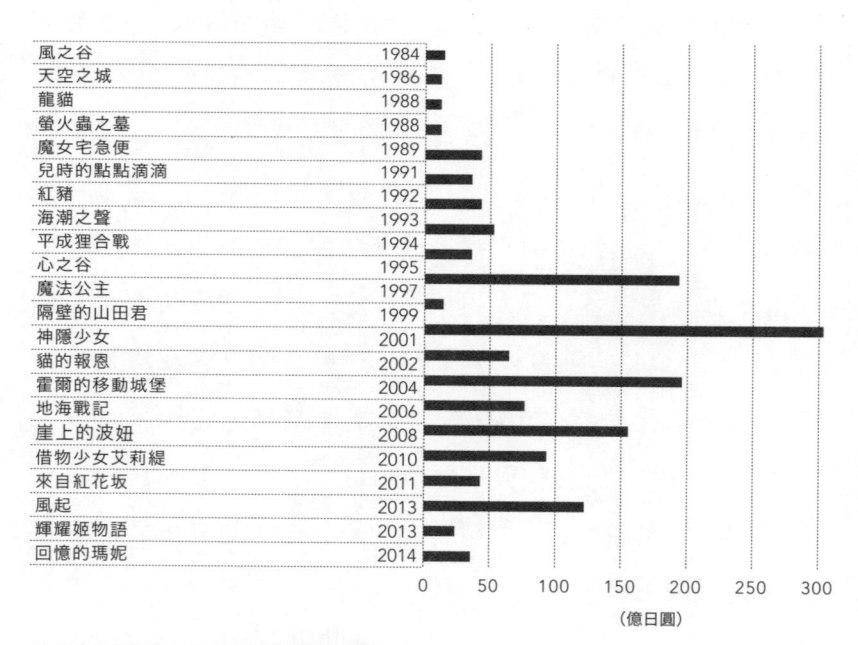

作品	年份	票房(億日圓)
風之谷	1984	15
天空之城	1986	12
龍貓	1988	12
螢火蟲之墓	1988	12
魔女宅急便	1989	40
兒時的點點滴滴	1991	32
紅豬	1992	47
海潮之聲	1993	5
平成狸合戰	1994	50
心之谷	1995	31
魔法公主	1997	193
隔壁的山田君	1999	15
神隱少女	2001	304
貓的報恩	2002	64
霍爾的移動城堡	2004	196
地海戰記	2006	76
崖上的波妞	2008	155
借物少女艾莉緹	2010	92
來自紅花坂	2011	44
風起	2013	120
輝耀姬物語	2013	24
回憶的瑪妮	2014	35

出處｜作者根據各作品之公開數據彙整製作

吉卜力工作室年表
(官方網站)(日文)

吉卜力工作室歷史
(官方網站)(日文)

但是，不管再怎麼重視商業主義，動畫製作公司也無法承擔只靠一間公司負擔製作費的風險。吉卜力從《平成狸合戰》（1994年）這部作品開始，也以出資公司的名義負擔製作費用。吉卜力無法全額負擔不知何年何月才能完成作品的風險，一直貫徹少額出資的立場，與其他出資公司共同持有著作權，並且展開授權相關事業。一直以來，吉卜力並沒有任何一部動畫作品，只靠自己公司的資金完成製作，然而在2023年公開上映的《蒼鷺與少年》（君たちはどう生きるか），則是首次由吉卜力工作室獨資製作。

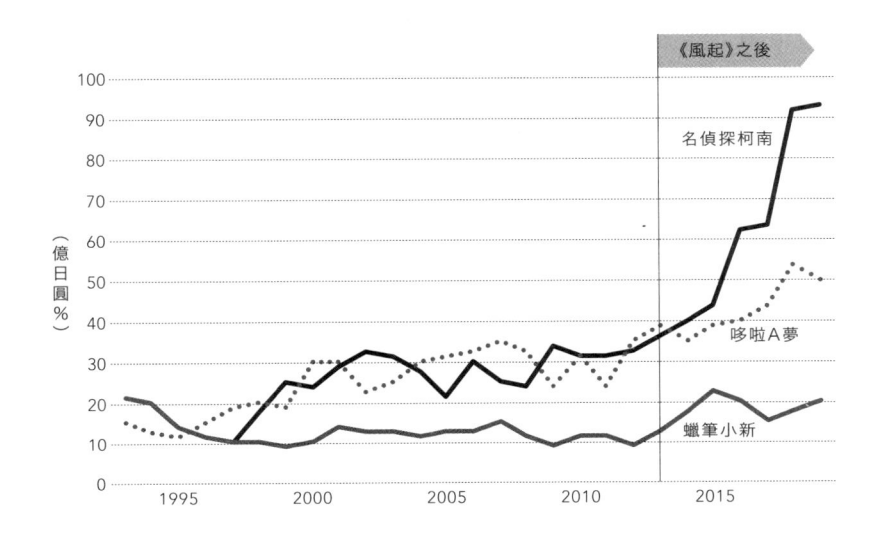

圖表7-7　熱門動畫電影之票房收入

（億日圓％）

《風起》之後

- 名偵探柯南
- 哆啦A夢
- 蠟筆小新

出處｜作者根據各作品公開之數據彙整製作

第⑦章 —— 動畫

　　吉卜力對日本人的觀賞電影習慣，帶來了莫大的影響。吉卜力發揮了「繪本」般的功能。其作品以兒童／成人為受眾的爭論不復存在，因為吉卜力早就以「國民動畫」的概念深植人心了。

　　宮崎駿曾經宣布，在最後的作品《風起》（風立ちぬ，2013年）之後不再創作。然而，觀眾早已習慣進電影院觀賞動畫，因此帶動了《名偵探柯南》、《哆啦Ａ夢》與《蠟筆小新》的電影票房，呈現爆炸性的成長。接著，新海誠的動畫作品《你的名字》（君の名は。）、《天氣之子》（天気の子）也順著這股氣勢，開創出票房新紀錄。

7-5 動畫集團 Aniplex 以《鬼滅之刃》兼顧創作者理念與商業市場

動畫工作室推出票房達 10 億日圓的叫好作品，仍然經營困難

究竟為何連吉卜力也賺不了那麼多錢呢？因為在最後分配收益時，會按照各公司參加動畫製作委員會的投資比率進行分配。就算票房大賣，能夠分配給吉卜力的金額也相當有限，再加上吉卜力並沒有觸及動畫影片以外的事業，也就無法預估營收數字。

吉卜力為了製作高品質的作品，假設以聘僱 100 名的工作人員、每人每年至少 200 萬日圓的所得計算，一年包含間接成本在內，就要負擔 3 億日圓的固定費用。即使每年推出一部票房達 10 億日圓的作品，也不足以支付一整年的固定費用及動畫製作費用。在日本動畫產業裡，無論任何一間動畫工作室，如果大部分營收僅靠「製作影片」的收入（一般約占票房總收入的 6%），可能就會虧損，或者勉強有一點盈餘。因此，必須再加上 1～2 成的「版權（license）收入」帶來的利潤維持經營

第⑦章 —— 動畫

（按出資比例）。所以動畫工作室通常會盡量保有多數作品的權利，藉此取得版權收入；即使推出了賣座作品，後續依然會絞盡腦汁，將作品系列化或商品化。日本絕大多數的創作者，都會依循這項做法。相反地，如果有創作者不想迎合「商業市場」而堅決拒絕，這種人可說是少之又少，就像站在金字塔頂端的神一樣。

圖表 7-8　吉卜力的業績

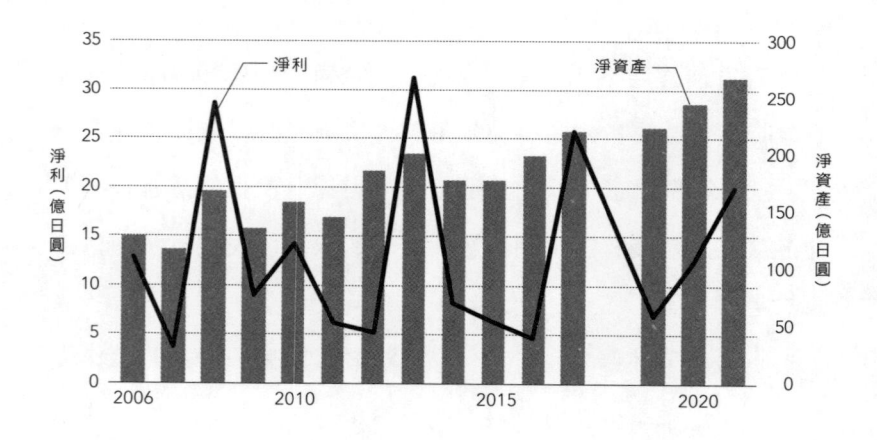

出處｜吉卜力年度財報

　　無論日本的哪一間動畫公司，背後都有消費者看不到、如同賭注般的「失敗作品」。即便是吉卜力，也有幾部作品赤字虧損。在動畫產業裡，不斷出現失敗作品乃是家常便飯。在這反覆失敗的過程中，動畫公司推出10部作品，如果有一部作

品大賣，當然就是值得恭喜的好事，不過也無人能夠保證成功何時降臨。儘管機率不到一成，但只要作品爆紅大賣，後續就會成為系列作品，而且DVD或藍光光碟也會跟著熱銷。總之必須盡量拉長商品化與各類行銷活動的時間，竭盡全力穩固經營，如此才能在有限的條件之下，保有充裕的時間與空間，讓堅持理念的創作者，創造出優秀傑出的作品。

接下來，我們觀察吉卜力工作室的淨利、淨資產趨勢圖，可看出只有在《崖上的波妞》（崖の上のポニョ，2008年）、《風起》（2013年）與《輝耀姬物語》（2013年）上映當年淨利較為顯著，吉卜力在經營上的高低起伏相當劇烈。2013年，宮崎駿宣布停止製作動畫，不過2014年之後，獲利依然上升，甚至比2008～2013「兩部賣座作品之間的谷底」獲利更高，使得淨資產也持續累積提升。儘管吉卜力沒有推出新作品，仍舊靠著過去的賣座作品的版權收入維持著公司營運。在沒有推出新作品挑戰市場的情況下，依然獲得穩定的二次收益。

製作《鬼滅之刃》的Aniplex，就是在創作者主義與商業主義之間，找出折衷解決方案的一間公司。《鬼滅之刃》的製作委員會由Aniplex、集英社、ufotable組成，大部分的製作費用，都由這三間公司負擔，所以作品在爆紅之後，他們也獲得了龐大的利潤。由於這部作品並沒有電視臺或廣告代理公司參加製作委員會，所以可以自由選擇電視臺、網路影音串流平臺，於是開創了每個頻道都能觀賞《鬼滅之刃》的先例。這項

第⑦章 — 動畫

做法,打破了過去只能在特定電視臺、串流平臺上觀看特定動畫的框架。《鬼滅之刃》不僅刷新由吉卜力工作室保持的電影票房紀錄,甚至終結了持續25年由電視臺、廣告代理公司主導的動畫製作委員會時代。

Aniplex是索尼集團旗下的子公司,也是目前製作動畫的龍頭企業。然而Aniplex在2000年代,卻經歷過一段無力償還債務的時期。儘管推出《鋼之鍊金術師》、《Fate》系列作品與《刀劍神域》(ソードアート・オンライン)等大受歡迎的作品,業績也能維持穩定,但到了2010年代初期,營收最多在200億日圓上下,就已經達到最大極限了。

圖表 7-9　Aniplex的業績

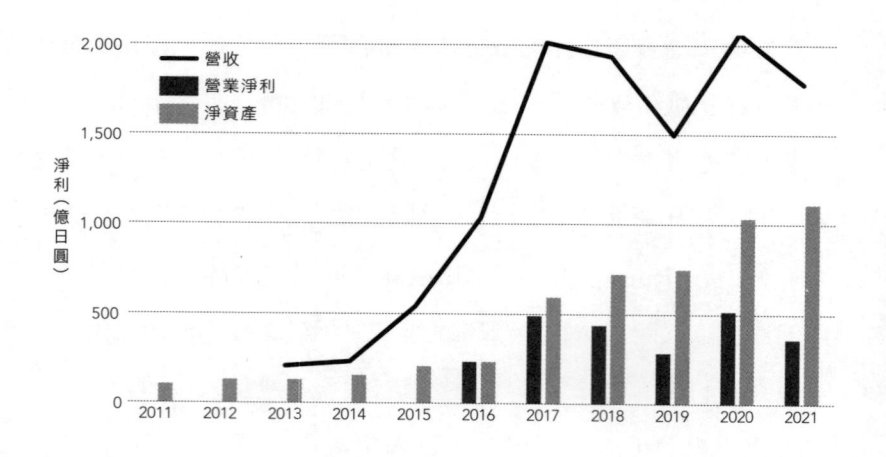

出處｜投資人關係IR資料

Aniplex的經營轉捩點，是從2014年轉為混合型商業模式開始的。在此之前，Aniplex一直等待著旗下製作的《Fate》動畫系列版權。在取得版權之後，便推出了手機遊戲《FGO》（Fate Grand Order），自此便創下了2,000億日圓營收及數百億的淨利。如此一來，Aniplex就能靠自家公司承擔風險，「投資」像《鬼滅之刃　無限列車篇》這類動輒10億日圓製作費起跳的作品。等待作品在全球大受歡迎後，再將動畫角色商品化，如此就能確保自家公司取得龐大收益。

知名動畫公司東映動畫，雖然在業績表現上堪稱最佳狀態，但如果把其營收600億日圓、營業淨利140億日圓（此規模是吉卜力工作室的5倍），拿來對比「新興」的Aniplex，只會讓人大吃一驚，因為兩者竟相差了3倍之多。Aniplex在推出《Fate》系與《刀劍神域》時期，雖然一直被稱為「小眾」，但後來卻開創出混合型的商業模式，就像推出《鬼滅之刃》這類作品，既能鎖定主流大眾，同時又能保有創作者的創作理念。

如果思考一般大眾對動畫作品的認知程度，那麼吉卜力工作室也可以跟Aniplex一樣，轉為「向商業市場靠攏」的動畫公司。但如果這麼做的話，就會形成極大風險，扼殺吉卜力工作室向來重視創作者理念的自主性。

吉卜力的「就創作者而言，創作內容必須堅持自己的理念」，與Aniplex的「就公司組織而言的正確經營之道」，在對照之下，完全是不同的經營理念。然而，不輕易以混合型商業模式

第⑦章 —— 動畫

為目標,卻是日本動畫在全世界受到高度讚賞的一項「勝利因素」。話雖如此,我將在下一章節比較吉卜力工作室與皮克斯動畫,大家就能明白,其中意味著吉卜力工作室犧牲了在商業市場上的成長機會。

7-6
迪士尼＆皮克斯
創造21世紀的動畫事業

迪士尼兒童動畫走過5度破產的艱困75年

過去，製作一部動畫作品的成本，必須耗費真人電影的10倍，這可說是創作者的瘋狂之舉。在日本動畫發展初期，由於電視臺缺乏製作資金，手塚治虫才會自掏腰包，把從漫畫獲得的酬勞投進動畫製作，提早催生日本的動畫產業。

而手塚治虫憧憬的迪士尼動畫，同樣也會讓人覺得是在瘋狂狀態之下誕生的產物。1921年，華特・迪士尼成立了專業的動畫工作室。當時的動畫，主要是為了填補2小時劇情電影的空檔時段。

華特・迪士尼在美國堪薩斯市設立歡笑動畫工作室（Laugh-O-Gram Studio），聘僱10名員工，靠著僅有的500美元動畫製作費，於1922年推出了《不來梅樂隊》（Bremen Town Musicians）和《傑克與魔豆》（Gigantic）等作品。後來，華特・迪士尼搬遷至好萊塢，創辦了動畫製作公司，也就是目前

華特迪士尼公司的前身。儘管推出世界首部長篇動畫《白雪公主》（Snow White and the Seven Dwarfs，1937年）等成功作品，卻也推出像《木偶奇遇記》（Pinocchio，1940年）、《愛麗絲夢遊奇境》（Alice's Adventures in Wonderland，1951年）等不少失敗作品，動畫工作室始終無法維持穩定經營。

華特‧迪士尼在晚年時，逃入自己一手經營迪士尼樂園的「夢想」之中，不再踏進動畫工作室一步，實在令人不勝唏噓。華特‧迪士尼一生曾經破產5次，在1966年過世以前，一直追逐「創作者理念至上」的夢想。他不迎合商業市場這一點，毫不遜於手塚治虫的蟲製作公司與宮崎駿的吉卜力工作室。

雖然迪士尼逐漸成長，其商業模式卻無法改變，因此動畫工作室淪為「好萊塢的輸家」。到了1980年代，迪士尼在好萊塢電影的整體票房占比，甚至掉到了4%，只得放棄「一成不變」的兒童動畫電影，改為製作以成人為受眾的真人電影。迪士尼受到《星際大戰》影響，陸續製作科幻、恐怖、懸疑類型等電影，其中製作的輔導級（Parental Guidance）電影也有不少失敗之作。

1984年，迪士尼公司開始變得越來越強大，主因是從競爭對手派拉蒙影業挖來了麥克‧艾斯納（Michael Eisner）這名精明能幹的人才擔任總裁。儘管麥克‧艾斯納跟迪士尼創辦人鬧得不愉快，但仍然進行併購計畫，買下專門出品獨立和藝術

電影的米拉麥克斯（Miramax Films，1993年）和ABC無線電視臺（1995年），並且改變了既有的商業模式。這一點，可從當時迪士尼捨棄創作者理念至上，轉向完全迎合商業市場的策略中得到印證。

迪士尼為取得權利而願意承擔失敗風險，向皮克斯訂出反感的不平等契約

　　迪士尼併購的眾多企業之中，最重要的就屬皮克斯了。皮克斯原本是製作《星際大戰》的盧卡斯影業（Lucasfilm）旗下的一個部門。後來，皮克斯在1986年被趕出蘋果電腦公司的賈伯斯給買下，但皮克斯當時卻瀕臨「倒閉危機」。皮克斯在《玩具總動員》（1995年）紅遍全球的前一年，也就是1994年的年度營收僅達600萬美元，淨資產甚至高達負200萬美元。據稱，當時皮克斯為了確保收益，放棄了本業的動畫製作，轉為強化電腦繪圖動畫技術，以及企業對企業之間的軟體事業交易。

　　皮克斯極為重視「創作者理念」，但工作人員都非常討厭賈伯斯這名經營者。即使他親臨工作室，也不太想讓他進來，足見賈伯斯不順遂的人際關係。甚至還出現了一些反彈聲浪：「賈伯斯在皮克斯搞什麼東西沒人知道！」、「賈伯斯雖然是老闆，卻不是我們的夥伴……要是他把手伸進皮克斯的話，一切就

第⑦章 ── 動畫

完蛋了。大家都很擔心我們皮克斯的文化會被他給毀掉。[73]」1994年進入皮克斯擔任財務長一職的勞倫斯・李維，在書中提到了當時皮克斯對創作者理念與迎合商業市場的爭論。我們從書中內容得知，即便是美國也免不了在創作理念與商業市場之間的拉扯。這對日本來說，是極具參考價值的重要資料。

當年，皮克斯與迪士尼合作，共同製作了《玩具總動員》。迪士尼事先買下5部作品的版權，簽訂「不平等契約」作為束縛（由於迪士尼投資這項專案計畫，承擔了極大風險，因此就整體而言，並非不平等）。儘管《玩具總動員》的票房成績高達3.6億美元，包含周邊商品在內一共大賺10億美元，但皮克斯卻只得到部分收益而已。1999年開始，皮克斯取得《玩具總動員2》以及後續作品的著作財產權，才百分之百享有電影票房的利潤。2006年，迪士尼買下皮克斯，納入旗下作為子公司。不過，光是看皮克斯在這段過程中創造的營收，仍然會訝異其成長的情況。

我們可以從東映動畫、吉卜力工作室、Aniplex與皮克斯的經營模式了解，動畫公司的收益多寡，取決於承擔多少風險（自家公司負擔多少製作費用），以及持有多少版權占比的回報

---

[73] 羅倫斯・李維（著），井口耕二（譯）《搶救皮克斯！一切從賈伯斯的一通電話開始……》（To Pixar and Beyond: My Unlikely Journey With Steve Jobs to Make Entertainment History），日本文響社出版，2019年

圖表7-10　皮克斯個別事業之收益變化

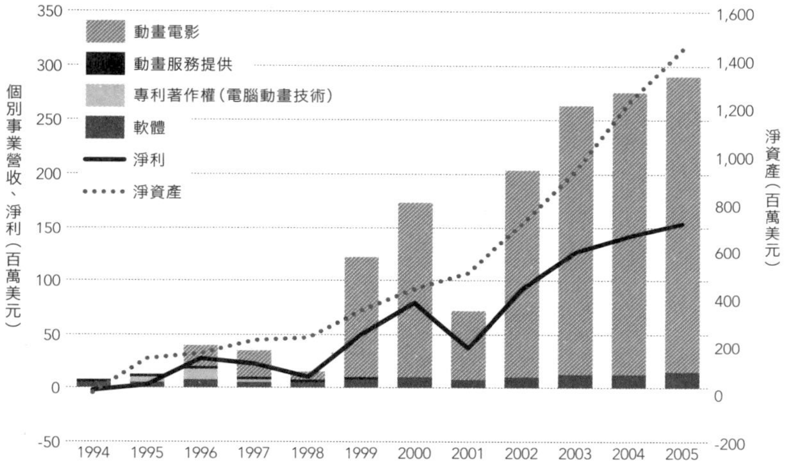

動畫電影
動畫服務提供
專利著作權（電腦動畫技術）
軟體
淨利
淨資產
個別事業營收、淨利（百萬美元）
淨資產（百萬美元）
350
300
250
200
150
100
50
0
-50
1,600
1,400
1,200
1,000
800
600
400
200
0
-200
1994
1995
1996
1997
1998
1999
2000
2001
2002
2003
2004
2005

出處｜作者根據投資人關係IR資料、SPEED彙整製作

收益，才能確定最終能否成功獲利。

從1995～2014年的20年裡，以製作動畫電影的作品數量來看，吉卜力工作室13部、皮克斯動畫14部，兩者之間的差異並不大。然而，從自家公司完全持有作品權利，以及廣泛拓展商業領域的層面思考，皮克斯跟吉卜力卻形成了強烈對比。皮克斯隸屬迪士尼旗下的子公司，除了電影發行，還包括影音光碟的銷售，並推出周邊商品及電玩遊戲，在商業市場上持續壯大飛向天際的「羽翼」，讓公司組織、業績成長的規模，比吉卜力還多出了一個零。

就好比日本的Aniplex動畫公司重視創作者理念,同時也重視商業市場,再藉由母公司索尼集團的力量,開創出成功的混合型商業模式一樣;現在日本動畫產業所欠缺的,就是同時兼顧創作者理念與商業市場。若能兩者並重,就可以「創造出理想的優秀作品,並且在商業市場上叫好又叫座」。

第 ⑧ 章

瑪利歐（2015年2月5日）
照片提供 | Bloomberg／投稿者

電玩遊戲

8-1 獨一無二的遊戲市場開拓者──任天堂

利用江戶時代的鎖國時期開創商機

　　中國政府對於電玩產業的保護非常機靈，祭出了限制命令，只允許自己國內的企業發行電玩遊戲。畢竟中國的電玩遊戲開發商能力薄弱，為了防堵歐美和日本電玩遊戲大廠推出的作品不斷流入市面，並促使騰訊或網易等中國電玩遊戲公司成長，中國政府在時間與空間上，成功打造出緩衝地帶。

　　世界上任何一個國家，都會保護、扶植自己國內的產業，這種措施對經濟發展而言，是非常重要的政策。而日本也不例外，包括金融、製造、流通、廣播電視、通訊等各大產業，都設下了法規限制與關稅屏障，以保護產業發展。

　　另外，日本獨特的商業慣例，以及慣用日本語進行商務會談，也成為了一道門檻，儘管這些習慣並沒有帶著任何政治意圖，有時也阻礙了國外企業進入日本國內發展。

　　甚至，在日本國內的產業之中，有些行業也受到了江戶時代鎖國的封閉政策影響，才會在「情非得已的情況下，發展到目前的成果」。其中最典型的產業，就是日本的電玩遊戲產業吧。

您是否曾經聽說過,任天堂最早的事業,是從「花牌」(花札)開始發展呢?

16世紀,日本實施鎖國政策,「禁止」民眾接觸過去從國外進口到日本國內的撲克牌,於是日本人自行發明了花牌遊戲。然而,到了江戶時代,花牌又被視為是一種賭博行為,變成了違禁品,從人們的日常遊樂生活中遠離消失。儘管如此,許多人仍在看不見的隱祕場所,持續玩著花牌。當時,民間英雄國定忠治與清水次郎長等人也是如此,這群人多數散落在現今東京、神奈川、山梨這些縣內舊稱為「相模」和「甲斐」等地區。只要他們在一個地區被查獲玩花牌,就會轉移到下一個陣地,巧妙躲過法網追緝。這些分散各縣的地區,成為他們方便遊樂的場所,所以「賭場」在這些地區相當興盛。

任天堂創業者山內房治郎看中的正是賭博領域。雖然江戶時代在地下隱祕的場所悄悄發展,但到了明治時代,法令逐漸鬆綁,政府開始放寬賭博市場。當時,山內房治郎全力投入「針對賭場的銷售業務」,在日本全國超過70個賭場,以供應商的名義,提供花牌的買賣服務,光是他這一代,就累積了可觀的財富。山內房治郎靠著游走在法律邊緣的花牌作為商品,任憑老天決定自己的命運——他覺得這個概念很適合拿來當作公司

任天堂的歷史(官方網站)(日文)

的名稱，於是「任天堂」就這樣誕生了。

第3代經營者山內溥全力挑戰「危險市場」

　　第3代接班人山內溥，為任天堂打下江山，從一無所有到進軍家用電玩遊戲主機市場，最後完成創業成果。任天堂的第2代經營者英年早逝，山內溥因此在22歲那一年，正式接下了社長職務。

　　1953年，山內溥從銷售日本第一副塑膠製的撲克牌開始發展。1959年，他完成與迪士尼簽訂授權合約的里程碑。山內溥對IP角色授權金的高額費率感到訝異，於是對自家公司必須擁有IP（具有智慧財產權的作品、角色）產生了強烈的念頭，這促使他後來進軍電玩遊戲產業。

　　1980年初期，家用電玩遊戲仍屬於新興產業，任天堂已經是年度營收200～300億日圓規模的公司了。當時，只有任天堂與SEGA、南夢宮（ナムコ）、TAITO等電玩遊戲公司並列為玩具大型企業。在此順帶一提，那個時代，擔負電玩遊戲產業重責的南夢宮創辦人中村雅哉，是從旋轉木馬開始起家。而SEGA創辦人中山隼雄，則進入外資企業的日本分公司，從點

山內溥（維基百科）

唱機的行銷業務開始發展。其中,任天堂的山內溥對家用電玩遊戲的投資判斷,最為傑出亮眼。

1979～1981年,美國電玩遊戲商Atari在美國家用電玩遊戲市場開創一片榮景,光是這3年就成長10倍,締造了30億美元業績,成為超高速成長的產業。史蒂夫·賈伯斯在19歲那年(大學肄業)也以新鮮人的身分進入Atari公司,這間公司瀰漫著自由開放的風氣,甚至可以一邊吸食大麻一邊工作。由於家用電玩遊戲問世,設置在遊樂園、電子遊戲場或街邊,持續長達百年的大型遊戲機臺歷史宣告結束,「今後家用電玩遊戲的時代來了!」任誰都想進入電玩遊戲產業。

然而,在遊戲軟體粗製濫造的情況下,玩家不再眷戀家用電玩遊戲。1982年,《E.T.》這款只花5週時間製作完成的遊戲,成為壓垮駱駝的最後一根稻草,美國家用電玩遊戲市場幾乎又回到了原點,如此泡沫化的市場形同一場惡夢。

接著,超過100間的競爭公司相繼撤出市場,家用電玩遊戲市場幾乎變成沒有人敢觸碰的危險產業。就在各大公司紛紛收手之際,任天堂卻反其道而行,卯足全勁投入電玩遊戲產業的發展。任天堂收掉了大型遊戲機臺的部門,將員工轉調單位,集中全力開發家用電玩遊戲機。1983年,任天堂推出家用遊戲主機「Family Computer」(簡稱為Famicom、FC、紅白機)正式上市銷售。

這臺Famicom主機售價極具競爭力(建議零售價格為1萬

4,800日圓，比起競爭對手主機的價格便宜一半以下），遊戲軟體的售價也相當合理（任天堂在Famicom之前，已在掌上型電玩遊戲機「Game&Watch」推出《瑪利歐兄弟》〔マリオブラザーズ〕和《大金剛》〔ドンキーコング〕等多款大受好評的遊戲），完全就是一款革命性的商品。山內溥當初開發Famicom的目標，很希望把零售價格壓在一萬日圓以內，因此在上市之後，才能藉由價格與品質滿足消費者，擁有其他公司無法模仿的優勢，在電玩遊戲市場上成為獨占企業。

任天堂的Famicom具有壓倒性的優勢，在當時極度危險的市場挑戰中得到印證。在難以取得半導體晶片的1980年代，任天堂與理光（RICOH）公司建立合作關係，使得Famicom的生產製造數量，在2年內衝到300萬臺。雖然任天堂難以估算電玩遊戲市場的需求，但是必須當機立斷，事先向合作的理光訂出生產供應量，否則將無法順利取得晶片。這是因為其他需要晶片的家電產品，同樣也在市場上互相爭奪晶片。只要去看當時其他同類電玩遊戲主機在市面上的銷售情況，就能了解任天堂Famicom的領先優勢。Epoch公司推出的Cassette Vision遊戲主機銷量為45萬臺，而Takara和Sord公司（隸屬東芝集團）的遊戲主機，也只賣出10萬臺而已。

如此一鳴驚人的Famicom，不僅成功取得日本市場，包括歐美國家在內的全球市場，同樣也大獲全勝。就如同大家所知道的，Famicom深受玩家喜愛，全世界總共賣出了數千萬臺。

任天堂對硬體技術的選擇也非常高明。當時，Famicom讀寫遊戲資料採用的並非一般使用的磁碟片（Floppy Disk），而是ROM卡匣（ROM cartridge）。由於ROM卡匣有容量資料的限制，雖然裝載在卡匣內的遊戲資料變少，但好處是不必像磁碟片那樣需要等待「讀取資料的時間」。一般認為，這是因為任天堂重視玩家的遊戲體驗，所以才會選擇ROM卡匣式。從玩家使用電玩遊戲平臺的角度思考，任天堂創造出遊戲體驗順暢、機動性高，以及可隨時更換遊戲軟體的硬體設備，這些因素都成功促使後續發展更為順利[74]。

隨著任天堂家用電玩遊戲主機的熱銷，連帶《大金剛》、《超級瑪利歐兄弟》等遊戲軟體也跟著爆紅。其背後的原因，主要是美國Atari家用電玩遊戲失敗造成的市場衝擊，並沒有波及到日本國內市場。再加上青少年族群想玩電玩遊戲卻無法如願，就像火山底下累積的岩漿般蓄勢待發，這些都是促成任天堂Famicom大受歡迎的因素。當時，大型電玩機臺《太空侵略者》（インベーダーゲーム）在日本掀起流行熱潮，但電子遊戲場卻被視為「不良少年的聚集場所」，許多中小學嚴格規定學生，不准進入電子遊戲場。於是，這些想玩卻遭到禁止的中小學生，就這樣直接投向了任天堂Famicom的懷抱。

---

[74] 多根清史《可當作教養知識的電玩遊戲史》（教養としてのゲーム史），筑摩書房出版，2011年

第⑧章 ── 電玩遊戲

大家原本以為家用電玩遊戲市場就此消失，然而任天堂Famicom卻使它有如浴火鳳凰般地重生，甚至開創出全球市場。就「日本製造的商品開創全球市場」這層意義而言，任天堂Famicom絲毫不遜於音樂隨身聽或VHS錄放影機，可說是商業市場上的一大成功範例。如圖表8-1所示，美國家用電玩遊戲市場在1985年曾經一度「滅絕」，不過隨即又再次急速成長。當時，任天堂在全球家用電玩遊戲市占比超過了90%。一間公司能壟斷全球市場9成，最大的關鍵，毫無疑問地就在於山內溥這名大膽行事的經營者，他採取放手一搏的策略，讓公司上下竭盡全力達成目標，最後才成功拓展全球市場。

自此之後，任天堂於1990年代的營收規模達到5,000億

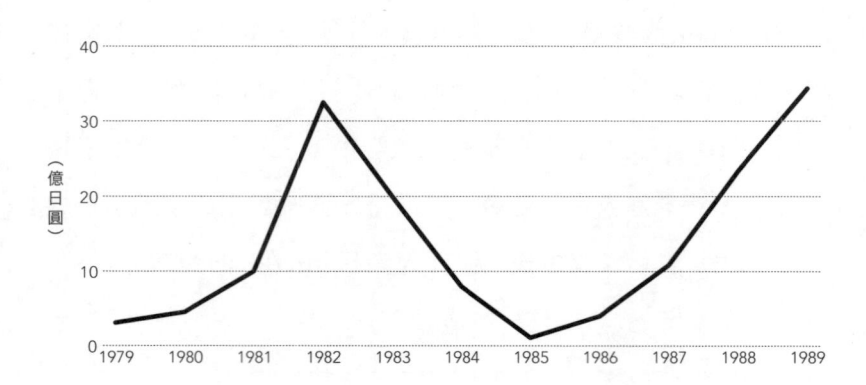

圖表8-1　美國家用電玩遊戲市場

(億日圓)

出處｜Harold L. Vogel "Entertainment Industry Economics" 第3版 1993

圖表 8-2　任天堂的業績與市值

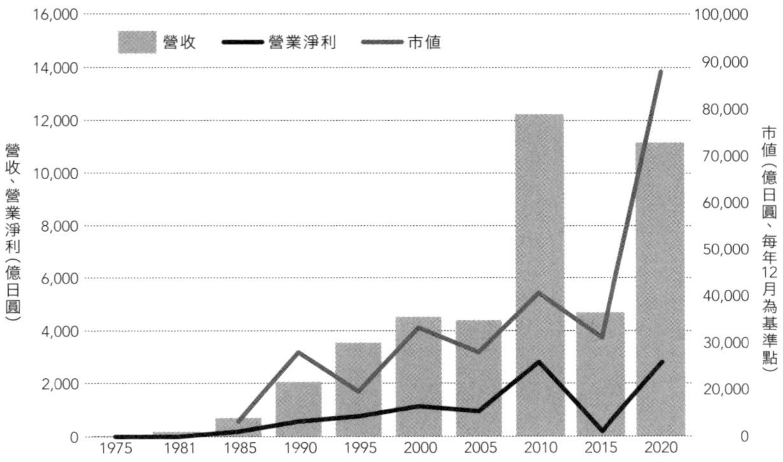

出處｜投資人關係 IR 資料

日圓。後續推出家用電玩遊戲主機「Wii」和掌上型電玩遊戲機「Nintendo DS」，更是掀起一股流行熱潮，驅動 2000 年代後半出現爆炸性成長，營收直逼 1.5 兆日圓。2007 年，在日本所有的企業中，任天堂的股票市值排名第 2 名，僅次於豐田汽車。後來，受到智慧型手機普及化與手機遊戲崛起的衝擊，任天堂持續度過了一段辛酸的歲月。儘管如此，後來任天堂推出新款掌上型電玩遊戲機「Switch」後，又再度復活。2021 年 3 月結算會計年度（2020 年 4 月 1 日～2021 年 3 月 1 日）營收開創歷史新高，高達 1 兆 7,600 億日圓，而營業淨利同樣創下歷史新高，達到了 6,400 億日圓。

8-2 從電玩遊戲展開的跨媒體製作

電玩遊戲與漫畫的結合

電玩遊戲同樣也充分運用了日式風格的漫畫方式，開拓出全新類型。其中，最具代表性的就是《勇者鬥惡龍》（ドラゴンクエスト，1986年）。在這之前，絕大多數的電玩遊戲，都是以動作遊戲（ACT）為主。這些動作遊戲的主角在遊戲中有如無名英雄，只要拼命向前跑跳，或者擊潰敵人即可。然而《勇者鬥惡龍》則在遊戲畫面設計出框格，顯示各角色之間的對白，玩家必須隨著故事情節發展，在各個選項中下達指令，這種遊戲形式稱之為「角色扮演遊戲」（RPG，Role-Playing Game）。電玩遊戲業界發明這種遊戲類型之後，陸續誕生許多RPG名作，把電玩遊戲變成一個創造故事與角色的平臺。繼動畫和小說之後，創作者也善用了電玩遊戲這個平臺，陸續創作出許多全新的故事。

當時，《週刊少年Jump》的第6任編輯鳥嶋和彥，挖掘了創作《怪博士與機器娃娃》、《七龍珠》的漫畫家鳥山明。鳥嶋和

彥同時也是致力協助電玩遊戲這項新領域發展的熱心人士。

鳥嶋和彥在《週刊少年Jump》成立新專欄「JUMP播放臺」，其中一項內容是揭露電玩遊戲的隱藏祕技，相當受到讀者喜愛。他甚至跨出漫畫領域，創刊《V（Virtual）JUMP》，將數位電玩遊戲世界融入少年漫畫雜誌裡[75]。鳥嶋和彥的手腕極為高明，把當年備受矚目的《七龍珠》漫畫作者鳥山明繪製的遊戲場景，運用在《勇者鬥惡龍》裡，為這款電玩遊戲增添許多魅力（請參照第5章「漫畫」相關內容）。

《寶可夢》的誕生

在20世紀之中，跨媒體製作的最佳傑作就是《寶可夢》了。在全球IP角色經濟市場上，《寶可夢》展現出驚人的商業價值，創造史上最高金額85億美元（約10兆日圓）。《寶可夢》可說是從迪士尼米奇老鼠（Mickey Mouse）誕生之後，在商業授權上達到巔峰的角色。《寶可夢》的角色結合了電玩遊戲與動畫，運用跨媒體製作的方式，敲開國外的大門，讓消費者廣泛接受日本流行文化。

---

[75] DIAMOND online 2018年2月24日「少年JUMP傳說的前總編輯談論『關於鳥山明的出版社內政治』」（「少年ジャンプ伝説の元編集長が語る『鳥山明をめぐる社内政治』」）https://diamond.jp/articles/-/16102

第⑧章 ── 電玩遊戲

　　《寶可夢》最初就是從電玩遊戲開始發展的。當時，GAME FREAK這間電玩遊戲公司只有兩個人，他們帶著企劃案，接受任天堂公司素有「瑪利歐之父」稱號的遊戲設計師宮本茂指導，與同樣和任天堂關係密切的Creatures遊戲公司合作，這3間公司共同進行遊戲開發事業。接著，他們在任天堂的掌上型電玩遊戲機「Game Boy」開發遊戲軟體，原本預估第一部作品的銷售量為23萬套。結果，銷售成績竟遠遠超出預期，一年就賣出了160萬套，成為大受歡迎的作品。

　　這3間公司見到發售後的順利情況，也開始摸索是否能發展成其他商品，於是在討論過後，想嘗試開發成當年逐漸受到歡迎的集換式卡牌遊戲（TCG，Trading Card Game）。這3間公司希望找到接受他們創意的玩具公司，不過幾乎都遭到婉拒。雖然《寶可夢》在Game Boy大賣，卻無法稱之為適合主流大眾的商品，當時各大玩具公司都視這項選擇具有風險。然而就在這過程中，唯一舉手表示有興趣的是瑞可利集團旗下的子公司Media Factory，當年這間公司在發展上還沒交出成績單，因此表示有高度興趣。

　　接著，我們來看當年市場上的實際情況。1993年，魔法風雲會（Magic: The Gathering）開啟了集換式卡牌遊戲的歷史，並在北美地區創下銷售紀錄，深受玩家喜愛，成為開創集換式卡牌遊戲流行的先驅。當時，一年有高達8700萬張集換式卡牌在市場流通，玩家的消費總額為25億日圓。

與此同時，動畫影片的力量也發揮作用，間接推動《寶可夢》在電玩遊戲與集換式卡牌遊戲產業的發展。當時，漫畫少年雜誌《快樂快樂月刊》就介紹了《寶可夢》而引爆話題，成為站在第一線向消費者傳播流行熱潮的媒體。接著，身為IP角色授權事業先驅的小學館出版社，提議將《寶可夢》製作成動畫。因為在1995年這一年，正是《新世紀福音戰士》成功翻轉動畫商業模式的時代。

　　開發《寶可夢》的3間公司並未參與動畫製作，而是另外由「小學館出版社」負責發起計畫，聯合IP角色授權經營管理公司的「小學館製作」（現為「小學館集英社製作」〔小学館集英社プロダクション〕）、「東京電視臺」和「JR東日本企劃廣告代理公司」共4間公司，組成動畫製作委員會。當時，他們以5～10億日圓的預算，投資動畫製作與節目時段，最後再完成電視動畫。《寶可夢》電視動畫在播出後，收視率非常高，從1997年4月首播第一集的10%開始，不斷持續上升到11月的17%。

　　《寶可夢》IP角色在商品授權上，也多達70間公司。截至2000年6月為止，累計共有4000個品項的商品授權，總計消費金額高達7,000億日圓[76]。小學館製作在動畫製作委員會成

---

[76] 畠山Kenji、久保雅一《寶可夢的故事》（ポケモン・ストーリー），日經BP出版，2000年

立之後，開始進行授權分配，每一種行業只選出一間企業，最後分別篩選出：玩具企業的「Tomy多美」（現為「Takara Tomy多美」）、食品企業的「永谷園」、咖哩品牌的「好侍食品」（ハウス食品）。這些獲得授權的公司，為了提升《寶可夢》在各大領域的品牌價值，負責統籌「商品化」的工作。

《寶可夢》開創一年平均5,000億日圓的消費市場。其中，商品占7成，電玩遊戲占2成，其餘為電影、DVD光碟和書籍等項目。累計經濟規模高達1,000億美元（約13兆日圓）[77]。

任天堂支援《寶可夢》的電玩遊戲開發製作

田尻智是《寶可夢》的創始者，他任職於1989年成立的GAME FREAK，公司剛成立時只有兩名員工。這間公司原本是一群電玩遊戲狂熱份子聚集的空間，大家運用中古電腦分析任天堂Famicom主機的硬體，同時自製一款電玩遊戲《解謎大作戰》（Quinty），獲得一致好評。接著，他們靠著這款遊戲的獲利創業，於是成立了GAME FREAK電玩遊戲公

---

[77] 中山淳雄「《寶可夢》在一生當中賺多少錢？日式老派作風創造出商業史上誕生最成功的IP角色（「『ポケモン』は生涯いくら稼いだ？最も商業的に成功したキャラを生んだ"日本 の泥臭さ"」），Business+IT 2023年3月2日 https://www.sbbit.jp/article/cont1/107978

司。1990年秋天，25歲的田久智以電玩遊戲設計師的身分，帶著《寶可夢》前身的企劃書「Capsule Monsters」（膠囊怪獸）前往任天堂公司。

田尻智提出的企劃，靈感來自於1989年發售的掌上型電玩遊戲機Game Boy，由於內建通訊傳輸功能，激發他們想出玩家之間「交換怪獸」的點子。目前，《寶可夢》已經超越了米老鼠，築起世界上IP角色授權第一名的經濟圈。我們實在難以想像，創造《寶可夢》的GAME FREAK公司，在成立第2年時只有兩人，這間公司本身就是一個充滿傳奇色彩的故事。任天堂作為一間締造營業額4,700億日圓的大型企業，會對這間新創公司的企劃案躍躍欲試，甚至願意負擔電玩遊戲開發資金，這段過程也讓大家感到非常驚訝。

只不過，這款電玩遊戲的開發過程並不順利。GAME FREAK公司不但沒有團隊分工，而且也沒有專業開發技術。尤其這款遊戲是百分之百的原創作品，也是他們首次嘗試RPG類型的遊戲，需要投入比動作遊戲更多的時間、金錢與技術。最初設定一年以內完成的製作期限，根本就無法達成目標。在遇到瓶頸的過程中，任天堂甚至交給GAME FREAK公司負責另一項電玩遊戲企劃案《耀西的蛋》（ヨッシーのたまご）。就如同「培育」一詞，任天堂在這段過程中，也不斷提升GAME FREAK公司的開發實力。

杉森建是GAME FREAK的共同創辦人之一，同時也擔任

電玩遊戲設計師工作，他曾說過一段反映當時情況的話：「我們知道《寶可夢》如果沒有專業的開發技術就會很辛苦，心中有種窒礙難行的預感，因此有時會放緩步調慢慢製作。偶爾工作人員剛好空閒時，就會回過頭來進行《寶可夢》的工作，雖說大家可能都忘記了，但感覺就這樣過了好幾年……當時，寶可夢並不是任天堂的什麼重要計畫，他們也表示幾個月後再完成即可，所以我們並不會覺得負擔太重」。

1994年，提案已過了將近4年，終於進入如火如荼的開發階段。接著，大家花了2年時間，才完成《寶可夢》在Game Boy的第一款作品《寶可夢 紅／綠》（ポケットモンスター 赤・綠），而且從頭到尾都只由這9人所組成的小型工作團隊完成[78]。

電玩遊戲的歷史，也和漫畫、動畫相同。這些產業的傑出作品，背後都有著共通的運作模式：單一個人創作者擁有強烈的創作理念，在握有平臺的製作人或編輯的支援下，以小型團隊的方式，協助創作者完成充滿獨特風格及魅力的作品，才能在市場上成功受到廣大消費者的青睞。

---

[78] 《週刊Fami通》2019年5月9日發售「特集GAME FREAK 30年的歷史」

8-3 家用電玩遊戲主機的世界爭霸戰

SEGA 的「Mega Drive」在美國把任天堂逼到絕境

　　這20年間,日本每年都會賣出1000萬臺的家用電玩遊戲主機。此數量比家用空調還多,幾乎達到了電視機的銷量水準。或許,家用電玩遊戲主機也可以稱為一項「家電產品」吧。近年來的出貨量甚至與電腦相差無幾,家用電玩遊戲主機的普及率足以誇耀。然而,1980～1990年代這段期間,家用電玩遊戲主機卻被大眾視為「玩具」看待。

　　電玩遊戲產業最精彩的一段發展過程,就是SEGA公司在1998年推出「Dreamcast」電玩遊戲主機,最後卻在2001年宣布退出市場。自此之後,家用電玩遊戲主機在遊戲硬體市場,便由任天堂、索尼和微軟(Microsoft)3間公司壟斷。雖然如此,我把這20年間投入家用電玩遊戲主機市場的企業,依時間順序排列(如圖表8-3所示),看到各大公司推出的產品

第⑧章 ── 電玩遊戲

圖表8-3　家用電玩遊戲主機的開發年表

	日本發售年	機種名稱	製造商	價格（日圓）	全球銷售（萬臺）	上市遊戲軟體數量（日本）
第2代	1981	Cassette Vision	Epoch	13,500	45	
	1982	Intellivision	萬代（matel）	49,800	320	130
	1982	Pyuta	Tomy	59,800	(4)	19
	1982	Game個人電腦	Takara＆東芝	59,800	10	
	1983	Arcadia	萬代（Signetics）	19,800		51
	1983	TV Boy	學研	8,800		6
第3代	1983	My Vision	日本物產	39,800	5	
	1983	PV-1000	卡西歐計算機	14,800		13
	1983	Atari 2800	Atari	24,800	3,000	36
	1983	Pyuta Junio	Tomy	15,200	(12)	
	1983	SG1000	SEGA	15,000	100	51
	1983	Family Computer	任天堂	14,800	6,191	905
	1983	Cassette Vision Jr.	Epoch	5,000		
	1984	Suer Cassette Vision	Epoch＆NEC	14,800	30	29
	1985	SEGA Mark III	SEGA	15,000	780	84
	1986	Atari 7800	Atari	20,000	500	
	1986	Disk System	任天堂	15,000	444	199
	1986	Twin Famicom	夏普	32,000	100	
第4代	1987	PC Engine	NEC＆Hudson	24,800	1,000	650
	1988	Mega Drive（Genesis）	SEGA	21,000	3,075	554
	1990	NEOGEO	SNK	58,000	110	241
	1990	Super Famicom	任天堂	25,000	4,910	1,437
第5代	1994	Playdia	萬代	24,800	12	44
	1994	3DO	松下電器＆EA	79,800	200	211
	1994	Play Station	索尼	39,800	10,240	3,290
	1994	Sega Saturn	SEGA	44,800	926	1,056
	1994	PC-FX	NEC＆Hudson	49,800	11	62
	1994	Atari Jaguar	Atari	30,000	25	12
	1995	Virtual Boy	任天堂	15,000	77	19
	1996	Pippin atmark	萬代＆Apple	49,800	4	
	1996	NINTENDO 64	任天堂	25,000	3,293	208
第6代	1998	Dreamcast	SEGA	29,800	913	499
	2000	Play Station 2	索尼	39,800	15,768	2,877
	2001	Game Cube	任天堂	25,000	2,174	276
	2002	Xbox	Microsoft	34,800	2,400	482
第7代	2005	Xbox 360	Microsoft	29,800	8,580	720
	2006	Play Station 3	索尼	62,790	8,741	970
	2006	Wii	任天堂	25,000	10,163	461
第8代	2012	Wii U	任天堂	25,000	1,356	110
	2013	Play Station 4	索尼	39,980	11,040	1,804
	2014	Xbox One	Microsoft	39,980	4,590	635
第9代	2017	Switch	任天堂	29,980	10,000	1,598
	2020	Play Station 5	索尼	49,980	1,340	
	2020	Xbox Series X	Microsoft	54,978	1,000	

出處｜作者彙整製作

陣容，相信大家一定也會感到驚訝。

當年，市面上也曾出現對任天堂與索尼造成威脅的家用電玩遊戲主機。其中，SEGA是一間充滿野心的企業，除了推出「SG1000」、「MarkIII」、「Mega Drive」、「Sega Saturn」和「Dreamcast」等機型一直挑戰任天堂之外，也靠著電玩遊戲軟體牽引著整個產業。SEGA是求新求變的創新企業，也是開創許多遊戲類型的「始祖」，其中包括《莎木》（シェンムー）、《Sega Rally》、《SEGA創造球會》（サカつく）和《VR快打》（バーチャファイター）等作品。

SEGA在1988年推出的家用電玩遊戲主機Mega Drive（於美國上市的名稱為Genesis），就是最初讓任天堂束手無策的機型。雖然Mega Drive在日本賣了300萬臺，稱不上是多麼顯著的成績，但在北美地區卻創下2000萬臺的銷售佳績，可說是一鳴驚人。從統計數據上就能一目了然。1990年，北美地區的電玩遊戲市場，任天堂市占90%，SEGA僅5%。然而到了1993年左右，任天堂的市占降至40%，而SEGA則上升到60%，達到同等以上的水準[79]。

1990年代中期，「SEGA」在美國的品牌影響力極為巨大。「SEGA對10多歲的青少年來說，是一間從事資訊傳輸、電腦

---

[79] Blake J. Harris（著）、仲達志（譯）《SEGA vs.任天堂　改變電玩遊戲未來的霸權戰爭》（セガ vs.任天堂 ゲームの未来を変えた覇権戦争），早川書房出版，2017年

第⑧章 —— 電玩遊戲

技術及娛樂事業的大型媒體企業,也是一個擁有強大力量的品牌。能夠跟SEGA一較高下的品牌,就只有MTV而已[80]。在那個年代,人們對SEGA的既定印象,認為是專屬年輕人的酷炫品牌,而任天堂則是跟不上時代腳步的兒童品牌。當時,美國1800萬個家庭備有SEGA的Genesis遊戲主機。SEGA甚至提出發展主題樂園的計畫,以及透過有線電視同軸電纜網路進行「SEGA Channel」遊戲的構想。當時人們「看好未來

圖表8-4　電玩遊戲產業的價值鏈

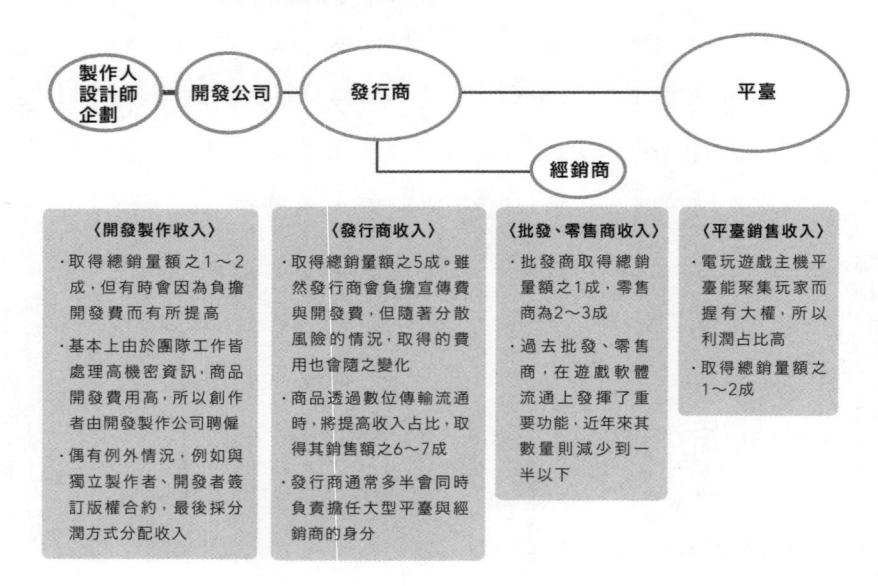

製作人／設計師／企劃 → 開發公司 → 發行商 → 平臺
　　　　　　　　　　　　　　　　　↓
　　　　　　　　　　　　　　　　經銷商

〈開發製作收入〉
・取得總銷量額之1～2成,但有時會因為負擔開發費而有所提高
・基本上由於團隊工作皆處理高機密資訊,商品開發費用高,所以創作者由開發製作公司聘僱
・偶有例外情況,例如與獨立製作者、開發者簽訂版權合約,最後採分潤方式分配收入

〈發行商收入〉
・取得總銷量額之5成。雖然發行商會負擔宣傳費與開發費,但隨著分散風險的情況,取得的費用也會隨之變化
・商品透過數位傳輸流通時,將提高收入占比,取得其銷售額之6～7成
・發行商通常多半會同時負責擔任大型平臺與經銷商的身分

〈批發、零售商收入〉
・批發商取得總銷量額之1成,零售商為2～3成
・過去批發、零售商,在遊戲軟體流通上發揮了重要功能,近年來其數量則減少到一半以下

〈平臺銷售收入〉
・電玩遊戲主機平臺能聚集玩家而握有大權,所以利潤占比高
・取得總銷量額之1～2成

出處｜作者彙整製作

80　Kevin Maney(著)《Mega Media的衝擊》(メガメディアの衝撃),德間書店出版,1995年

前景的新銳科技企業」名單中,全部都是目前的一流企業,其中包括微軟、美國線上(AOL)、甲骨文公司(Oracle)、惠普(HP)、英特爾(Intel)、康柏電腦(Compaq Computer),以及本章節介紹的SEGA。

「PS」、「XBOX」上市後,開始壟斷電玩遊戲市場

索尼推出「Play Station(PS)」電玩遊戲主機之後,SEGA就逐漸揮別繁華時代,拉下競爭舞臺的布幕。SEGA與任天堂共同稱霸市場的時代宣告結束,從1990年代後半期起,到2000年代前半期左右,全都是PS獨霸天下的時代。這對任天堂來說,一樣也是形同惡夢般的10年。

原本索尼與任天堂的共同開發案進展得相當順利,卻因為山內溥改變心意而宣告破局(據稱是山內溥對索尼在產業中蠶食鯨吞的行為有所警戒),所以索尼公司內部也幾乎決定退出。在這樣的情況下,當時索尼負責這項計畫的久多良木健(久夛良木健),直接找上索尼創辦人大賀典雄尋求協助。儘管董事會成員半數以上表示反對,仍然強行通過開發遊戲主機計畫,彷彿奇蹟出現一樣,PS終於能夠順利上市。任天堂在流通上一直有諸多硬性規定,相較之下,PS更具有彈性,以開放平等的方式,吸引不少遊戲軟體開發商加入PS遊戲平臺。因此,知名軟體開發商也相繼在PS主機上推出《勇者鬥惡龍》、《最

終幻想》等經典遊戲作品，使得索尼在家用電玩遊戲主機的市場占比持續上升。

這個時代，所有挑戰家用電玩遊戲主機市場的企業都吃下敗仗。萬代與蘋果電腦聯手開發的「Pippin atmark」背負2,600億日圓的損失，成為一段不堪回首的歷史。SEGA最後一次挑戰市場，雖然投入800億日圓開發遊戲主機「Dreamcast」，依然宣告失敗，最後由CSK公司的大川功掏出個人財產，才挽救差點因虧損而倒閉的SEGA。而任天堂也推出全球首款虛擬頭戴裝置「Virtual Boy」，同樣也嚐到失敗的滋味。

不少公司猶如賭命般投下巨額開發資金，卻招來更多失敗結果。最後，僅剩任天堂、索尼與微軟3間公司，存活在電玩遊戲主機的硬體市場。

日本走向霸權崩解的時代

從1970年後半期到2000年代前半期，為期30年的電玩遊戲硬體市場競爭終於劃下句點。自此之後，這3家存活下來的公司，就成為了主要的遊戲平臺，同時也在遊戲軟體上做出差異化，經過一段過度競爭時期，日本在遊戲軟體市場的霸權優勢逐漸崩解。

美國把開發電玩遊戲定義為團隊分工合作，要求更加細膩的教育系統與開發方式。美國非常積極培養人才，試圖以團隊合

作的力量，追上落後日本的軟體開發技術。例如，微軟開放了免費的遊戲軟體開發環境，在許多大學設置空間，並且定期舉辦像遊戲開發者大會（Game Developers Conference）的活動，提供遊戲軟體開發者彼此在技術上的分享與交流。

1980～1990年代，日本的電玩遊戲產業，對於模仿其他公司開發的遊戲軟體，採取包容、自由的態度。在這樣的競爭環境下，包含運用挖角等手段在內，各家遊戲軟體公司彼此模仿，慢慢試著開發出不同於競爭對手的遊戲特色，最後再做出產品差異化。

但是在經過多次競爭後，各家公司已累積熟練的開發經驗，深怕開發技術外流，因此在2000年代，經常發生智慧財產權的官司糾紛。於是，在日本電玩遊戲產業之中，人才轉換跑道與企業挖角日趨減少，電玩遊戲軟體公司變得像「普通日本大型企業」一樣保守，很快地就在國外失去了原有的特色與魅力。

8-4 一切都發展成網路線上遊戲

市場上出現創新企業DeNA、GREE

　　日本電玩遊戲產業從大型遊戲機臺、家用電玩遊戲主機、電腦遊戲開始發展而變得興盛，但是都比不上「智慧型手機出現之後」對產業規模造成的劇烈衝擊。隨著可隨身攜帶的智慧型手機問世，各大產業也透過網路線上化的功能，不斷持續擴大版圖。其中包括漫畫（→電子漫畫）、電影或電視（→線上影音串流平臺）、音樂（→音樂串流平臺）。只不過，各產業提供這些線上服務的營收占比，只達到了整體的2～3成。2021年，線上電子漫畫的市場急速成長，整體占比終於超過了5成。相較之下，電玩遊戲轉換到手機線上的情況更勝一籌。在智慧型手機出現之後，電玩遊戲市場的規模翻倍成長，整體市場有8成以上都轉為網路線上遊戲（如圖表8-5所示）。

　　2000年代，市占率最高的日本電信電話集團旗下子公司NTT DOCOMO，在折疊式行動電話上，率先推出一項新功能，也就是可收發電子郵件及瀏覽網站，名為i-Mode的網路服務。然而，NTT DOCOMO對行動裝置上的遊戲軟體

圖表8-5　日本國內家用電玩遊戲市場

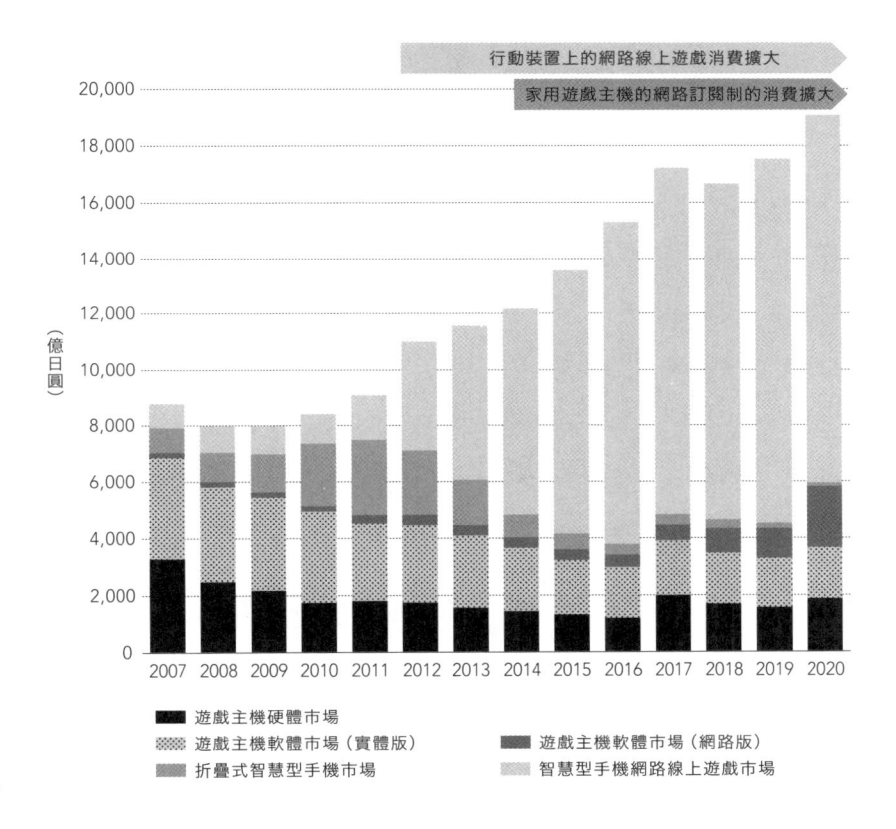

（縱軸單位：億日圓）

圖例：
- 遊戲主機硬體市場
- 遊戲主機軟體市場（實體版）
- 遊戲主機軟體市場（網路版）
- 折疊式智慧型手機市場
- 智慧型手機網路線上遊戲市場

標註：
- 行動裝置上的網路線上遊戲消費擴大
- 家用遊戲主機的網路訂閱制的消費擴大

出處｜作者根據《Fami通電玩遊戲白皮書》（ファミ通ゲーム白書）、Mobile Contents Forum調查資料製表

市場看法，卻是「把現成的電玩遊戲作品，直接轉換成手機版本，再以300日圓的價格售出」。因此，並沒有人開發原創的電玩遊戲。NTT DOCOMO負責手機遊戲的部門，認為這項業務是「門市櫃檯的推銷工作」，當作「賺取蠅頭小利的市

第⑧章 —— 電玩遊戲

場」，只要推出能在手機上玩的電玩遊戲就可以了。消費者在這個時期，根本無法實際感受行動電話的真正價值。

後續出現的產業創新者，皆來自於電玩遊戲產業以外的行業。一間是提供網路服務的 DeNA 公司，在 2009 年推出《怪盜 Royale》（怪盗ロワイヤル）手機遊戲，開拓出「競賽遊戲」RPG 遊戲的類型。另一間公司則是在 2011 年推出《探險托里蘭托》（探検ドリランド）的 GREE 公司。這兩間公司從傳統折疊式手機轉換到智慧型手機的期間，以社群網路遊戲（線上遊戲）席捲了日本全國，並大量推出每月營收 10 億日圓、年度營收 100 億日圓的電玩遊戲作品。

當年，GREE 的年輕面試主管甚至誇下海口：「我們知道打敗任天堂的方法喔。」從他這番血氣方剛的發言內容，不難看出 GREE 公司快速成長的情況。

2009～2013 年度，GREE 在這 5 年的營收從 140 億日圓→1,520 億日圓，市值從 1,000 億日圓→6,000 億日圓；DeNA 的營收從 376 億日圓→2025 億日圓，市值從 1,000 億日圓→4,000 億日圓，這兩間公司都出現了大幅成長。2013 年，隸屬軟銀集團旗下的玩和線上娛樂（ガンホー），在智慧型手機上推出 app 線上遊戲《龍族拼圖》（パズル＆ドラゴンズ），營收創下單月突破 100 億日圓的紀錄，公司市值甚至超越當時業績萎靡不振的任天堂市值 1 兆 5,000 億日圓。回顧過去，任天堂公司市值被索尼以外的公司超越，已經是 20 年前發生的事了。

2017年，任天堂靠Switch掌上型遊戲機奇蹟似地復活。在此之前，只能說家用電玩遊戲主機的企業處於一蹶不振的狀態。一些老牌電玩遊戲大廠轉型推出網路遊戲，也因為挑戰失敗而造成公司股價下跌。

但是到了2010年代後半期，反而變成了大復活時代。過去那些推出「家用遊戲主機」的傳統電玩企業，以及新興企業的營收、公司市值、員工人數皆有所變化，如圖表8-6所示。

圖表8-6　日本電玩遊戲產業的營收、就業人數

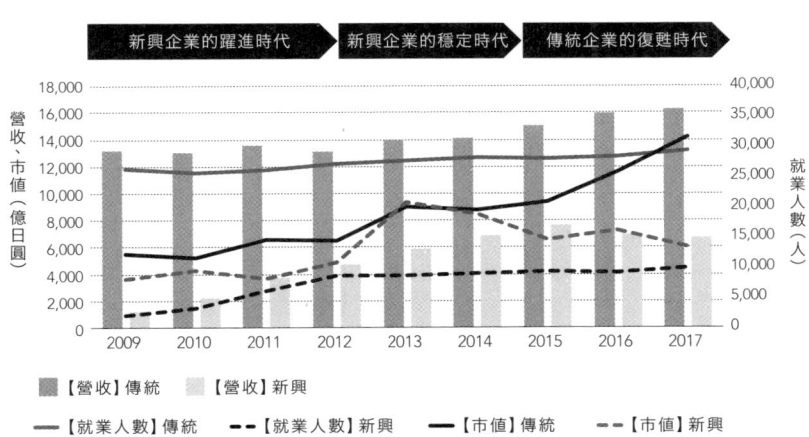

電玩遊戲產業的6間傳統企業與10間新興企業的比較（2009〜2017）

新興企業的躍進時代　　新興企業的穩定時代　　傳統企業的復甦時代

營收、市值（億日圓）／就業人數（人）

■【營收】傳統　　■【營收】新興
──【就業人數】傳統　　- - -【就業人數】新興　　──【市值】傳統　　- - -【市值】新興

6間傳統企業：萬代南夢宮控股、科樂美KONAMI、SEGA颯美控股、卡普空Capcom
　　　　　　　史克威爾艾尼克斯Square Enix HD、光榮KOEI TECMO
10間新興企業：mixi、DeNA、GREE、GungHo、Colopl、Ateam、Crooz、Drecom、Gumi、K Lab

出處｜作者依據各家企業公開的投資人關係IR資料製表

家用遊戲主機的企業在2014年之後,即使「開發」網路線上遊戲失敗,依然可以充分運用IP(智慧財產權)角色當作品牌,或者以「發行商」身分舉辦活動,藉由公司資產取得收益。另一方面,靠著網路線上遊戲起家的企業,也在2013年達到成長的頂點。

當時耐人尋味的地方,在於網路線上遊戲企業進行徵才時,都是從其他不同行業來尋找人才。家用遊戲主機企業的人才,並不會跳槽到網路線上遊戲的企業。所有家用遊戲主機企業約3萬名的人才幾乎沒有變動,而網路線上遊戲企業約一萬人的產業人口(我也是其中一人),主要是從企業顧問、科技業、相關技術行業、網路通訊業、出版業等各大企業徵才而構成的。家用遊戲主機企業的人才流動處於停滯狀態,而網路線上遊戲企業則以網路數位行銷進行宣傳,含括科技業、廣告業、出版業的智慧財產權管理等,充分運用各大產業的相關知識技術,加強推動電玩遊戲產業的進步及發展。

超越硬體的限制

當時網路通訊技術的進化,與現今虛擬實境(VR)技術的發展,具有共通之處。那就是當一項全新的技術出現時,如果不改變遊戲的玩法,只是一再把過去的遊戲,移植到其他機種或平臺,如此坐等收益的商業經營模式,終究只會落入一場空。

NTT DOCOMO提供i-Mode功能,主打「就算是手機小螢幕,也能玩過去的經典電玩遊戲」,然而市場營收始終無法突破1,000億日圓。相較之下,社群網路遊戲(Social Game)則鎖定在「模擬情境的類型,在10秒或一定時間內切換關卡畫面,讓玩家縮短通關時間,並重視玩家在遊戲中的互動性,以及看見彼此的各項能力數值,進而另外付費抽角色、道具裝備,強化角色能力」等特色,促使市場營收成長到5,000億日圓。同時,這些社群網路遊戲,也利用高性能的智慧型手機,在app遊戲中增加過往無法在手機流暢顯示的動作遊戲類型元素,使得市場規模發展到一兆日圓。甚至,電玩產業還結合其他行業的知識技術,提升自身更精準的廣告投放率,這與漫畫、動畫、音樂等眾多app一樣,整個產業都運用了網路數位行銷宣傳的廣告方式。這些都是近10年來在電玩遊戲產業發生的事實。

如果只是單純改成網路線上遊戲,根本無法拓展市場規模,促進產業人才的流動。唯有翻轉遊戲的玩法,結合網路線上遊戲的型態,才能實現創新市場的變革。過去,從街頭大型電玩遊戲機轉變為家用電玩遊戲的過程也是如此,就像我們聆聽音樂,也曾體驗從CD轉為網路串流平臺的過程一樣。另外,受惠於硬體效能與網路通訊的革新技術,漫畫閱讀的趨勢,得以轉變為手機直條式漫畫;而電玩遊戲空間的趨勢,也才能轉變為元宇宙(Metaverse)虛擬世界。這些趨勢的轉變,

第⑧章 ── 電玩遊戲

都具有共通的特性。

我身處於這樣的轉變過程中，強烈察覺到一項事實，那就是「產業人才」的培育與回流，正是主要的關鍵。在這2～3年，電玩遊戲產業持續擴大的趨勢，就是結合來自於廣告、出版、音樂、動畫、電影、科技等各大產業的人才與知識技術，並讓他們展現出全新的創意。

2020年，全球電玩遊戲市場規模接近20兆日圓，一般預估2025年將達到30兆日圓。如此一來，也就意味著電玩產業的成長，將大幅超越電視、家庭影音娛樂市場20兆日圓的規模，以及報紙、雜誌市場與廣告市場10兆日圓的規模，與音樂市場7兆日圓的規模，成為娛樂產業中最大的內容市場[81]。電玩產業不像電視或電腦仍然受到束縛，已經跨越了硬體這道門檻的限制。

---

[81] PwC "Perspectives from the Global Entertainment & Media Outlook 2021-2025" https://www.pwc.com/gx/en/entertainment-media/outlook-2021/perspectives-2021-2025.pdf

8-5
受到妄想與期望的驅動，
開始經營電玩遊戲公司

「或許我真的可以拿到1000分」

　　我個人投身電玩遊戲產業，已經長達10年以上了。我在2011年進入DeNA公司就職。2年過後，公司營收從500億日圓急速成長了3倍。每個月都有將近50名的新進員工到職，其中包括來自管理及資訊科技顧問的埃森哲（Accenture）公司、跨國消費日用品公司的寶僑（P&G）公司、索尼公司等，集結了各大產業公司的菁英人才。而我也是來自網路集團公司瑞可利集團的其中一人。還記得到職當天，公司發給我i-Mode、蘋果、安卓，3隻不同系統的手機。到了第3天，我正式掛上「電玩遊戲顧問」的頭銜開始工作，協助遊戲開發公司推出「智慧型手機電玩遊戲」。

　　後來，我轉換跑道到顧問公司，之後又再度換工作，任職於曾經是前公司客戶的萬代南夢宮公司。接著，在加拿大溫哥華成立一間專門開發電玩遊戲app的工作室，於全球多國推出《小精靈256》（PAC-MAN 256）、《Tap My Katamari》（Tap

第⑧章 — 電玩遊戲

My塊魂）等作品。後來，我就這樣遷移到新加坡的據點，並在印尼開發遊戲，接著於馬來西亞招募設計師，成立視覺藝術工作室。之後，我又再度轉換跑道，任職武士道公司。這是一間在世界各國發展，總部位於新加坡的電玩遊戲公司。我在這間公司開始從事電玩遊戲製作人的工作，開發《BanG Dream!》英語版，以及在日英兩國上架的作品《Vanguard ZERO》，同時也執行在日本國內上架的授權作品《名偵探柯南酷跑》（名探偵コナンランナー）、《新日本職業摔角 Strong Spirit》（新日本プロレス Strong Spirit）等跨媒體製作專案計畫。

過去，我在瑞可利集團時，曾經從事開創事業相關的經營企劃工作。只不過，兩者最大的差別，就在於娛樂產業「對作品無法做出任何保證」。

在一般企業中，管理者會先制定每項工作職務的標準作業程序，並在預期達到80～120分的目標下，進行人才的招募晉用、培訓與投資。但是，在娛樂產業的世界，卻完全不是這麼一回事。即使人才濟濟，有一群經驗豐富，負責各項工作的製作人、企劃人員、工程師、設計師，由眾人一磚一瓦堆積出如金字塔般的作品，最後可能只換來0分的評價。

企業經營者成立一間1000人的電玩遊戲公司，買下這1000人未來3年的時間。即使全體員工帶著捨我其誰的強烈動機，製作出如同「本人的作品」一樣，仍然有可能無法順利完成作品，而且就算完成了，也有可能得到0分（因為沒有人願意消

費購買)。儘管如此，這項事業只剩下「或許我真的可以拿到1000分」的夢想期望，依然是一項充滿能量的事業。

　企業經營者將遊戲玩家的期望，視為市場機會，並在投資者與開發人員的期望下，不厭其煩地溝通協調。從「創造」這項危機四伏的想法之中，找出能引起遊玩家的興趣、關注，以及換取金錢的方法。我認為只要持續增加執行專案計畫的經驗次數，就會逐漸正確地掌握遊戲玩家、投資者與開發人員的期望，並且能大致預測未來的發展。例如，某某創作者與某某公司，再加上多少投資金額，這樣的團隊組合，約有8成機率不會失敗，甚至有2成機率大紅大紫，就像棒球比賽擊出全壘打一樣。

　開發一部作品，除了迴避可能發生的風險之外，同時需要尋找志同道合的夥伴，由數間公司規劃共同事業的藍圖計畫。此外，還必須依循收益模式，擬定複雜的著作權合約、投資金額、詳細的授權條件等項目。雖然參與專案計畫的公司越多，決策的速度就越慢，但有時也會因此產生化學反應，獲得出人意料的成果。在執行計畫的過程中，應參考預先實施的指標，例如在社交平臺進行市場調查取得數據，或實施封閉測試（Closed Beta，預先讓特定的遊戲玩家進行測試），蒐集更詳盡的意見回饋。除了掌握最重要的「遊戲玩家的期望」這項指標，同時應經常調整欠缺投資的項目，因為有時預算可能會爆增一倍以上。

創造一部作品的過程，無論電玩遊戲、動畫、電影、音樂演唱會、舞臺劇，全部都是相同的。這些都和創業的過程如出一轍。經營者、投資者與創作團隊，在娛樂市場展開從無到的創造工作，誕生出「非」生活必需品的「作品」，呈獻給世界上的消費者，並從無人關心的狀態，逐漸發展成狂熱的境界。這項創造的過程，完全和創新公司沒有什麼不同，就像傳教布道一樣，必須積極推廣自家創新商品。每次打造一部娛樂產業的作品，都像成立一間創新公司的過程，必須考量企劃、財務、人事、開發、市調行銷、客戶服務等項目，是極為龐大複雜的工程。

混亂失序才是理想的狀態

許多其他產業的朋友皆異口同聲表示，非常羨慕電玩遊戲產業，因為在國外表現強勁，獲利也高。但就實際情況而言，電玩產業經常需要戰勝恐懼。

一間公司沒有任何一個階段，比得上成長期更容易困在混亂失序之中。在這個階段裡，公司往往採取許多令人不解的成長手段，並且不斷增加人力，造成部門組織陷入極度混亂之中。高層主管下達的指令，也經常朝令夕改，各部門還會按照自己的喜好行動，與其他單位結盟，甚至不知道何謂正確的PDCA循環（建立改善「計畫、執行、查核、行動」的良性循環），最

後變得無所適從。

不過，等到公司運作步上軌道之後，再來回顧這一切，或許可稱之為理想的狀態。公司內部呈現混亂失序的狀態，都是因為各單位組織想要了解並掌握遊戲玩家的期待與市場的成長。如果完全風平浪靜，那才真的是有問題吧。

電玩遊戲產業在全球產值超過20兆日圓，超越電影、音樂、出版，成為最大的文化創意產業。每一部電玩遊戲作品，幾乎都是源自於個人的「妄想」與「期望」，最後才降臨在這個世界上。也因為如此，遊戲玩家才能體會全身顫抖般的感動。

由100人共同完成一項電玩遊戲的專案計畫，藉由數位科技，提供100萬名遊戲用戶娛樂服務，最後吸引一萬名瘋狂愛好者。這一切都是從單一個人創作者處在「當時的那個瞬間」，近乎妄想狀態下而提出的創意，接著才發展成專案計畫，就像無法抑制腎上腺素升高的過程一樣。

40年來，在高達2萬部以上的電玩遊戲作品之中，有極高的市場占比出自於日本企業，他們在全球推出許多深受玩家喜愛而造成轟動的作品。對此，我不禁感到無比的自豪與榮耀。

第 ⑧ 章 ── 電玩遊戲

圖表 8-7　全球手機電玩遊戲開發公司間數

地區	間數
Nor	1
Sweden	18
Fin	9
UK	39
Den	5
Nether	4
Poland	8
FR	21
GR	22
Swiss	4
Rumania	1
Turkish	2
Russia	20
Spain	5
Italy	6
Israel	13
CN	199
KR	66
JP	160
HK	7
TW	26
Singapore	1
Indonesia	1
Australia	9
NewZealand	2

出處｜gamebiz「《國外發展的翻轉期》採訪武士道公司，東歐、東亞洲與東協開發市場的運用比較」(「『海外展開の反転期』...ブシロードに訊く北東欧・東アジアと比較したASEAN開発市場の生かしどころ」https://gamebiz.jp/news/168960。統計 2014 年 4 月～2016 年 1 月，每個月打進前 1000 名的企業

CA
16

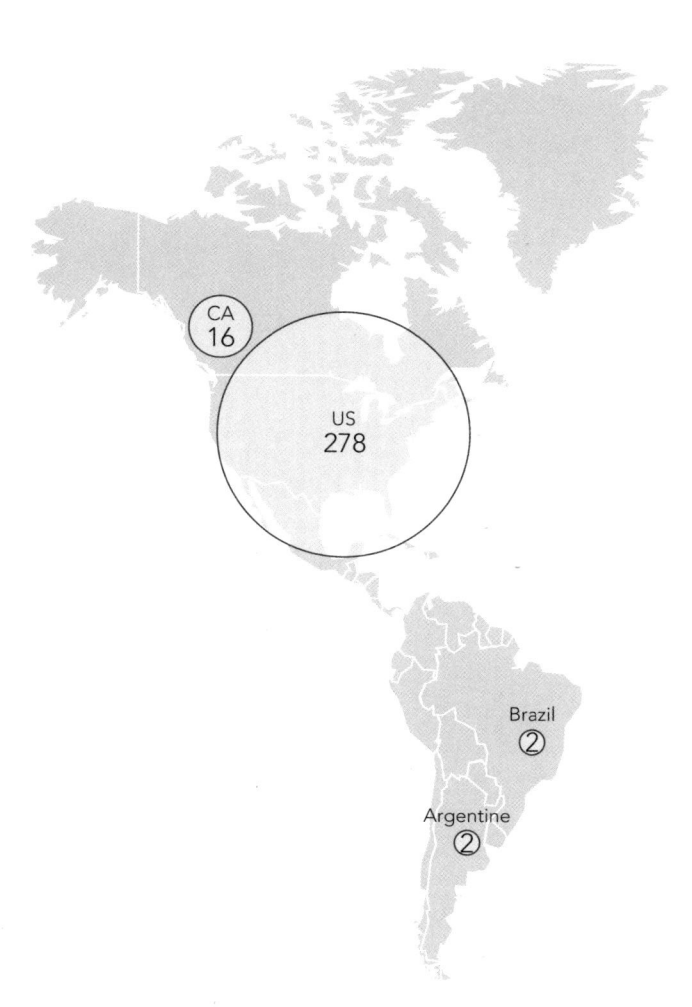

US
278

Brazil
2

Argentine
2

第 ⑨ 章

東京 2020 國立競技場（2021年7月29日）
照片提供｜《今日美國》體育版／路透社／Aflo

運動賽事

第⑨章 —— 運動賽事

9-1

運動界從堅持業餘選手參賽轉變成職業化

正力松太郎利用棒球促銷報紙,慘遭日本刀刺殺未遂

　　人們對運動比賽向來有一項沒完沒了的膚淺爭議,那就是到底是職業的好?(參賽者以賺錢為目的)還是業餘的好?(參賽者本身有其他主要工作)長期以來,這項問題一直是攸關著運動競賽的重要根源。

　　19世紀,大英帝國向全世界推廣各項體育競賽(足球、橄欖球、板球、網球、拳擊等項目的發源地皆為英國)。英國以宗主國的立場,嚴禁殖民地的人民從事向來習以為常的民眾娛樂(賭博與獵殺動物),取而代之的是推廣各種運動項目,藉以「培養守序的倫理道德及均衡健全的體魄」。運動競賽最重要的原則,就是絕對禁止用來謀利。當時英國強調,參加運動競賽的過程比結果還更加重要。因為若是以賺錢為目的,那麼參賽競爭的結果,就會變成參加者的唯一目的了。

　　正力松太郎素有「電視之神」的稱號,但他同樣積極推動棒球、摔角等運動項目,因此也被封為「運動之神」。正力松太郎擁有極高的商業敏銳度,率先在1934年成立日本第一個職

業運動團體「讀賣巨人軍職業棒球隊」。當時的日本，普遍對娛樂業帶著厭惡的感覺，報章雜誌也經常提出諸多批判。例如，朝日新聞從1951年起，全力支持各高中學生參加甲子園大賽（全國高等學校棒球錦標賽），這種由學生組成的業餘球隊，報章雜誌稱之為「高尚」行為；而以金錢為目的的職業球隊，則被歸類成「不入流」的行為。

1938年，川上哲治（日後被譽為「打擊之神」）選擇走上職業棒球之路，決定加入巨人軍球隊。球隊開出的薪水條件，比原本預定就職的鐵路公司還要多，但卻遭到他的父親強烈反對，甚至怒斥勸阻：「你千萬不可踏入職業棒球隊這種形同遊戲人生的世界！」隔年，鶴岡一人從東京六大學棒球聯盟之一的法政大學畢業，也加入了職業球隊南海軍（現為福岡軟銀鷹隊〔福岡ソフトバンクホークス〕）。他除了職棒生涯成績斐然，後來更是築起南海鷹隊的黃金年代，成為史上留名的教練。歷史學家井上章一曾在著作中提到，「當年棒球環境的氣氛反對商業化。鶴岡一人左腳才剛踏出大學校門口，右腳就立刻踏進職業棒球隊……這實在有損大學棒球社團的顏面……演變成一大問題而掀起爭論。最後，鶴岡一人甚至遭到大學棒球社團除名[82]」。這起事件，彷彿鶴岡一人進入俠客世界，引發

82　井上章一《阪神虎的真實樣貌》（阪神タイガースの正体），太田出版，2011年

江湖騷動一樣。

1935年，正力松太郎的手臂遭到暴徒以日本刀砍傷。暴徒犯案的原因非常驚人，竟然是「讀賣巨人軍邀請美國的棒球隊，侵犯了神聖的神宮球場（暴徒主張球場屬於天皇的聖地）」。也就是說，神宮球場隸屬於供奉明治天皇的明治神宮，將如此神聖的神宮球場拿來舉辦賺錢的運動賽事，是絕對不可饒恕的行為。

不過，運動界如此「霸道行事」，卻成為了大眾關注的焦點。昭和初期，讀賣新聞把巨人軍球隊比賽的門票當成一項武器，搭配報紙促銷，獲得了商業上的成功。當年的《旋風》雜誌就曾刊載一段評論內容：「讀賣新聞以體育版面增加發行量，從五流報紙一躍而起，擠入二流報紙之林。[83]」

成長10倍的英國 VS 停滯不前的日本

1930年，國際足球總會（FIFA）創辦了職業運動員也能參賽的首屆世界盃足球賽。1974年，國際奧委會從《奧林匹克憲章》（Olympic Charter）取消僅限業餘選手才能參賽的規定。1987年，大幅落後於足球的橄欖球項目，直到這一年才

---

[83] 《旋風》1948年7月號「從內部窺探職業棒球」（プロ野球をうらからのぞく）

舉辦了第一屆世界盃橄欖球賽,如此保守的「紳士運動」,也開始朝向職業化及商業化靠攏。

距今40年前的1984年是突然轉變的一年,「運動賽事成為一門營利事業」,美國洛杉磯舉行奧林匹克運動會,有許多私人企業資金投入,充滿了商業色彩,是眾多競技運動團體走向職業化的一大契機[84]。

1976年,加拿大蒙特婁舉辦奧林匹克運動會,主辦方國際奧林匹克委員會(IOC)背負了龐大債務,負債金額高達10億美元(現值約1兆日圓規模)。後來,曾經任職全美第二大航空公司、後來創辦旅行公司的企業家彼得・尤伯羅斯(Peter V. Ueberroth)受到拔擢,擔任1984年洛杉磯奧委會主席。當時,他對奧運會的營運模式從頭到尾進行了一番大改革。他採取大量收益策略,包括號召廣告贊助商、高價賣出電視轉播權等,成為史上首次「賺錢獲利」的一場奧林匹克運動會。

奧運帶來商業上的成功,促使1990年代的所有運動賽事忽然在一夕之間都變得商業化了。美國NBA職業籃球聯賽把選手送進奧運會參賽(1992年),英國足球也成立了英格蘭足球超級聯賽(Premier League,1992年)。

---

[84] 廣瀨俊朗《聰明理性的橄欖球觀賽方式》(ラグビー知的観戦のすすめ),KADOKAWA出版,2019年

第⑨章 —— 運動賽事

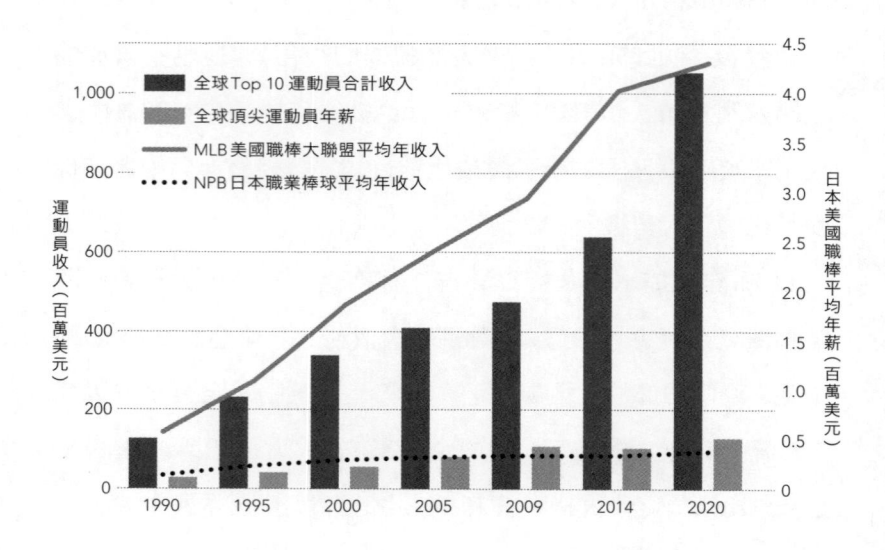

圖表 9-1　職業運動員收入

運動員收入（百萬美元）／日本美國職棒平均年薪（百萬美元）

- 全球 Top 10 運動員合計收入
- 全球頂尖運動員年薪
- MLB 美國職棒大聯盟平均年收入
- NPB 日本職業棒球平均年收入

出處｜作者根據《富比士》、MLB（美國職棒大聯盟）、NPB（日本職業棒球）公開資料製表。
1美元匯率以110日圓計算

　　世界各國參考美國洛杉磯奧運會的商業模式，運動界也出現了極大的改變。頂尖運動選手轉為職業化，結合各種媒體宣傳，當作一項賺取收益的事業。在這30年間，運動員的薪酬陸續上漲了5～10倍。

　　日本在這個時期也成立了職業足球聯賽（J.League，1993年），開始朝向商業化發展。只不過，日本「把運動當成一門營利事業」的進展速度，遠遠落後歐美國家一大截。

截至1980年代，無論是棒球或足球項目，日本和歐美的市場規模，並沒有太大的差距。但在1990年代之後，歐美運動市場受到觀眾喜愛的項目，開始急速成長，與日本形成了鮮明的對比。而日本在運動商業市場上，只維持在持平趨勢。其中較大的一項影響因素，就是日本泡沫經濟造成景氣低迷所致。話雖如此，但如果比較MLB（美國職棒大聯盟）和NPB（日本職業棒球），以及英格蘭足球超級聯賽和日本職業足球聯賽之間的差異，我們可從運動界、媒體、贊助商這三方在商業市場上合作發展的程度，看出日本與英、美國家之間的不同。

第 ⑨ 章 ── 運動賽事

圖表 9-2　日本與歐美的運動市場規模

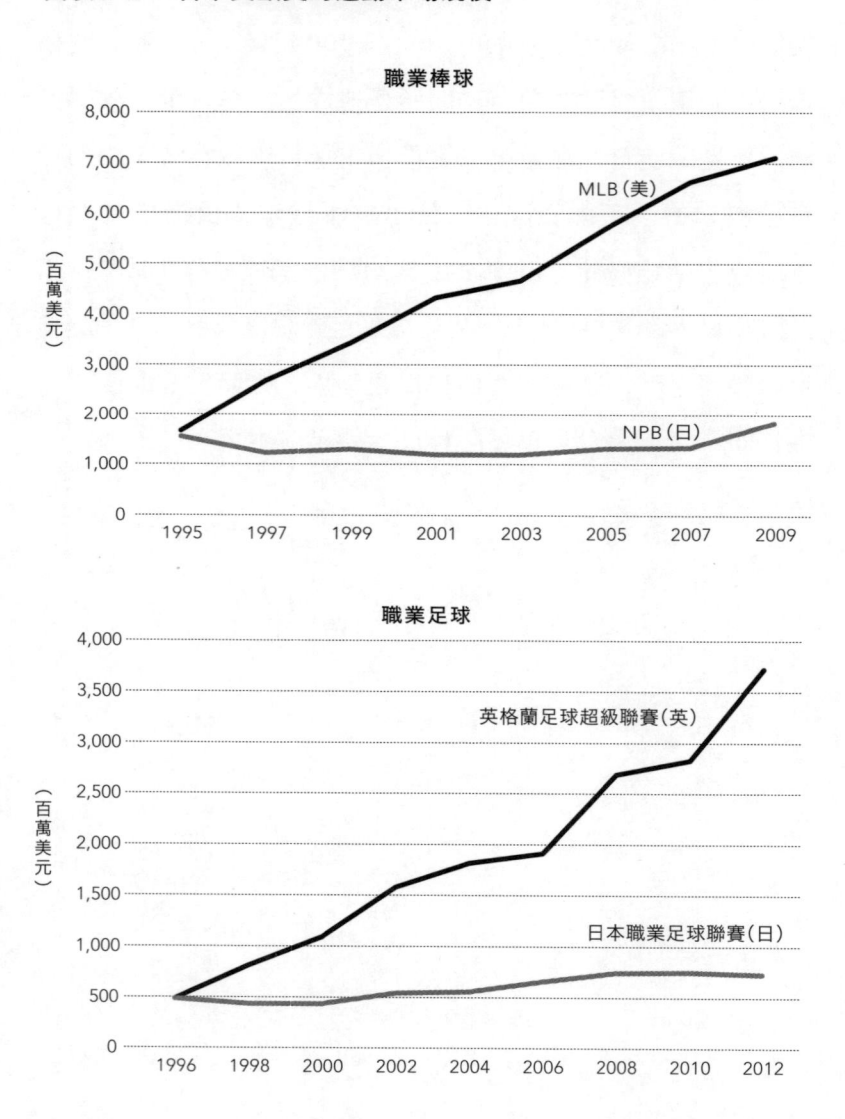

職業棒球

（百萬美元）

- MLB（美）
- NPB（日）

橫軸：1995–2009

職業足球

（百萬美元）

- 英格蘭足球超級聯賽（英）
- 日本職業足球聯賽（日）

橫軸：1996–2012

出處｜日本行政機關體育廳、經濟產業省「開拓體育的未來會議期中報告～制定運動產業的遠景～」（スポーツ未来開拓会議中間報告～スポーツ産業ビジョンの策定に向けて～，2016年6月）

圖表9-3　運動賽事產業的價值鏈

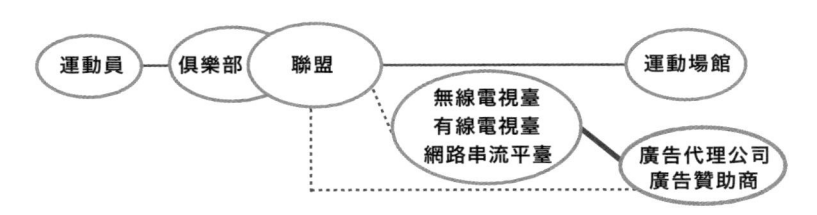

```
運動員 ── 俱樂部 ── 聯盟 ─────────── 運動場館
                    │    無線電視臺
                    │    有線電視臺
                    └─── 網路串流平臺 ── 廣告代理公司
                                        廣告贊助商
```

〈運動員收入〉
・按照運動員與俱樂部簽約給付年薪
・商業影片拍攝和贊助商合約則另外計算
・俱樂部使用運動員的肖像權進行商品銷售時,大多按照權利金比例分配給運動員

〈轉播權收入〉
・由聯盟或俱樂部售出轉播權
・若影片的拍攝費用由播出方或串流平臺負擔,則擁有影片著作權。不過聯盟仍保有著作權,可使用於其他用途

〈轉播收入〉
・買下轉播權、串流平臺播送權,藉此大量吸收觀眾,收取廣告費或收視費。通常轉播方與聯盟的合約期間,大多長達數年

〈廣告收入〉
・由廣告代理公司向廣告贊助商收取廣告收入
・廣告公司的抽成費用為2成

〈轉播權收入〉
運動員及其所屬的俱樂部,與聯盟共同定期舉辦活動(運動賽事),並從事體育場館的入場／商品銷售／餐飲等事業經營

出處｜作者彙整製作

　　運動賽事產業價值鏈的構成要件,首先由運動員、俱樂部、聯盟、運動場館,共同完成一場運動競賽,單純是一項觀眾購票入場觀賞的經營事業。其次是轉播權收入與廣告收入,也就是媒體事業。而日本與歐美在經營上之所以出現巨大差距,主要都是因為後者媒體事業造成的。接下來,我將以奧林匹克運動會的實際情況進行說明。

9-2 奧林匹克的光與影

轉播權利金日益昂貴，廣告競爭變得無上限

1984年，美國洛杉磯奧林匹克運動會過後，奧運的商業發展程度，簡直誇張到沒有極限一樣。國際奧林匹克委員會及大會組織委員會，於1992年舉辦的夏季、冬季奧運會，總收益達10億美元。到了2021年，東京舉辦的奧運會雖然沒有開放觀眾入場，總收益卻創下110億美元的歷史新高。入場收費這項「門票收入」，可能還不到總收益的一成。而最大的兩項收益來源，就是由國際奧委會向世界各國收取的「轉播權利金」，占總收益5成。另一項則是向廣告贊助商收取的「廣告贊助費」，占總收益3～4成（每一種行業只選出一間全球Top 1的企業，由國際奧委會收取費用。主辦國當地企業贊助商約數10間，則由大會組織委員會收取費用）。

全世界收看奧運會轉播的觀眾高達20億人，與世界盃足球賽並列，成為人類史上最多觀眾收視的節目內容。所以奧運轉播權及廣告贊助的費用爆漲，也是投資者「彼此激烈競爭，只為了吸引觀眾目光」的一項證明。

圖表9-4　奧林匹克運動會收入（夏季、冬季合計）及舉辦夏季奧運會的成本

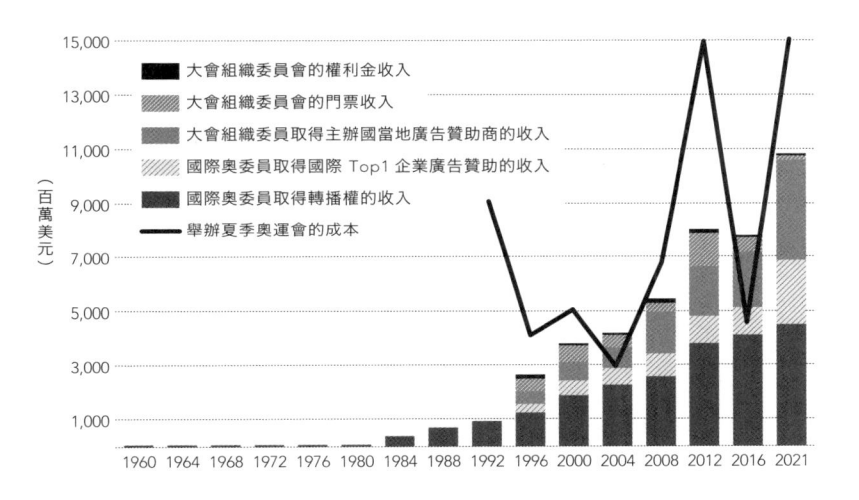

出處｜根據Olympic Marketing Fact File。收入的計算方式在1992年以前，皆為同一年舉辦的夏季與冬季奧運會。1996年之後，則為當年的夏季奧運會，再加上前2年舉辦的冬季奧運會合計。

由於轉播權與廣告贊助的費用過度飆漲，就算是大型電視媒體和大型企業品牌，也難以負荷同一年舉辦夏季、冬季奧運會的預算成本。因此，從1994年起，國際奧委會就將夏季、冬季奧運會錯開，改成相隔2年分開舉辦。

國際奧委會還考量付出最多轉播權利金的美國NBC電視臺，為了配合「美國時間」，甚至調整各項運動賽事的時間。有時也會評估競賽項目的熱門程度，讓「轉播內容更受矚目」

而改變既有規則，顯然是改為採取「運動賽事商業化」的策略。這在過去「只允許業餘選手參加的時代」，實在是無法想像的一大轉變。

電通公司逐漸壟斷運動賽事的商業市場

2021年，東京再次成為奧運會的舞臺。儘管受到新冠疫情影響，原本預計在2020年舉辦的奧運延宕了一年，不過應該算是成功落幕了。但是，2022年8月，卻爆出大會組織委員會理事長高橋治之，因疑似收受賄款而遭逮捕的消息，使得奧運會與金錢之間的問題，在世人眼前曝光。

運動比賽和賄賂之間的關係牽扯，並不是什麼太稀奇的事。2015年，美國官員召開記者會，揭發國際足球總會（FIFA）收賄案，行賄金額高達100億日圓以上，疑似涉案的人員多達數10人。2022年，在中東國家卡達（Qatar）舉辦的世界盃足球賽，又再度上演了收賄案件。即使日本也一樣，從職業棒球到大相撲，運動賽事擁有強大的聚集觀眾及賺取收益的力量，經常受到廣大群眾的關注，同時也吸引不少檯面下的金錢交易。

遭到逮捕的高橋治之曾經在電通廣告代理公司工作，他在過去是推廣日本運動賽事走向商業化的貢獻者之一。1977年，巴西出身的「足球王」比利（Pelé）宣布退休，預計在日本舉辦一場告別足球生涯的紀念賽。當年，高橋治之任職於電通公司

的「綜合開發室」，他想盡辦法炒熱那時幾乎無人關注的足球賽，最後成功舉辦了一場大型運動賽事，吸引了7萬名現場觀眾。朝日新聞對這樣的結果，評論為「與其說是運動賽事，倒不如說這場比賽像是身價非凡的表演者比利，演出了一場精彩的戲劇」。高橋治之取得這次成功之後，電通廣告公司也開啟了運動賽事的商業經營事業。

進入1980年代，日本企業在開拓全球市場時，也搭上運動賽事的順風車，投入贊助運動賽事的龐大廣告費用，以建立企業品牌形象。所以在1980～1990年代，風靡全球的日本製造商，可說是透過了電通公司代理的運動廣告，發展到全世界各個地區，逐漸打響企業的知名度。

1984年，電通公司以800萬美元（當時幣值為18億日圓），採取預先付款的方式，買下了美國洛杉磯奧運會的獨家轉播權，據說最後收益達到了200億日圓。首先，電通廣告代理公司會在事前說服各大轉播平臺與廣告贊助商，預收廣告費，買下適當的廣告空間，最後再賺取其中的利潤。在事業經營上，電通這間「廣告代理商」採取如此大膽的策略，簡直令人難以置信。由於電通創造了這次的成功，築起「辦運動賽事就找電通」的地位，因此也就成為了電通日後龐大收益的來源[85]。

85　田崎健太《聚集在電通與國際足球總會的一群菁英》（電通とFIFAサッカーに群がる男たち），光文社出版，2016年

第⑨章 —— 運動賽事

　　電通獨家掌控日本運動賽事的相關事業，並不是一句好或壞就可以論斷。30年來，國際奧委會不斷提高轉播權的費用，上漲了將近5倍之多。在日本國內，除了電通廣告代理公司，幾乎沒有一間公司能像電通一樣，有辦法整合如此多的媒體與廣告贊助商，加上還得跟國際體育組織打交道，並且事先籌措預付款項。因此，只要是在日本從事跟運動賽事相關的事業，例如舉辦國際性的運動賽事或成立相關專業機構組織等，一向都是依靠在這個領域具有豐富經驗的電通廣告代理公司。

　　然而，像這樣的情況還能持續多久呢？2020年，電子商務平臺亞馬遜（Amazon）的創辦人暨執行長貝佐斯（Jeff Bezos），買下了美國西雅圖一間大型運動場館的命名權，取名為「氣候宣言體育館」（Climate Pledge Arena）。這種完全不使用一眼就看得出公司名稱的做法，和過往把企業、商品優先呈現在世人眼前的行銷策略完全相反，可說是進入了另一個新的紀元。

9-3 轉播權利金為何會飆漲得如此誇張？

即使運動場館觀眾爆滿，門票收入也僅占總收益的1～2成

　　日本的運動聯盟團體和俱樂部在舉辦運動賽事時，必須靠5大收入才能維持營運。也就是「轉播權收入（權利金）」、「廣告贊助商收入」、「（商品化的）權利金、商品收入」、「運動場館收入（館方用作其他用途、餐飲）」和「門票收入」。

　　截至1970年代為止，運動賽事的舉辦和舞臺劇等活動一樣，必須事前租借運動場館，藉由廣告吸引觀眾前來參加，主要都靠門票收入來經營事業。如今，運動賽事的主辦方在所有經營項目中，早已大幅降低對門票收入的依賴。在歐洲足球聯盟的總收益之中，門票收入也僅占了10%左右。即使運動場館坐無虛席，門票收益也不會超過這個數字。這絕對不是門票定價太低，也不是運動場館座位太少，而是轉播權利金上漲得太兇所導致的結果。

　　不過，日本比起歐美國家的職業運動聯賽，在門票收入的比率上還算是高的，例如職業棒球占了50%，職業足球聯賽則

第⑨章 —— 運動賽事

是30%。但如果是比較轉播權的收入，日本就非常少了。

圖表9-5 各國職業聯賽的營收結構與運動選手薪酬的比例（2014～2015）

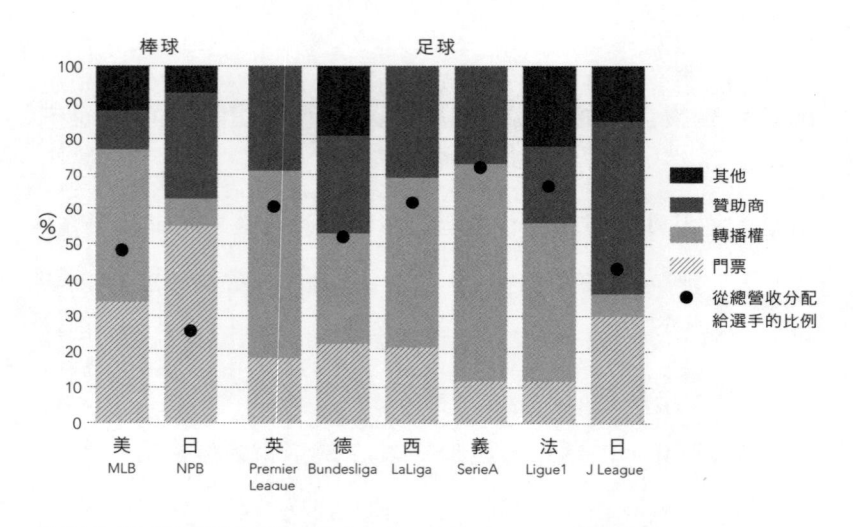

出處｜作者根據各聯盟公開的annual financial report、Nielsen資料製表

那麼，為什麼日本的轉播權收入比較少呢？事實上，過去日本從轉播獲得的收入頗高。1990年左右，電視臺於晚間黃金時段，光是轉播一場職業棒球讀賣巨人隊的比賽，就要付出一億日圓的轉播權利金。如今，有些職棒球隊在主場地舉辦賽事，即使一整年進行72場比賽，合計轉播權利金連一億日圓都不到。

日本在這20年裡，電視臺購買節目內容的成本持續下降（NHK除外）。而另一方面，在新媒體成立之後，必須開發更多收視戶賺取收益，於是運動賽事就成為必播的節目內容。過去，日本職業足球聯盟與衛星電視臺「SKY PerfecTV！」簽訂一年50億日圓的轉播權利契約，但從2017年開始，日本職業足球聯盟決定更換播出平臺，轉移到英國提供跨國串流影音服務的DAZA，營業收入整整多出原來的4倍。這些跨國競爭的串流媒體平臺，以高額買下日本運動賽事的轉播權，使得運動賽事的商業發展，邁向了另一個耀眼的舞臺。

超大型媒體平臺為了取得轉播權而造成市場過熱

　在歐美國家，媒體規模發展得越大，購買的節目內容、節目製作費也會隨之調漲。但在日本卻完全相反，媒體規模變得越來越小。

　接下來比較日本與美國的媒體廣告費。截至1980年代，日本與美國的廣告費都落在400億美元左右，幾乎沒有什麼差別。不過1990年代就開始拉大差距了。

　當時，美國的有線電視市場規模超過了1兆日圓，2000年代則完全超越無線電視臺，市場也出現衛星電視等多元化的選擇。接著，美國的媒體企業透過併購其他公司，變得越來越龐大。例如，迪士尼買下了ABC無線電視臺和ESPN有線電視

臺。全美最大的有線電視業者康卡斯特（Comcast），不僅併購NBC無線電視臺，甚至還將環球影業納入旗下，形成超大型的媒體集團，合計營收規模達到5～10兆日圓。

反觀日本的情況，則是由東京五大主要電視臺順勢發展為衛星電視事業（BS、CS），在沒有找到其他競爭優勢的情況下，只能縮小規模，以5,000億日圓以下的「小型」電視集團維持經營上的平衡，並持續降低預算成本。

另一方面，運動賽事的轉播內容則跨越了國界。美國的媒體為了進軍全世界，把歐洲運動賽事的轉播內容，當作一項吸引觀眾的利器，於是持續買下轉播權，其中包括英格蘭足球超級聯賽和義大利足球甲級聯賽等轉播內容。這是由於運動賽事比起電影或影集，更容易取得高收視率，因此運動賽事可說是「高CP值的內容」。所以，有線電視臺買下運動賽事轉播權，只為搶走無線電視臺的觀眾；而網路串流平臺買下運動賽事轉播權，同樣也是用來搶走有線電視的觀眾。這30年來，歐洲運動賽事的商業價值，就在媒體霸權的互相爭奪之間，持續不斷地往上升。

近10年來，日本動畫播放權利金持續上漲的原因也是如此，正如同上述的發展脈絡一樣。由於世界各國觀眾關注日本動畫，在各大影音串流平臺爭相播放的情況下，持續提高播放權利金。不過，日本除了動畫以外的內容，包括連續劇、電影與音樂在內，這些項目的發展過程並未受到全球矚目，就連日本

圖表9-6　日本與美國的媒體廣告費趨勢變化

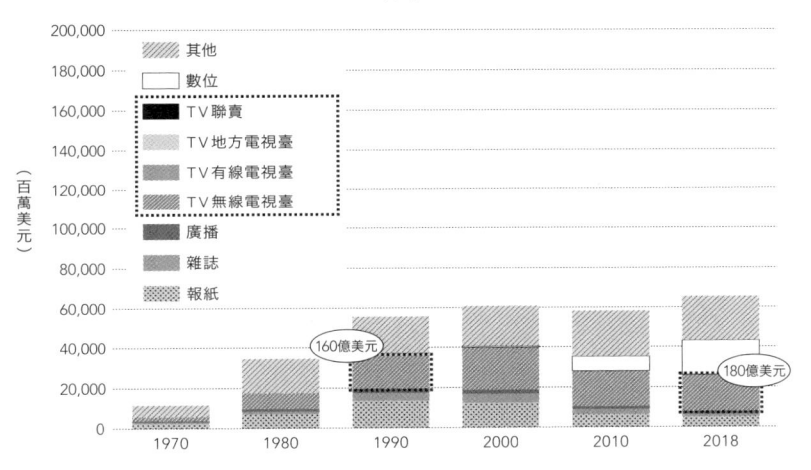

日本

（百萬美元）

圖例：其他／數位／TV聯賣／TV地方電視臺／TV有線電視臺／TV無線電視臺／廣播／雜誌／報紙

1990：160億美元
2018：180億美元

美國

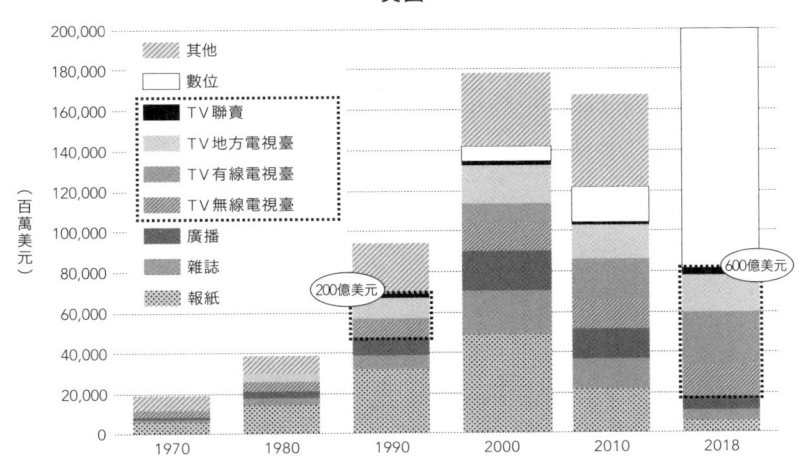

（百萬美元）

圖例：其他／數位／TV聯賣／TV地方電視臺／TV有線電視臺／TV無線電視臺／廣播／雜誌／報紙

1990：200億美元
2018：600億美元

出處｜SPEEDA

運動賽事的發展,也是走上相同的命運。

日本的運動賽事雖屬「大眾」娛樂,卻著重於「本土」發展

我曾在2019年出版的書籍《御宅族經濟圈創世紀》(オタク経済圏創世紀)之中,將此問題整理成圖表,如本書圖表9-7所示。在這30年間,日本的動畫、漫畫、電玩遊戲,這3個項目的娛樂內容大幅成長,成為了「全球大眾化」的作品。儘管過去屬於小眾類型,但創作者一直不斷琢磨商品的價值及魅力。到了2010年代,隨著網路串流平臺的興盛,這些娛樂內容終於大放異彩,「吸引無數來自國外的粉絲」,成為全球大眾搶著消費的作品。但是,職業棒球、足球等運動賽事,向來屬於「本土大眾化」的娛樂內容,並沒有推廣到國外。日本運動賽事必須在「日本媒體強盛的情況下,才能成長茁壯」。然而,伴隨著媒體規模成長停滯,日本運動賽事的商業發展,自然無法像動漫電玩那樣,發展成全球大眾化的娛樂產業。

日本運動界面臨二選一的抉擇——究竟是要製作國外媒體渴望轉播的節目內容?或是強化日本國內轉播權以外的商業發展模式?目前,日本職業足球聯賽已爭取許多東南亞國家的選手加入日本足球隊,隨著這些選手的優異表現,提升了亞洲地區的收視率,達到節目內容銷售的策略,進而提高轉播

賽事的權利金，逐漸展現出成果。運動賽事的商業化發展，不能依賴日本媒體，必須持續發展內容，朝向全球大眾化的目標前進。

圖表9-7 運動賽事、娛樂內容的全球化情況

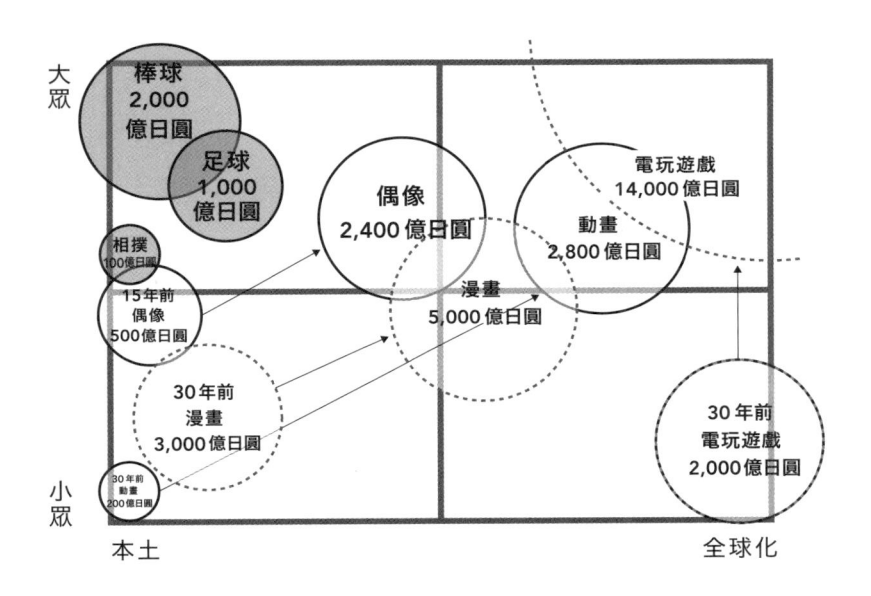

大眾／小眾（縱軸），本土／全球化（橫軸）

- 棒球 2,000億日圓
- 足球 1,000億日圓
- 相撲 100億日圓
- 15年前 偶像 500億日圓
- 偶像 2,400億日圓
- 電玩遊戲 14,000億日圓
- 動畫 2,800億日圓
- 漫畫 5,000億日圓
- 30年前 漫畫 3,000億日圓
- 30年前 動畫 200億日圓
- 30年前 電玩遊戲 2,000億日圓

出處｜中山淳雄《御宅族經濟圈創世紀》（オタク経済圏創世記），日經BP出版，2019年

9-4 運動相關事業的擴大成長

adidas登上「發展運動事業的教父寶座」，以及Nike後來居上的過程

　　到目前為止，我談論了運動參賽選手從業餘選手轉變為職業運動員的過程，以及延伸到運動賽事商業化的擴大發展情況。實際上，與日本運動產業具有關聯性的市場整體規模，共計達10兆日圓，但是所有一流運動員出賽的門票或轉播權，合計後還不到整體規模的3%。即使是最大的日本職棒球團，例如巨人或福岡等棒球俱樂部，年度營收也只有200億日圓。在神戶地區的足球隊，雖然達到了100億日圓等級，但日本職業足球J1聯賽（編按：J.Lrague 甲級聯賽）的平均規模，卻只在30億日圓以下。另外，日本職業籃球B1聯賽（編按：B.Lrague 甲級聯賽），平均只有6億日圓規模，所有球隊俱樂部加總起來，則未滿300億日圓。

　　那麼，這10兆日圓規模的市場，主要是由哪一些項目形成的呢？以2012年為例，以運動鞋、網球拍、球類等體育用品組成的「零售事業」約2兆日圓，加上運動場館的營運收入、場地租借費等「硬體設施」約2兆日圓，以及學校、學習機構

等「教育」和「旅行」費用約2兆日圓，最後是日本政府經營的「公營競技」博弈項目，包括賽馬、自行車競輪賽、賽艇等，約達4兆日圓規模。不過，在這20年裡，整體日本運動市場始終呈現「下滑」趨勢。

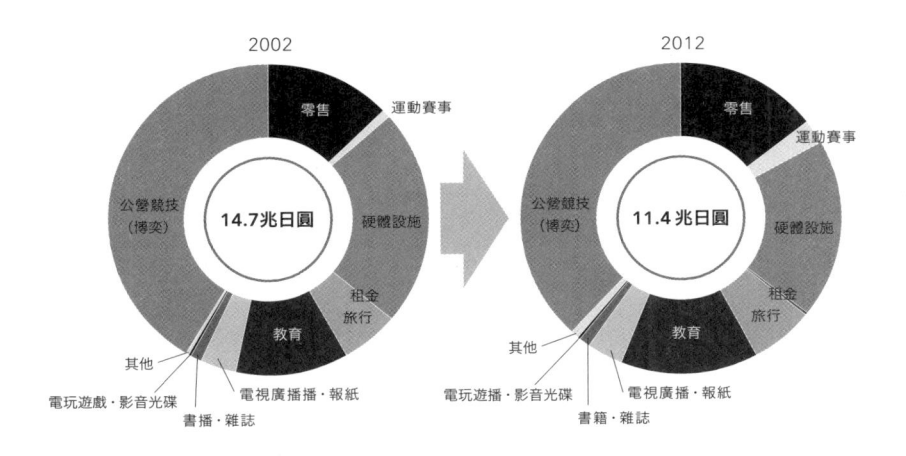

圖表9-8　日本運動相關市場

2002　14.7兆日圓
2012　11.4兆日圓

分類：零售、運動賽事、硬體設施、租金旅行、教育、書籍・雜誌、電視廣播・報紙、電玩遊戲・影音光碟、其他、公營競技（博奕）

出處｜日本經濟產業省「關於運動產業現況、促進發展之調查研究事業」（スポーツ產業の在り方・活性化に関する調査研究事業，2014年）。「公營競技」項目為賽馬、自行車競輪賽等

在運動市場中，競爭最激烈的項目是體育用品。特別是美國Nike和德國adidas，這兩大品牌在全球行銷市場上，不斷進行激烈的廝殺。回顧過去歷史，adidas原先占有絕對優勢，但後來竟然被Nike給完全超越。

一開始，adidas公司想出全新的宣傳手法，就是提供免費運動鞋給運動選手。1954年，瑞士舉辦世界盃足球賽，最後由西德隊奪下冠軍。總教練為了表達感謝之意，特地把adidas社長阿道夫・達斯勒（Adolf Adi Dassler）拉到頒獎臺上一起接受表揚，拍下世足賽史上唯一一張「鞋匠參加頒獎典禮的照片」。1960年代，奧運會有8成奪冠選手都穿著adidas的運動鞋，形同壟斷了整個市場。過去，「Nike」品牌（前身Blue Ribbon Sports）曾經幫日本亞瑟士（ASICS。共有3大系列：Onitsuka Tiger、ASICS、ASICS Tiger）代理運動球鞋，不過一直到1970年代為止，Nike都沒有任何突破性的發展。當年唯一能對抗adidas的品牌，就只有adidas社長的哥哥魯迪・達斯勒（Rudolf Dassler）成立的Puma品牌。這對兄弟過去曾經共同經營「達斯勒兄弟鞋廠」，不過兩人後來鬧翻，哥哥才會另起爐灶，把Puma公司開在adidas的對岸，兩間公司就只隔了一條河。

儘管如此，adidas仍然壟斷著整個市場，所以在世界盃足球賽或奧運會上握有大權，一點也不足為奇。阿道夫・達斯勒的兒子霍爾斯特・達斯勒（Horst Dassler）與前面章節提到的高橋治之合作，成立了國際運動休閒公司 ISL (International Sport and Leisure)，並建立了一套運作規範，只要是運動賽事的廣告、贊助商、轉播事宜，都必須透過這間公司才能進行。ISL這套商業模式的淨利達90%，利潤高得驚人。於是，

這就成為了延續至今的賄賂溫床。由於霍爾斯特·達斯勒事業發展成功，因此獲得「運動事業教父」的封號[86]。在國際奧委會中，adidas主辦的餐會與招待會成為家常便飯，霍爾斯特·達斯勒幾乎整天和奧委會的委員們形影不離。adidas旗下的旅行公司，甚至還提供委員們免費的機票。

不過，霍爾斯特·達斯勒在1980年代末期過世，家族成員繼承ISL後拓展公司失敗，而在2001年宣告破產。由於adidas堅持產品必須要在歐洲製造，最後也撐不下去，1990年代業績不斷下滑，瀕臨倒閉邊緣[87]。

相反地，Nike把工廠從日本轉移到臺灣，之後又轉移到中國，發展得相當順利。於是，Nike就這樣領先了adidas，登上體育用品事業的冠軍寶座。1990年代，雖然歐洲和日本有不少興盛的產業，但是一些堅持品質而引以為傲的歐洲和日本企業，卻在這個時期逐漸走向衰退。美國企業掌控市場的策略，就是傾注全力在商品的設計、企劃與市場行銷上，而生產製造則採取委外代工的方式（Nike、蘋果等公司）。這套做法，也適用於體育用品零售產業，同時也是Nike致勝的原因。

---

[86] 艾布拉姆斯·比爾（Abrams Bill）《華爾街日報》（The Wall Street Journal）
[87] Brunner Conrad（著）山下清彥、黑川敬子（譯）《進化的愛迪達三條斜線》（アディダス進化するスリーストライプ），SB Creative出版，2006年

第⑨章 —— 運動賽事

在運動市場上,日美唯一的巨大差異

在運動鞋品牌中,不僅Nike、adidas、Puma,日本也扶植了亞瑟士、美津濃(Mizuno)等世界一流的企業,值得引以為傲。事實上,對日本與美國的運動產業而言,一般都認為沒有什麼特別的差異。

美國的國內生產毛額GDP是日本的2.6倍,在運動市場上也幾乎是同樣的比率。日本人跟美國人一樣,都會購買體育用品,而且也會去體育場館觀看比賽。在全世界的運動聯賽中,整年度觀眾人數最多的是美國職棒大聯盟的7000萬人次,第2名就是日本職業棒球的2600萬人次了。美國職棒大聯盟共有30支球隊,而日本職業棒球則有12支球隊,並且每支球隊都有一定數量的觀眾支持,平均現場觀眾人數比美國NBA職業籃球或英格蘭超級足球聯賽還要多。而日本職業足球聯賽的等級,也達到了世界前10名的水準。

只不過,日本與美國在運動市場上,唯一的最大差別,就是相差將近10倍的球隊收入。換句話說,也就是「差在**轉播權利金的收入**」。全世界7兆日圓的轉播權利金的市場,有一半是足球聯賽,光是歐洲就占了大約3兆日圓。再加上美國4大運動賽事(NFL國家美式足球聯盟、MLB美國職棒大聯盟、NBA 美國職業籃球聯賽、NHL 國家冰上曲棍球聯盟)合計也同樣達3兆日圓。因此,全世界的轉播權事業,完全集中在

歐美這兩大地區播出的足球聯賽與美國四大賽事。

接著比較賽馬項目，日本的市場規模是美國的四倍。把賽馬興盛的英國與中東國家拿來跟日本中央競馬會（JRA）比較，就會發現無論在營收或中獎金額方面都是日本遙遙領先，位居世界第一名。日本並沒有開放民營博奕事業，所以賽馬屬於國營的獨占事業，然而這麼做是有理由的（就如同公共電視台NHK或英國BBC也是如此，具有公益性質）。1990年代，

圖表9-9　日本與美國的運動市場比較

（百萬美元）	日本	美國	倍率（美國／日本）
體育用品零售	16,670	40,657	2.4
運動球團營收	3,000	25,864	8.6
其中門票銷售	2,843	8,089	2.8
運動場館設施	21,148	54,052	2.6
運動休閒觀光	7,419	17,428	2.3
賽馬（博奕）	27,760	7,437	0.3
年度GDP（10億美元）	6,203	16,197	2.6
人口（百萬人）	127	314	2.5

出處｜作者根據日本貿易振興機構JETRO「美國運動事場、產業動向調查」（米国スポーツ市場・産業動向調査，2018年3月）與日本經濟產業省「關於運動產業現況、促進發展之調查研究事業」（スポーツ産業の在り方・活性化に関する調査研究事業，2014年）相關資料製表。日本之資料數據為2010年，美國為2012年

88　江面弘也《純種賽馬事業　臨泰來與日本賽馬》（サラブレッド・ビジネス　ラムタラと日本競馬），文藝春秋出版，2000年

第⑨章 —— 運動賽事

　　日本的賽馬在國外競賽開始嶄露鋒芒，就跟職業棒球的野茂英雄、鈴木一朗、大谷翔平，以及足球的中田英壽、香川真司等運動員的情況相同[88]。

　　事實上，日本職業摔角選手赴美發展時，我也有同樣的感覺。針對運動員展現技巧的本質而言，我認為日本比起美國、歐洲並不一定處於劣勢。日本與歐美的商業規模之所以差異巨大，是在於歐美媒體發展得越來越大，以及由轉播權利金產生出的差距。所以，就差在美國與歐洲創造出豐厚利潤的運動賽事產業，而亞洲並沒有掌握機會創造出這種商業模式。

　　另外，除了轉播權利金以外，還必須再提到一點，那就是「業界人士的差距」。在美國職棒大聯盟中，取得工商管理碩士MBA資格的管理階層，一共有500～600人，但日本職棒聯盟NPB只有少數幾人而已[89]。到目前為止，仍然只由職棒界的相關人士負責規劃管理營運制度。日本不僅是職業棒球如此，其他運動項目也是相同的情況。並木祐太是運動場館的經營管理專家，非常熟悉日本與美國的職棒環境。他在著作中就提出了日本經營球隊的問題，包括「既得利益者堅

89　平田竹男、中村好男（編著）《一流運動產業最前線2009　踏上夢幻工作之路》（トップスポーツビジネスの最前線2009　ドリーム・ジョブへの道），講談社出版，2009年
90　並木裕太《日本職業棒球改造論》（日本プロ野球改造論），Discover 21出版，2013年

持維持現狀」、「整個產業抗拒改變」和「以日本國情不同等理由，否定提出先見之明的人」等[90]。原來如此，問題的根源幾乎都來自於組織與人。因此，目前的當務之急，就是吸收外部的優秀人才共同集思廣益，建立出更好的商業模式，如此單純而已。

圖表9-10　全世界運動賽事轉播權的項目、各地區之比較

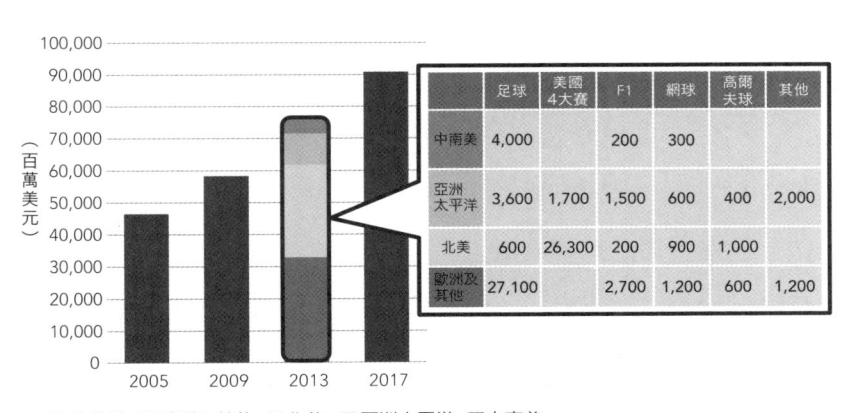

	足球	美國4大賽	F1	網球	高爾夫球	其他
中南美	4,000		200	300		
亞洲太平洋	3,600	1,700	1,500	600	400	2,000
北美	600	26,300	200	900	1,000	
歐洲及其他	27,100		2,700	1,200	600	1,200

出處｜A.T. Kearney analysis

從職業棒球經營中看見日本運動事業的未來

9-5

日本最強運動事業的轉機

　　日本職業運動的重心，至今依然是棒球。儘管有人會反駁，足球已拿下最受歡迎的項目，不過年薪達一億日圓的運動選手，在日本足球聯盟有30人左右，而日本職業棒球卻高達100人以上。如果統計觀眾人數，職業棒球年度達2600萬人次，整整多出足球聯賽2倍以上（新冠疫情前）。相較於日本職業足球甲級聯賽的58個足球俱樂部、職業籃球B聯賽的38個籃球俱樂部，日本職業棒球雖然只有12支球隊，但吸引觀眾的傲人實力，卻大幅領先其他運動項目，甚至比美國的美式足球、職業籃球和冰上曲棍球聯賽的觀眾人數還要多。因此，要在日本談論運動賽事的事業，首先一定脫離不了職業棒球。

　　儘管如此，其實日本也是最近20年左右，才把職業棒球當作一門「經營事業」。在20世紀這段期間，日本企業為了推廣事業，開始籌組企業棒球隊。從企業的立場來看，棒球隊只要達到廣告宣傳與聚集顧客的效果就好，就算球隊虧損也沒關

係。有些企業甚至派遣毫無棒球經驗的員工去管理球隊。

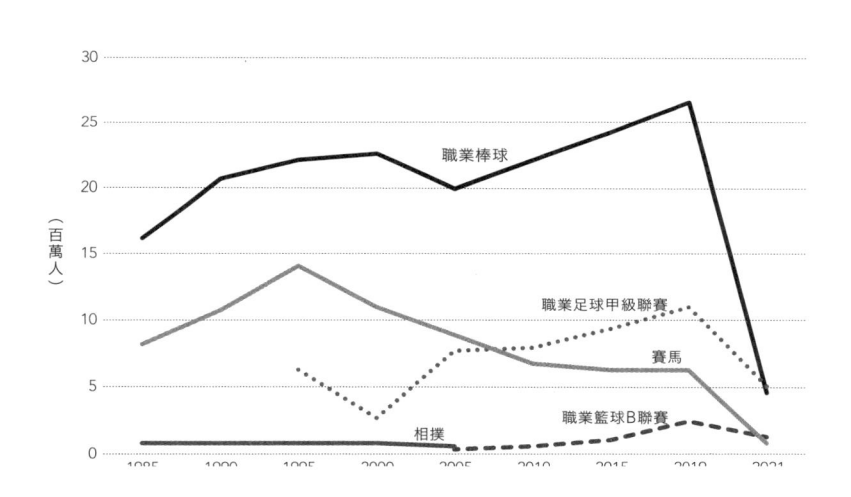

圖表9-11　日本職業運動聯賽的年度觀眾人數

出處｜作者根據各聯盟公開資料製表

後來，各個棒球隊替企業打廣告與吸引顧客的任務結束，情況有所轉變。因為這些企業的事業開始面臨經營挑戰，沒有本錢再放任球隊虧損下去，於是相繼賣出旗下的球隊。

例如，我們追溯福岡軟銀鷹隊的歷史，就會發現這支球隊的前身是南海鷹隊（當時所屬的企業為南海電鐵），在1988年轉為福岡大榮鷹隊（賣給大榮公司），後來又於2005年被軟體銀行（SoftBank）併購，年度營收也從170億日圓成長到270億

日圓。

另外,歐力士藍浪隊(オリックス・ブルーウェーブ)和近鐵猛牛隊(近鉄バファローズ)在合併之後,更名為歐力士猛牛隊(オリックス・バファローズ)。首次加入職棒聯盟的樂天網路科技公司也以此為契機,在2004年成立企業球隊東北樂天金鷲(楽天イーグルス),全力支援球隊的發展。而DeNA公司也在2012年買下橫濱DeNA灣星隊(横浜DeNAベイスターズ),年度營收從58億日圓成長到200億日圓以上。

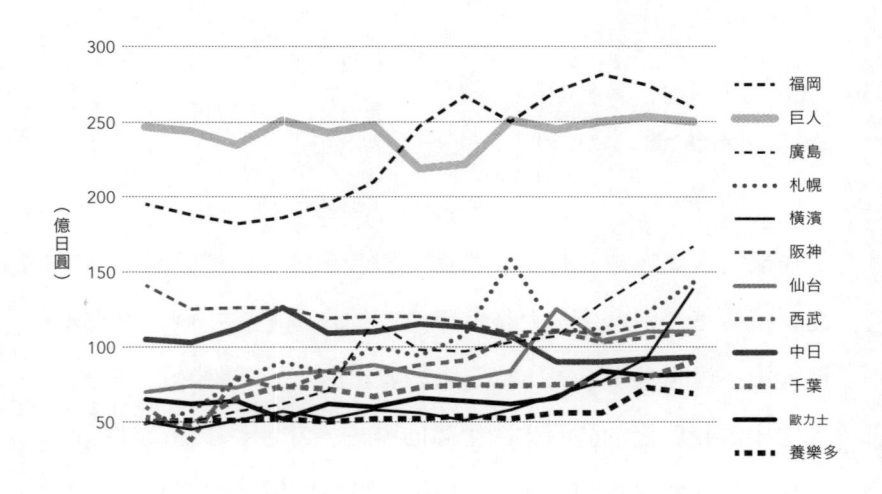

圖表9-12　日本職業棒球的球隊營收趨勢變化

出處｜伊藤步《超吝嗇的廣島、機靈的日本火腿鬥士、無時無刻都特別的巨人　如果了解球隊經營,就能更了解職業棒球》(ドケチな広島、クレバーな日ハム、どこまでも特殊な巨人　球団経営がわかればプロ野球がわかる),星海社出版,2017年

除此以外，有些企業訂出更加明確的目標，同樣也獲得了成果。例如，創辦馬自達汽車的松田家族，以市民球隊為榮，傾注心力支援廣島東洋鯉魚隊（広島東洋カープ），營收從50億日圓成長到150億日圓以上。而日本火腿鬥士隊（北海道日本ハムファイターズ，營收從50億日圓成長到150億日圓以上）的據點，從東京遷移至北海道，培育了達比修有（ダルビッシュ有）、大谷翔平等進入美國職棒大聯盟的一流選手。

圖表9-13　小學男生「最嚮往的職業」排行榜

	1933	1970	1980	1990	2000	2010	2020
1位	軍人	工程師	棒球選手	棒球選手	棒球選手	棒球選手、裁判	足球選手、教練
2位	醫師	棒球選手	電車（鐵路駕駛員、車掌）	警察	足球選手	足球選手、教練	棒球選手、教練
3位	經商者	上班族	機師	經營玩具店	學者、博士	電玩遊戲相關（設計師等）	醫師
4位	教育家	機師	研究員、大學教職員	足球選手	土木工程師	醫師	公司職員、事務員
5位	工業相關	電機技師	土木工程師	機師	經營餐廳	學者、研究員等	電玩遊戲相關製作
6位	學者	醫師	醫師	土木工程師	消防員、急救隊	其他運動類	YouTuber
7位	政治家	開店經營	學校教師	醫師	警察、辦案警官	籃球選手等	教師
8位	公司、銀行職員	科學家	警察	學校教師	學校教師	警察、辦案警官	廚師、法式餐廳主廚
9位	實業家	建築設計師	漫畫家	上班族	機師	廚師、料理師傅等	建築師
10位	政府官員	漫畫家	足球選手	學者、博士	開玩具店	土木工程師	獸醫

出處｜1933年大阪府中等學校校外教護聯盟篇《中學生思想相關調查3》（中等学生の思想に関する調査3，1934年）、1970年朝日新聞《現代兒童「嚮往的職業」》（現代っ子の『なりたい職業』）、1980年「年輕人的工作生活實際情況調查報告書」（小學生嚮往的職業）（「若者の仕事生活実態調査報告書」〔小学生のころなりたかった職業〕）、1990年和2000年第一生命「長大成人後想從事的職業」（大人になったらなりたいもの）、2010年和2020年日本FP協會

反過來說，上述以外的球隊，在這20年裡的營收和獲利，並沒有出現太大的變化。因為在進入21世紀後，電視臺的職棒轉播節目銳減，所以職棒球隊無法再依賴轉播權利金。每個球隊的經營實力，就會完全呈現在營收數字上。

「受歡迎的央聯，實力派的洋聯」宣告結束，轉變成球隊經營競爭的時代

從日本職業棒球的歷史角度來看，長久以來一直延續著「央聯受歡迎（中央聯盟，Central League），洋聯有實力（太平洋聯盟，Pacific League）」之稱的雙重體系。

央聯與洋聯的分裂，是因為新聞報社的競爭而引起的。1934年，讀賣新聞成立了巨人軍球隊，培植棒球文化不遺餘力。二戰過後，棒球賽事廣受日本民眾喜愛，許多企業也想趁機沾光成立新球隊，不過讀賣新聞卻不太歡迎新球隊的加入，其中最排斥的球隊，就是每日新聞旗下的每日獵戶座隊（現為「千葉羅德海洋隊」，千葉ロッテマリーンズ）。雙方早在二戰前，在工作上就已經是競爭激烈的對手了。因此，當時的日本職棒，分成了隸屬讀賣新聞派的中央聯盟，以及每日新聞派以關西地區電鐵系為主的太平洋聯盟。在這樣的情況下，隸屬中央聯盟讀賣巨人隊的長嶋茂雄表現極為出色，再加上巨人隊與阪神隊這對宿敵的精彩對決，成為一大賣點，所以中央聯盟舉

行的賽事，一直深受民眾喜愛。

1980～2010年，小學男生票選未來最嚮往的職業中，都是由棒球選手項目奪冠。1990年代，足球選手項目在排行榜上異軍突起，在奪得排行冠軍寶座之前，小學男生心目中的首選一直是棒球選手。

巨人隊在20世紀一枝獨秀，由於太受歡迎，導致眾人過度依賴巨人隊的賽事。對中央聯盟所屬的球隊來說，巨人隊只要來主場進行一場比賽，並在電視臺的黃金時段播出，就能獲得一億日圓的轉播收入。1990年，巨人隊的轉播權利金一共35億日圓，阪神隊也有18億日圓（其他中央聯盟的球隊也都在15億日圓以上）。

反觀太平洋聯盟的6支球隊，即使整年度全部加總起來，也只得到3億日圓的轉播權利金。因此，太平洋聯盟完全無法依賴轉播收入，只能想盡辦法靠門票、廣告贊助商、周邊商品、授權金，以及球迷俱樂部等各種收入來填補。

隨著時光流逝，過度依賴昨日的成功，往往會導致明日的失敗。2010年代，各大電視臺逐漸減少職業棒球的轉播賽。在這種情況下，只靠轉播收入的中央聯盟突然營收遽減，陷入貧窮危機。另一方面，太平洋聯盟一直積極找出轉播權利金以外的收入，在這個時刻反而發揮了分散風險的功能。例如，太平洋聯盟在2007年成立了共同出資公司Pacific League Marketing，除了經營社群網站，也提供付費收視服務，目前

第⑨章 —— 運動賽事

登錄會員已超過100萬人。其中太平洋聯盟的影音頻道,也超過了7萬名付費會員。

另外,福岡的軟銀鷹隊、仙台的樂天金鷲、札幌的日本火腿鬥士隊,也都充分運用球隊獨占地方商圈的優勢,建立出成功的商業模式。這3支球隊把其他在大城市裡互相競爭的球隊拋到腦後,在各自的地盤築起牢固的球迷基地,並與地方電視臺合作,提供在地化的賽事轉播節目,獲得高收視率。

太平洋聯盟的球隊也投資了大型體育場館。福岡軟銀鷹隊以總金額860億日圓買下了巨蛋體育館;仙台樂天金鷲花費90億日圓進行大規模整修;札幌日本火腿鬥士隊則耗資600億日圓,建設一座名為ES CON FIELD HOKKAIDO的棒球場,並於2023年落成啟用。

9-6 日本在是世界上首屈一指的格鬥市場＆國外企業發展出龐大規模的格鬥市場

日本職業摔角的興衰及重生

　　日本的格鬥技和職業摔角市場，比職業棒球和足球的規模小很多。不過，如果把日本放到世界上的格鬥技和職業摔角市場去比較，卻可以證明日本是這項運動競賽的大國。從歷年成績去看，日本職業拳擊超過100人奪得世界冠軍，排名世界第3，僅次於1、2名的美國與墨西哥（日本女子拳擊第2名）。日本在奧運會職業摔角項目拿到的獎牌數，也僅次於美國、蘇聯，排名第3。而柔道項目拿到的奧運獎牌數目，無庸置疑在世界上位居首位。無論是職業摔角，或是K-1踢拳錦標賽，以及混合武術Pride格鬥錦標賽，日本都擁有悠久的歷史，在世界上僅次於美國而已。

　　日本在職業摔角這項運動賽事也曾跟棒球賽事一樣，是過去電視普及化的一大推手。當時，在電視轉播職業摔角賽的節目中，前相撲選手力道山對上國外摔角選手，運用空手道的手掌劈擊技巧打倒對方的一幕，成為日本人因戰敗而接受美國監管

的情緒抒發管道。1963年，力道山與毀滅者的對決轉播，收視率高達64%，跟東京奧林匹克運動會、NHK紅白歌合戰並列，成為電視史上歷年收視率排行榜第5名。從1960年代後半期到1970年代前半期，「巨人、大鵬、玉子燒」（職棒巨人隊、相撲橫綱選手大鵬幸喜、日式煎蛋捲）廣受小朋友喜愛，逐漸成為當時流行的代名詞。不過，回溯這段時期的不久之前，可以發現職業摔角跟棒球、相撲等運動競賽項目一樣，是男女老少闔家觀賞的娛樂節目。

根據NHK放送文化研究所在1955年10月進行的一項調查顯示，「在一個月裡，會專程去街上設有電視的地點收看節目」的人高達30%，其中收看項目（複選）按占比高低依序為：職業摔角80.2%、棒球36.1%、相撲35.4%、戲劇電影12.4%。足見職業摔角是當時街邊電視最能聚集顧客的節目內容[91]。而且從力道山開始，日本職業摔角協會的歷任委員，都是由日本自民黨副總裁負責擔任這項常設職務。

當年，日本各大電視臺也以全新職業摔角節目內容，加入這場搶奪觀眾的收視大戰。從1954年起，日本電視臺開始實況轉播摔角賽事，定期在星期五晚上八點的《三菱鑽石時段》（三菱ダイヤモンド・アワー）播出。對此，朝日電視臺也不甘示

---

91 日本放送協會（編著）《電視播送五十年史》（放送五十年史），1997年

弱加入戰局，於1969年每週三晚上九點時段播出（之後改為星期五晚上九點）《世界摔角》（ワールドプロレスリング）節目。後來，摔角賽事轉播就分成日本電視臺播出以巨人馬場為首的全日本職業摔角，以及朝日電視臺播出由安東尼奧豬木成立的新日本職業摔角。而TBS與東京電視臺也陸續開設實況節目，轉播國際職業摔角賽。另外，富士電視臺也開始轉播全日本女子摔角節目。各大電視臺都虎視眈眈，鎖定能奪下高收視率的職業摔角團體。一直到1988年為止，只要是職業摔角實況節目，一定都會在各大電視臺的黃金時段播出。1980年代，法國及歐洲各國的職業摔角文化完全沒落，但日本仍以格鬥內容大國與美國並駕齊驅，持續耕耘這塊市場。

不過，由於職業棒球與足球賽事逐漸成為主流的運動節目，職業摔角受到這些節目來勢洶洶的擠壓，各大電視臺只好改為深夜播出，調整到一般觀眾無法收視的冷門時段。

到了2000年代後半期，不僅職業摔角，就連其他格鬥類的節目，全部都進入了黑暗時期。2010年左右，整個摔角、格鬥產業陷入停滯狀態，如果任何一個格鬥團體突然傳出解散消息，可說是一點也都不足為奇。當時，整個業界飄散出摔角格鬥走向終點的絕望氣氛。

所幸，2012年出現了轉機。經營集換式卡牌遊戲的武士道公司，併購新日本職業摔角，踏上了復活之路。新日本職業摔角終於起死回生，營業收入也急速攀升。2019年，年度營收

甚至突破1997年創下的歷史新高，達到54億日圓。

武士道公司發揮創意，把立體3次元的職業摔角選手，重新打造成平面2次元的IP角色事業，透過跨媒體製作的策略使其復活。同時，武士道公司也積極推動職業摔角選手成為藝人及IP授權角色的事業。

WWE和UFC促使內容的價值急速上升

在美國職業摔角市場上，有一間名為世界摔角娛樂（WWE，World Wrestling Entertainment）的大型企業稱霸天下。在1990年代以前，WWE世界摔角娛樂的營收還不到100億日圓。不過，在陸續併購其他競爭對手後，如今營收已達到1,000億日圓。只要舉辦賽事活動，就會有數萬名摔角迷趕來捧場。如此巨大的商機，並不像足球或棒球需要許多球隊舉辦聯賽，只靠這一間公司就辦到了。

WWE世界摔角娛樂也「運用影片推動事業」，提供觀眾訂閱串流影音，以及電視臺的轉播節目，讓公司不斷成長。摔角選手除了跟對方搏鬥對決以外，更加重視拿起麥克風挑釁對方的表演時間，可說是「表演更勝於對戰」，而且盡可能透過媒體廣泛播出，以及透過付費收視方式爭取觀眾。這種方法可說是巧妙運用了美國媒體產業的趨勢潮流。

圖表9-14　格鬥技、職業摔角團體的營收趨勢變化

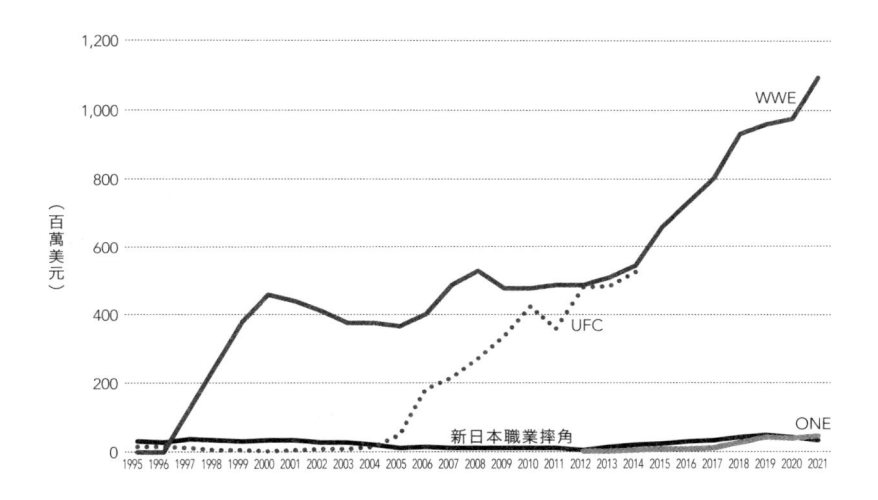

（百萬美元）

出處｜各公司資料

另一個對世界摔角娛樂緊追不捨的終極格鬥冠軍賽（UFC，Ultimate Fighting Championship），可說是一間實現美國夢的公司。2001年，Zuffa公司以200萬美元提出併購計畫時，UFC終極格鬥冠軍賽還只是一間虧損的小型公司。但併購之後，由派拉蒙公司旗下的Spike TV（之後改名為「派拉蒙電視網」，Paramount Network）提出了轉播計畫，並且耗資1,000萬美元，開設真人實境節目《終極格鬥王》（TUF，The Ultimate Fighter）獲得成功。2005年，營收成長了10倍。

當時，UFC終極格鬥冠軍賽一直將日本視為競爭對手。於是，UFC就以7,000萬美元買下日本Pride格鬥錦標賽（當時由榊原信行擔任社長，榊原信行目前擔任RIZIN綜合格鬥聯盟執行長）的主辦權。由此可以看出，那個時代的日本格鬥團體，已經擁有極高的商業價值了。

2014年，從事仲介代理娛樂、體育和內容的奮進集團控股公司（WME；William Morris Endeavor Entertainment），以40億美元的驚人天價，併購了UFC終極格鬥冠軍賽。此價格是2001年併購價格的2000倍。

無論是WWE世界摔角娛樂或UFC終極格鬥冠軍賽，轉播權利金一直牽動著營收，每年的總金額上看數百億日圓。而其他同類型的賽事也是一樣，例如職業摔角或格鬥賽事，都是因為2000年代美國各大媒體的霸權競爭，促使這些格鬥賽事的內容價值迅速飆漲。話雖如此，這些金額如果比起上漲至數千億美元的NFL國家美式足球聯盟或NBA美國職業籃球聯賽，相對來說是比較低的。不過，到了2010年代，由於網路影音串流平臺的興起，格鬥賽事內容的營收，又再度持續往上攀升。

ONE冠軍賽挑戰亞洲轉播權事業

前面已經提到，全球運動賽事轉播權利金的事業，完全偏重

在足球聯賽與美國4大賽事。那麼，亞洲地區是否能夠實現這樣的事業呢？

事實上，新加坡有一間獨角獸企業（指成立不到10年，市值預計超過1,000億日圓的未上市公司）的格鬥競技組織——ONE冠軍賽（ONE Championship）。其中，日本選手青木真在這個舞臺的表現也相當出色。在過去10年裡，ONE冠軍賽這項源自於亞洲的格鬥事業，展現出的成績讓我們同時看到它未來的發展性與極限。

ONE冠軍賽最大的武器，就是有辦法調度龐大資金，以及展現數位傳播的能力。特別是ONE冠軍賽的臉書（FaceBook）用戶多達3000萬人（編按：2024年12月為4695萬人），超越歐美地區運動聯賽的臉書用戶數。由於臉書在亞洲地區普及率高，所以非常適合當作推廣格鬥賽事的宣傳武器。2017年之後，ONE冠軍賽的門票收入高達200萬美元左右，再加上與FOX福斯頻道的節目轉播合約，以及跟迪士尼／漫威簽訂廣告贊助合約，透過權利金和廣告贊助的收入，經營規模成長到500萬美元。於是，ONE冠軍賽超越了新日本職業摔角的營收，成為亞洲地區最大的格鬥組織。

ONE冠軍賽為了確保品牌知名度以及透過數位媒體曝光，必須支出高額的廣告宣傳費。即使在新冠疫情期間，ONE冠軍賽仍然積極地持續實施這項策略，因此造成支出壓力，累計虧損高達4億美元。

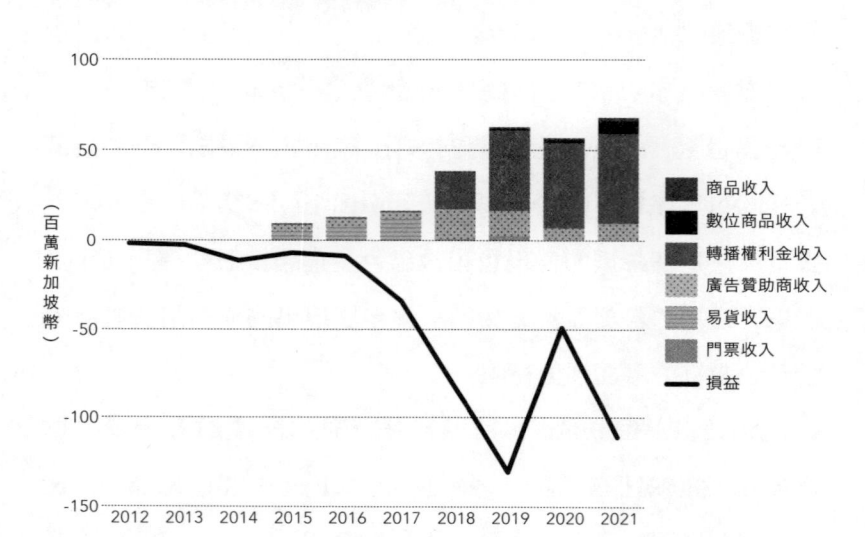

圖表9-15　ONE冠軍賽的營收、損益

（百萬新加坡幣）

圖例：
- 商品收入
- 數位商品收入
- 轉播權利金收入
- 廣告贊助商收入
- 易貨收入
- 門票收入
- 損益

出處｜投資人關係IR資料

不過，就算實際上經營出現虧損，營業淨利率負200%，ONE冠軍賽依然繼續在全世界打廣告增加觸及數，讓公司市值持續上升，並且籌措需要追加的資金。

為何要如此急迫加快公司的發展速度呢？因為ONE冠軍賽的終極目標，是在市場上與WWE世界摔角娛樂及UFC終極格鬥冠軍賽一較高下。在觀眾每次觀看廣告成本偏低的亞洲，無法期望賺取數百億日圓的轉播權利金。不過，總有一天中國等東亞國家的轉播權利金會突然高漲。屆時，ONE冠軍賽

就能獨占市場，整個局面就會有所不同，轉變為亞洲優先的時代。而ONE冠軍賽看準的正是這一點。

從媒體與播放權利金的角度來看，由於北美地區的媒體與好萊塢已在全球建立影片內容的流通制度，因此具有壓倒性的優勢。

對此，中國的策略就是運用媲美科技巨頭GAFAM（Google、Apple、Face Book、Amazon、Microsoft）的媒體，例如讓騰訊、抖音的音樂與影片等內容在市場普及化。韓國也靠著Naver、Kakao等網路科技公司展開積極攻勢，並以韓劇、K-POP音樂等內容，展現出毫不遜於美國、中國的強大實力。

日本雖然靠著鈴木一朗與大谷翔平，在個人事業上展現傑出成果，但在媒體事業上卻大幅落後。日本究竟是否會像ONE冠軍賽那樣，採用歐美型的商業模式加速發展路線？或如同動畫產業那樣，把內容品質做到最好，成為歐美國家會主動購買的內容供給國？儘管日本能夠做出「最棒」的作品，但如果要把規模做到「最大」，那將是一條布滿荊棘的艱困道路。

終章

創作者不斷求變,維持永續發展

在本書序章中,我提到了日本政府在扶植娛樂產業、產學界的人才培育,以及政府行政機關規劃相關制度,無論在時間與速度方面,全部都落後美國。但如果試著以俯瞰視角觀察,就會訝異日本擁有不少精彩豐富的作品,以及充滿理想的商業模式。

我除了談論日本,也適時提到國外的娛樂產業,針對興行(現場娛樂表演)、電影、音樂、出版、漫畫、電視、動畫、電玩遊戲、運動賽事的過去、現在與未來,以50～100年作為區間,找出金字塔頂端的作品、創作者、企業、消費型態與媒體的變遷,逐一進行分析比較。

娛樂產業的誕生,並不是從哪一個人由上到下的指示開始的,而是自然而然地出現,進而發展成多種樣貌,最後以從下到上的組織方式,逐漸形成產業。而且,只要一個人偶然成功,就會出現許多充滿野心的創作者相繼仿效,希望自己也能

夠成為「成功的模仿者」。於是，這些過程形成了產業的引擎，日以繼夜地持續發動。在不知不覺中，娛樂產業開始有了歷史，眾多大型企業四處林立，產業進入了成熟期。然而，大環境的轉變，反而形成一種威脅，讓企業變得保守而裹足不前。

從單一創作者的角度去看，與其說環境的轉變是一種威脅，倒不如說是一種轉機。特別是作家、漫畫家、音樂創作人，由於這類的創作者能以最少的人數，從一而終完成作品，並不會受到產業和企業組織的種種限制，因此可以持續發揮有效的創意，自由靈活地調整方向。

比方說，在二戰過後，雖然音樂創作人靠著現場演出的酬勞發展事業，但透過發行音樂唱片和CD，也能藉由版權獲得收入。而到了1980～1990年代的電視全盛期，電視廣告成為音樂創作人的大筆收入來源。後來串流音樂問世，儘管造成音樂創作人的酬勞減少，他們仍然可以轉換方向，透過演唱會收入及週邊商品的權利金來賺錢。新冠疫情肆虐期間，創作者化身為YouTuber及藉由直播影片，獲得粉絲支持的金錢贊助。這些靈活變通的方式，顯示出創作者可以順應時代，自由地轉換做法與傳達方法。同時，創作者也能擁有製作人「想建立一套順利傳達作品來賺取收益的商業模式」，以及創作者「想創作出有趣作品」的兩種心情。創作者發揮天馬行空的想像力，在不斷嘗試失敗之中獲得偶然的成功，正是創造未來產業的原動力。

第⑩章 —— 終章

絕對不會毀滅的韌性

我們俯瞰娛樂產業的歷史，從中學習到的一項事實，那就是無論娛樂內容演變成哪一種形式，都不會走到「毀滅」這一步。

在數百年前流行的能劇與歌舞伎之中，最不可或缺的就是贊助者，由於他們大力支持，這些戲劇演出才能順利舉行。時至今日，虛擬直播主的現場直播達到了娛樂效果，吸引眾多粉絲掏錢贊助。這項行為與數百年前的贊助者如出一轍，完全沒有任何改變。10年前，偶像明星舉辦與粉絲一對一合照活動時，粉絲大手筆花錢購買周邊商品回饋給偶像明星。如今，偶像明星在聊天室開直播與粉絲互動時，粉絲也會利用聊天空檔，購買虛擬禮物或紅包贈予偶像。

姑且不論這種互動模式對偶像與粉絲的關係是否恰當，粉絲能夠接近自己心儀的偶像或表演者，開心地透過金錢等實際行動去支持對方，這樣的習慣從過去的江戶時代到現在，已經存在好幾百年了。形式上雖然一直在轉變，但本質上都是相同的。數百年來，「金錢贊助」的歷史不曾間斷，在進入2020年代之後，透過各種形式發展得更加興盛。

另外，演唱會在2010年代，也出現了大幅度的成長。

1990年代，在網際網路發展的初期，確實出現了一些憂慮的聲音：「如果網路世界發展成功，將來人們無論在任何時

間、地點,都能登入網路盡情享受內容。而網路世界的內容,能夠跨越各種障礙,再也不會產生語言隔閡。人們若能隨時隨地享受這些樂趣,或許現有的娛樂都會消失殆盡。」甚至有人擔心:「大家會在網路上交換、下載免費音樂,不再購買CD。假如這樣的時代來臨,就沒有人想參加現場演唱會了。網路造成的這些問題,將會瓦解整個音樂產業吧。」

不過,現在回頭去看這些憂慮,就會明白網路世界帶來的,其實是「再次尋獲現場演唱會的價值」。另外,Niconico動畫平臺之所以會發生各式各樣的「事件」,都是因為大家在現場實況的網路空間裡,同時陷入了瘋狂的漩渦之中。

隨著日本戰後嬰兒潮世代形成的娛樂消費型態

目前的娛樂產業,都是伴隨著日本戰後嬰兒潮世代成長茁壯的。我們也能透過俯瞰歷史,去看見這些事實。在這半世紀裡,娛樂產業最重視的是「消費」行為,總是優先考量消費量最大的世代,也就是1947～1949年出生的「日本戰後嬰兒潮世代」,無論是媒體或內容產業,都因為這個世代的消費而快速成長。

《週刊少年Magazine》在1967年以前,14歲(國中二年級)以下的讀者占了全體8成。到了1969年,在銷量未減的情況下,14歲以下的讀者降至2成,有8成是15歲以上的讀者。

第⑩章 —— 終章

這意味著戰後嬰兒潮世代的讀者，雖然上了高中、大學，卻依然沒有離開《週刊少年Magazine》。

日本租借漫畫的歷史，起始於1953年，在1968年結束，這與戰後嬰兒潮世代消費行為改變的時間是一致的。他們每週持續收看同一個時段的電視節目、購買同一本週刊漫畫雜誌。由於戰後嬰兒潮世代建立出這些習慣，使得打發時間的漫畫租借方式變得落伍，最後不再流行。

戰後嬰兒潮世代到了青春期階段，家家戶戶都有了電視機，因此偶像歌手也隨之誕生。接著，日本突然開始吹起一陣音樂創作與吉他風潮，由於當時黑膠音樂唱片問世，發展出全新的商業模式。藝能經紀公司也大量推出偶像歌手及流行音樂唱片，靠著銷售唱片賺取版稅。

二戰以前，大眾普遍認為「利用運動來賺錢是骯髒的行為」，於是職業棒球遭到人們的唾棄。然而，「巨人對阪神」的職棒賽事透過電視轉播，卻擄獲了戰後嬰兒潮世代，創下驚人的高收視率與轉播權利金。正因為高收視率能創造出可觀的利潤，使得電視臺之間的競爭日趨激烈，所以後來職業摔角才會分為兩大陣營——全日本職業摔角與新日本職業摔角。

動畫產業從《原子小金剛》到《超人力霸王》，透過機器人與科幻主題，讓大眾看見「未來科學」，並進化為《宇宙戰艦大和號》或《機動戰士鋼彈》等作品。這類動畫及相關的玩具商品，在市面上刮起了一陣又一陣的流行旋風。當年的大型電玩機

臺《太空侵略者》，在日本全國造成空前轟動，遍布各地的電玩機臺多達50萬臺，日本甚至被揶揄為「頹廢的社會」。儘管如此，這股風潮延續到後來，發展成家用電玩遊戲機，並靠著戰後嬰兒潮這一代養成的消費習慣，讓日本逐漸形成龐大的產業，築起電玩遊戲大國的響亮名號。

戰後嬰兒潮並沒有體驗過上一代「從劇場轉變到電影院」的風潮。到了他們這一代，非常輕鬆就搭上了電視機的風潮。於是，劇場和電影院，就隨著二戰前的老粉絲們，逐漸走向衰退。1970年代，電影產業只剩下東寶、東映、松竹這些電影公司在苦撐著。後來，靠著「新興」的角川書店、德間書店這些出版業者跨足電影產業，將電影院結合動畫、電視與出版等不同的產業，運用跨媒體製作的方式，發揮「現場視聽空間聚集消費者」的功能，重新建立電影產業的全新商業模式。

對國外的影響，以及培育兒孫世代

日本是消費大國，國內生產毛額曾經排名世界第2，緊追在美國後面，因此日本的娛樂產業動態，也對全球造成了一定程度的影響。1970～1980年代，日本動畫價格低廉，特別是科幻類題材，除了美國，世界各國也都會購買日本的科幻類動畫。

美國電影產業曾經跟日本電影產業一樣，掉進沒落的深淵。

第⑩章 —— 終章

不過，科幻電影《星際大戰》這部作品，卻讓好萊塢起死回生。儘管日本掀起一陣科幻風潮，但令人困擾的是，其他能稱得上是科幻類的作品，實在是少之又少。日本為了滿足觀眾的期待及填補市場缺口，在1960～1970年代，大量推出像《無敵鐵金剛》（マジンガーZ）或《科學小飛俠》（ガッチャマン）這一類型的科幻動畫。

因此，許多在北美與亞洲地區從事電影、電玩遊戲、玩具相關產業的創作者，受到日本科幻動畫影響的程度令人訝異（當時，許多人消費這些作品的時候，並不知道是源自於日本）。如今，這群創作者之中，有些人已成為牽引整個娛樂產業的領頭羊。進入21世紀之後，在好萊塢的電影裡，有時會看見一些改編自日本過去角色的作品，其中一項因素，就是這些創作者小時候非常喜愛日本動畫的緣故。

戰後嬰兒潮世代壯大了電視、週刊雜誌、漫畫週刊雜誌等產業，而第二波嬰兒潮世代（指出生於1971～1974年，每年200萬的新生兒世代）則壯大了電玩遊戲及動畫等產業。假如戰後嬰兒潮世代沒有體驗過當代的娛樂產物，就不會有「身為成年人的理解」，大概也不會任由下一代第二波嬰兒潮世代把錢花在各種娛樂內容上。由於這樣的理解代代相傳，第二波嬰兒潮世代也對自己的兒孫世代保持相同心態，溫暖地陪伴孩子在YouTube、抖音、電玩遊戲、虛擬直播主的直播中成長。正因為這些娛樂經驗直接影響下一代，才能成為一大齒輪，持續

趨動著豐富多變的產業引擎。

每個時代雖然都有爆紅的娛樂現象，不過要像1960～1980年代，比起現在多出一倍以上的「年輕人」，他們醉心於娛樂的那種痴迷狂熱景象，應該是不會再次出現了。

在「消費者主動購買、吸引消費者購買」的前提下，想要恢復昔日輝煌的娛樂黃金年代，再怎麼做都是徒勞無功。既然如此，日本應把目標鎖定在從小深受日本娛樂影響的國外消費者身上，否則沒有其他方法，這樣的結論可說是必然的結果。

日本缺乏行銷「國外市場」的能力

只不過，當日本鎖定國外市場時，在所有的問題之中，特別是創作者的工匠精神、語言與文化的封閉特性，經常會阻礙對外的溝通。這些都和「銷往國外」時須以客戶需求為主的策略不合。日本在人種、語言、文化、性別的同質性極高，由這群人組成的團隊在製作一部作品時，無論如何都會以配合內部的創作方式為優先。我在其他國家不曾見過這種特性的工作團隊。不過也因為這樣，由一群年齡在30～70歲清一色日本男性工作團隊完成的動畫作品，有時候可以成為全球收視第一的巨作。

我認為日本沒必要改變如此具有創造性的工作團隊，隨意模仿其他國家的風格，因而失去原有的創造性。以2023年的現

況來看,日本這片土壤擁有源源不絕的豐富創意,而國外消費者也樂於接受日本有趣的創作者,以及規律持續產出的有趣作品。同時,消費者也參與其中,這些喜愛同一種類型作品的粉絲,會透過實際行動化為一股龐大的力量。這種由粉絲自發性組成群體而展現支持力量的「推文化」(推し文化),使創作者充滿動力,並且成為推動作品完成的加速器。

我在多年前參訪東南亞各國時,發現這些國家已展現出輝煌的成果,並在當時得出「今後是偶像當道的時代」結論。但只不過數年而已,這些偶像卻被虛擬直播主給取代了。這表示消費與成長都相當穩健的市場,並不一定擁有容易發揮創造力的環境。

反而是在成長數字上停滯已久的日本,我們可從VOCALOID(ボーカロイド,語音合成軟體:輸入音調和歌詞,即可合成人聲)與二次元創作的Niconico動畫平臺,發現這兩間公司建立出獨一無二的產業。日本獨特的地方,在於把消費與創作當作永續培育作品的土壤,從成功與失敗中學習,堅持不懈地找出商業模式,使產業規律地成長。然而日本這個母國市場失去平衡,似乎在某些地方發生了問題。

日本以「國外」為目標市場,應改變的並非「商品」,而是「市場行銷」策略。就像家電、重型電氣設備、半導體、汽車的做法一樣,家用電玩遊戲機等硬體主機,曾經也採取搭配遊戲軟體的成套方式進行銷售。過去這種搭售行銷的時代,對日

本而言是一大優勢。日本在製造「商品」的品質與技術能力，至今依然是市場上的一大保證。

但是，這20年來，全世界進入數位平臺的時代，日本在全球市場的行銷能力明顯不足。儘管日本在製作與創造方面力求完美，但在銷售方面卻交給綜合商社、代銷公司負責。如果要檢討娛樂產業有什麼欠缺的地方，就是少了所謂最基本的市場行銷觀念。例如，「商品」的目標客群是誰？要運用什麼方法步驟讓他們了解這項商品？要透過哪一種形式讓他們掏錢消費商品？

就算是一般從事娛樂產業的大型企業，我們也能從中發現，有不少企業簡直絕望般地無法理解國外消費者的真正需求。追根究柢，往往是經營企劃部門與市場行銷部門，並沒有成為企業與消費者的中間橋樑，甚至不曾定期與製造部門以及銷售業者進行溝通討論。有些企業雖然把部門名稱變更為「國外事業部」、「海外戰略部」，召集幾名具英語能力的員工組成「當地小組」，但進一步觀察，這些企業寄予厚望而派到國外工作的部門主管，不僅沒有英語會話能力，甚至也沒有國外工作的經驗。這些發生在日本企業的問題，可說是一點也不稀奇。

有企業只向國外代理銷售公司表示「把這個拿去國外賣」，接下來就對商品置之不理，反正已經丟給溝通完畢的代銷公司全權負責，而且還是獨家代理，並以「萬年不變的定價」銷售。之後，企業就算聽到「在國外走紅創下佳績」，在扣除各

項費用之後，仍只關心最後的授權金數字。雖然在投資人關係IR公開資訊中，標榜著「本商品創下國外最佳銷售紀錄」，但有時根本搞不清楚「該商品其實是在亞洲熱銷，而不是北美地區」，毫無分析能力。

在日本總公司的催促下，負責單位得耗時2～3個月，取得國外當地代理銷售公司或中盤商的資料，即使經過翻譯，也只列出每間零售店過度細分而數不清的資料數據，除了看得出「營業收入增加」以外，根本沒有進行任何重要的市場分析報告。在1985年《廣場協議》（Plaza Accord）簽署後，日本企業致力增加國外營收，如果當時企業的市場行銷單位看到這種報表，應該會瞠目結舌吧。

如果說日本為了拓展國外市場，把電玩遊戲、動畫、漫畫項目當作強大的武器，大概不會有人提出異議。日本企業在國外發展的過程中，應檢討是否能做到把經銷商及零售店從「點」連成「面」？以及是否透過市場行銷進一步擴大商品的潛力？反過來說，在此刻市場行銷能力完全不足的情況下，日本的電玩遊戲、動畫、漫畫，竟然還能如此流行到世界各地，我認為這項事實證明了日本娛樂產業的潛力無窮無盡，就像一句英文俚語「The sky is the limit」，代表日本娛樂產業的前景無可限量，凡事皆有可能發生。

透過本書，我當然非常期盼吸引更多創作者，參與前人一路累積至今日的娛樂產業，但我更重視的是，希望能有更多做好

商務開發、事業拓展（BD，Business Development）與市場行銷工作的人才加入娛樂產業，以及企業致力培養具有這項專長的人才。我一直抱持著這樣的信念而寫下本書。

娛樂發揮社會功能，陪伴人們通往社會的入口／出口

我突然想到有句話是這麼說的，「文化是從入口和出口誕生的」。人類就跟其他生物一樣，進食與排泄時，會通過體內的「一根管子」用來連接外界。而「（進食時的）入口」與「（排泄時的）出口」，正是與外界的接觸點。不過，如果要強調人類與其他生物有什麼不同的地方，就在於人類會披上「文化」這件外衣，積極學習及養成良好習慣，使這些行為自然不突兀。

進食、排泄與性行為，是人類最接近動物的瞬間，因此人類會以禮來規範這些行為，即便這些行為隱藏在人類社會的最深處，卻也是人類最關心的事情。所以，從講究餐飲禮節到如廁規矩，甚至是房中術等，人類社會把這些入口和出口提升至文雅的境界，靠著「文化行為」作為支撐，建立出「人類應該具備」而有別於其他物種的自我獨特性。

我認為，如果把國家或社會視為身體時，最接近身體入口／出口的一項產業，應該就是「娛樂產業」了。16世紀，英國逐漸「形成國家」，而報紙、出版品這些媒體也隨之越來越普遍。然而，世界上有為政者訂定許可制度，同意報紙媒體報導新

聞，卻也有為政者下令焚書坑儒，這代表如果大眾看見社會的入口／出口，可能會造成為政者的執政危機，最後失去權力。

歷史上最初的報紙《每日紀事》（Acta diurna，國家新聞公報），是由古羅馬「凱撒大帝」蓋烏斯·尤利烏斯·凱撒（Gaius Julius Caesar）發行的。這份報紙報導了其他慘遭戰爭踐踏地區的活動、奇珍軼事、冒險故事，以內容作為「入口」來潛移默化，提供文化的學習及教養，這些內容對於想抓住民心來穩固羅馬帝國政權，具有相當大的貢獻。但相反地，這份報紙卻也報導了凱撒大帝違反道德的外遇醜聞，作為「出口」。這表示新聞傳播當時已經成為政治鬥爭的工具。

「媒體」可以透過「內容」壯大公權力，就像揭發國家領導者的八卦醜聞，將這些備受關注的名人大小事，向全天下公開，所以媒體是鎮守社會的入口／出口的第3權力者。因此，無論新聞記者或報社編輯，即使生在嚴格管制言論的國家、時代，依然無法抗拒報導真相的魅力。就算他們生活在動不動就入獄的時代，為何還要如此奮不顧身，寫出當權者的所作所為？而過去的政治人物，現在的演藝名人，為什麼就算冒著風險，也不惜跟媒體打交道呢？

我認為這一切都出自「娛樂的魅力」。人們對於國家、社會、文化是如何成立、如何走向腐化，總是樂此不疲且充滿好奇心，想窺探那些被包藏在最深處的入口與出口。於是，媒體就扮演著重要角色，為滿足人們的好奇心及興趣，把這些人

物獨特的性格特質及其相關事物，透過內容的形式，呈現在世人眼前。

因此，內容得靠媒體力量才能成立，媒體也必須靠內容的力量才能壯大。所以媒體與內容，是互相依賴、雙方獲利的共生關係。換句話說，就是媒體、內容與創作者。再進一步擴大解釋，就是媒體、創作者、用戶（大眾消費者）形成的「娛樂三角」循環關係。這種互利共生的循環關係，雖然不是生活上的必需品，很難說它是必要的社會基礎，但事實上娛樂卻能滋潤人類的心靈與生活，因此總是跟隨著人類社會的發展齊步並行。

透過實驗性質的前衛產業，看見新時代降臨的預兆

大眾消費的模式，從每次的單次購買，轉變成訂閱制。劇場表演、傳統藝能等表演空間在開演時，雖然有人堅持購票入場觀賞的消費模式，但也有人追求購買CD、周邊商品，以及加入粉絲俱樂部這些屬於「現場演出以外」的消費模式。過去，日本的各大廣播電臺與五大主要民營電視臺，在日本全國各地建立聯播網，打造出大眾免費觀賞的商業模式。電視臺只是在高收視率的節目空檔中，透過播放廣告帶來強大的宣傳效果，就形成了數兆日圓規模的經濟市場。後來，電視廣告的商業模式也逐漸轉變，來到八卦醜聞集中地的網路世界，運用演

第⑩章 —— 終章

算法,在搜尋引擎與社群網站平臺上,跳出引起用戶興趣的廣告,就如同電視臺一樣,最終轉為用戶免費使用的方式,建立出獲利的商業模式。

正因為娛樂出自於興趣而非生活必需品,所以有些企業會採取前衛大膽、充滿實驗性質的方式去建立商業模式。娛樂產業會在市場上先推出這些實驗技術的成品,而且每一次推出革命性的創新技術時,就會按照消費者使用習慣的轉變,以及其他產業花多少時間接受,不斷地調整創新技術。就像「娛樂產業中的金絲雀」——音樂產業,每次只要有革新技術出現,產業必然會遭受嚴重衝擊。儘管如此,無論是其他娛樂產業,或是更龐大的產業,都能在這樣的情況下,嗅出下一個新時代降臨的預兆。娛樂造就了「產業的形式美學」,恆常出現在社會結構的入口/出口之處,為人類社會帶來各種創新與變革。

娛樂雖然不是人類賴以維生的必需品,也不會為人類帶來生產性,卻具有大膽前衛、充滿實驗精神的特性,我也是深深著迷「娛樂魅力」的其中一人。我一心一意致力傳播整個日本娛樂產業的正確資訊,想做一個稱職的代言人,把這個受到人們「靜觀其變」的產業,光明正大地分享給社會大眾。

本書由刊登在影像媒體新創公司PIVOT網站「娛樂產業大全」(エンタメビジネス大全)的連載內容集結成冊。收錄了從2022年4月開始刊登,為期一年的連載內容。依本書章節之編排順序包括:興行、電影、音樂、出版、漫畫、電視、動畫、

電玩遊戲、運動賽事。此外，PIVOT網站也另外刊載了主題樂園、玩具等娛樂產業的相關內容。今後，我將持續從多面向的角度，以企業、娛樂消費市場（日本、北美、亞洲等地區）為主軸，進行更深入的研究。我期許自己終身以研究娛樂產業為志業，並且能持續出版這些發展研究的精華內容。這次我非常榮幸獲得本書出版的機會，在此特別向佐佐木紀彥先生、上田真緒小姐，致上最深的感謝。

2023年2月　中山淳雄

[作者]
中山淳雄（NAKAYAMA ATSUO）

娛樂社會學者
Re entertainment公司負責人

出生於1980年日本栃木縣。東京大學研究所修畢（社會學研究所）。加拿大麥基爾大學（McGill University）MBA修畢。曾任職於日本的人才派遣公司Recruit Staffing、網路公司DeNA、勤業顧問公司（Deloitte Tohmatsu Consulting），加拿大的萬代南夢宮工作室，以及在馬來西亞成立電玩遊戲開發公司和視覺藝術工作室。2016年，於新加坡擔任武士道公司社長，負責將日本的內容事業（集換式卡牌、動畫、電玩遊戲、職業摔角、音樂、娛樂相關活動），發展至世界各國。曾任日本早稻田商學院兼任講師、新加坡南洋理工大學兼任講師。2021年7月成立Re entertainment公司，追求娛樂經濟圈之創新，以及輔導企業邁向成功，目前提供娛樂相關企業的IP角色開發、海外發展之諮詢服務。此外，擔任新創企業的公司外部董事（Plott公司外部董事、CHARA-ART公司外部監察人），以及於大學從事研究、教育工作（慶應義塾大學經濟學部訪問研究員、立命館大學電玩遊戲研究中心客座研究員）、政府行政機關顧問、委員活動（日本經濟產業省內容IP專案計畫主持人）等。著有《首選economy》（推しエコノミー）、《御宅族經濟圈創世紀》（オタク經濟圈創世記）、《娛樂巨匠》（エンタの巨匠）（以上皆為日經BP出版），以及《為何只有社群網路遊戲獲利？》（ソーシャルゲームだけがなぜ儲かるのか，PHP商業新書出版）和《志工社會的誕生》（ボランティア社會の誕生，三重大學出版會，日本碩士論文得獎之作）等。

Re entertainment HP
https://www.reentertainment.online/

X（原Twitter）
https://x.com/atsuonakayama

《IP經濟時代，日本娛樂產業進化論》

《エンタメビジネス全史「IP先進国ニッポン」の誕生と構造》

作者 ——— 中山淳雄
譯者 ——— 雷鎮興

總經理 ——— 施俊宇
裝幀設計 ——— 吳佳璘
顧問 ——— 埴渕修世、施正容
責任編輯 ——— 施俊宇

出版發行 — 基因生活有限公司｜台北市吉林路69號2樓
　　　　　 T. 02-2751-0082｜F. 02-2751-0083｜www.genelab.com.tw
　　　　　 M. service@genelab.com.tw

製版印刷 — 沐春行銷創意有限公司

總經銷 ——— 紅螞蟻圖書有限公司｜台北市內湖區舊宗路二段121巷19號
　　　　　 T. 02-2795-3656｜F. 02-2795-4100｜www.e-redant.com

ISBN ——— 978-626-95114-2-6　　　定價 ——— 690元
初版 ——— 2024年1月　　　　　　　版權所有・翻印必究

IP經濟時代，日本娛樂產業進化論 A brief history of entertainment business / 中山淳雄著；雷鎮興 — 初版・
— 臺北市：基因生活有限公司，2024.12 面；14.8×21公分 —譯自：エンタメビジネス全史「IP先進国ニッポン」
の誕生と構造

ISBN 978-626-95114-2-6（平裝）　1.娛樂業 2.產業發展 3.日本　　　489.7 ………… 113019212